普通高等工科教育机电类规划教材
机械工业出版社精品教材
北京市精品教材

机械工程制图基础

第 3 版

主　编　万　静　陈　平
副主编　杨　皓　许　倩　陈　华
参　编　杨光辉　樊百林　李晓武　杨淑玲

机械工业出版社

本书第 2 版被评为北京市精品教材，本次修订是在第 2 版的基础上，结合北京科技大学近几年开展的研究型教学实践，为更好地适应新形势下的现代工程图学教育发展趋势而编写的。本书将现代的三维参数化设计软件 Inventor 及二维辅助设计软件 AutoCAD 有机地融入传统的机械制图课程教学体系中，强化了基于工作过程的测绘指导，经多年教学实践验证，受到广大师生的普遍欢迎。

本书共十章，内容包括：制图基本知识，投影基础，轴测图，组合体与三维建模，机件常用的表达方法，标准件和齿轮、弹簧，零件图与典型零件的建模，装配图与三维装配，在 AutoCAD 中修饰 Inventor 工程图，其他工程图等。

本书可作为高等工科院校（近机械类、非机械类）等专业的教材，也可供其他类型学校有关专业、工程技术人员使用。与本书配套使用的《机械工程制图基础习题集》（双语）第 3 版同时出版，可供选用。

本书配有电子课件，凡使用本书作教材的教师可登录机械工业出版社教育服务网（http://www.cmpedu.com）下载。咨询电话：010-88379375。

图书在版编目（CIP）数据

机械工程制图基础/万静，陈平主编. —3 版. —北京：机械工业出版社，2017.12（2020.9 重印）

普通高等工科教育机电类规划教材　机械工业出版社精品教材

ISBN 978-7-111-58972-3

Ⅰ.①机…　Ⅱ.①万…②陈…　Ⅲ.①机械制图-高等学校-教材

Ⅳ.①TH126

中国版本图书馆 CIP 数据核字（2018）第 010327 号

机械工业出版社（北京市百万庄大街 22 号　邮政编码 100037）

策划编辑：赵志鹏　责任编辑：赵志鹏　责任校对：张晓蓉

封面设计：马精明　责任印制：张　博

三河市宏达印刷有限公司印刷

2020 年 9 月第 3 版第 3 次印刷

184mm×260mm · 20 印张 · 488 千字

4901—6800 册

标准书号：ISBN 978-7-111-58972-3

定价：49.80 元

第3版前言

本书第1版自2006年出版以来，以其内容精练并有效地融合了现代计算机辅助设计表达手段为特色，得到广大读者和专家的好评；第2版被评为北京市精品教材。为了更好地适应新形势下的现代工程图学教育发展趋势，并结合北京科技大学近几年开展的研究型教学实践，对本书进行了再次修订。本版除保留第2版的特点外，还对原书内容进行了更新。本次修订突出以下几点：

1. 贯彻执行现行的《技术制图》《机械制图》国家标准。

2. 强化课程的核心内容——产品表达，在机件表达方法上进行了综合分析论述。

3. 注重课程实训练习，增加了基于工作过程的测绘任务指导，培养学生综合运用所学知识解决工程表达问题的能力。

4. 与之配套的习题集，采用中英文对照的形式，便于开展双语教学的师生选用。

参加本书编写的有：北京科技大学陈平、杨皓（第二章、第九章）；樊百林、李晓武（第三章）；许倩（第四章第一至第四节）；杨光辉（第六章）；万静、李晓武、陈华、杨淑玲（绪论、第一章、第四章第五至第八节、第五章、第七章、第八章、第十章），全书由万静统稿。

本书第1版至第3版的编写修订得到北京科技大学机械工程学院窦忠强、许纪倩、尹常治三位教授的悉心指导，并为本书提出了许多宝贵的意见和建议。此书编写和出版得到北京科技大学"十二五"教材建设经费的资助和教务处领导大力支持，在此一并表示衷心的感谢。

由于编者水平有限，书中不足及错误在所难免，敬请广大读者批评指正。

编　者

目　录

绪　　论

第一节　课程的性质与任务

一、课程的性质

图形是人类进行交流的三大媒体（语言、文字和图形）之一，因其具有形象性、整体性和直观性等特征，决定了图形在人类社会的认知和交流中的不可替代性，是人们认识规律、探索未知的重要工具。

工程是一切与生产、制造、建设、设备相关的重大的工作门类总称。如机械工程、建筑工程、电器工程等，每个工程门类都有其自身的专业体系、专业规范和专业知识。但一切工程的核心任务是设计与规划，其表达形式都离不开工程图样。在工程界，根据投影原理、标准或有关规定表示工程对象，并有必要的技术说明的图形，称为工程图样。工程图样是工程与产品信息的载体，是工程界表达、交流的语言。随着信息时代的到来，图样信息的载体由原来的图纸发展为计算机，因此，每个工程技术人员必须掌握绘制、阅读工程图样的基本理论和手工绘图及计算机绘图的两种方法。

本课程主要研究绘制、阅读机械图样的基本理论和方法，学习国家标准《机械制图》《技术制图》中的有关规定和现代计算机辅助设计软件 Inventor 及 AutoCAD 在机械图样绘制中的应用。

二、课程的任务

1) 学习正投影的基本理论及方法。

2) 能运用正投影的基本理论，根据国家标准的规定，绘制和识读零件图和装配图。

3) 培养学生三维空间思维和构形设计能力，以三维设计软件为辅助工具，强化"体"与其"投影"相互转换过程的对应关系。

4) 培养学生手工绘图、使用辅助设计软件进行三维实体造型设计（实体模型表达）及其二维投影图表达（传统图样表达）的综合能力。

5) 培养学生严谨细致的学习作风和认真负责的学习态度。

第二节　机械设计与机械图样

现代机械设计过程如图 0-1 所示。简单地讲即为构思、计算，最后用图样表达出某一想象中的产品，该产品一经制造出来，就可完成原来提出的任务。所以，设计的最终表达是机械图样，它是根据投影原理、制图标准或有关规定，表示机器的结构，并有必要的技术说明的图样。设计部门通过它来表达设计意图和要求；制造部门依照它进行制造；使用者通过图样了解其构造和功用，并掌握正确的使用和维护方法。机械图样可分为两类：一类为总图和部件图，统称装配图（图 8-1），是部件和整机装配、调试的依据。另一类为制造零件用的零件图样，也称零件图（图 7-1），反映零件的形状、结构、尺寸、材料以及制造、检验时所需要的技术要求等，用以指导该零件的加工和检验。装配图和零件图的作用如图 0-2 所示。

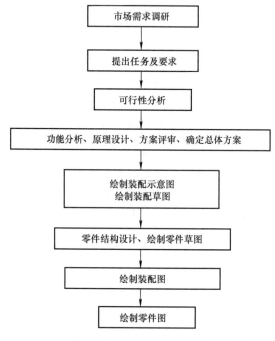

图 0-1　现代机械设计过程

设计工作是一项复杂而艰巨的劳动，需要多种知识与能力的支撑。传统的机械结构设计是将人们头脑中三维实体按照投影规律投射到图纸上，用二维图形来表达自己的设计意图和要求（如球阀中阀体零件图，图 8-29），而后续的加工人员必须通过读图在头脑中重现设计者想要表达的三维实体，整个技术信息转换过程繁杂、抽象。随着计算机三维技术的发展，特别是三维设计软件的普及，设计的最终表达正在转变为在计算机上以三维设计软件为平台进行交互设计，产生统一的数字化模型，其最主要的特征是所表达的设计对象是带有设计制造过程中全生命周期信息的计算机实体模型，利用此模型可进行产品的二维工程图表达、分析计算、工艺规划、数控加工和质量控制。因此，传统的二维图样不再是产品设计与制造中唯一依赖的技术文件。

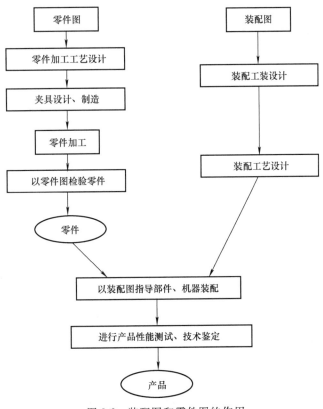

图 0-2 装配图和零件图的作用

第三节　计算机辅助设计与几何造型

一、计算机辅助设计

计算机辅助设计（Computer Aided Design，简称 CAD）是利用计算机的计算功能和图形处理能力，辅助设计者进行产品设计、分析与修改的一种技术和方法。CAD 技术的应用提高了设计效率，减轻了技术人员的劳动强度，并大大缩短了产品的设计周期。

计算机辅助设计技术主要是利用 CAD 软件来实现的。目前，在我国的科研院校及企业、设计院中，使用的计算机辅助设计软件主要有以绘图为主的二维 CAD 软件和以设计为主的三维 CAD 软件两类。

二维 CAD 软件可以代替传统的绘图工具如铅笔、三角板、圆规、丁字尺及图板等完成绘图工作，从而提高工作效率。常用的二维 CAD 软件有美国 Autodesk 公司的 AutoCAD 软件，国内具有自主版权的 CAD 软件如北京华正软件工程研究所的 CAXA 电子图版、华中科技大学的 KMCAD 等。

先进的三维 CAD 软件是以在计算机中建立物体直观的空间立体形状为基础进行设计工作的。通过建立的完整几何数据模型，三维 CAD 软件可进一步进行应力应变分析、物理特性计算（如计算体积、面积、重心和惯性矩等）、空间运动分析、装配干涉检查、数控加工分析等，并生成高正确率的二维工程图，满足造型效果与动画生成等需求。目前三维 CAD 软件有很多种类型，其中，有以造型设计为主要目的的三维 CAD 软件，如 Solidedge、Inventor、Solidworks、CAXA 实体设计等，这类 CAD 软件系统主要完成产品的几何造型，当进行计算、分析和加工时，可将造型结果输出给其他相应的系统；有集成了设计和制造的 CAD/CAM 软件，其中，CAM 为计算机辅助制造（Computer Aided Manufacture，简称 CAM），如 MasterCAM 等；有集成了设计、制造和分析为一体的软件，即 CAD/CAM/CAE 软件，其中，CAE 为计算机辅助工程（Computer Aided Engineering，简称 CAE），如 UG、Pro/E、I-DEAS、CATIA 等。

随着计算机技术的发展和计算机使用的普及，CAD 软件的应用将会更加广泛，使产品的设计效率和质量获得极大提高。

二、几何造型

所谓几何造型，就是用计算机及其图形系统来表示和构造形体的几何形状，从而建立物体模型的计算机表示形式。几何造型技术是 CAD 软件的核心技术，它能将物体的形状及其属性（如颜色、纹理等）存储在计算机内，形成该物体的三维几何模型。这个模型是对原物体的确切数学描述或是对原物体的某种状态的真实模拟。模型可以为各种不同的后续应用提供数据信息，例如由模型产生有限元网格，由模型编制数控加工刀具轨迹，由模型进行碰撞、干涉检查等。利用计算机对模型进行分析或模拟，要比对实物进行制作或处理容易得多。

几何造型技术先后经历了线框造型、表面造型、实体造型和特征造型等阶段，其实质也代表了形体在计算机内的各种不同的存储方式。

（1）线框造型 线框造型（Wireframe Model）能产生基本的三维 CAD 模型。在这种建模系统中，三维形体通过顶点和棱边来描述形体的几何形状，这样，形体看起来就像是由线框组成的结构，并因此而得名，如图 0-3a 所示。

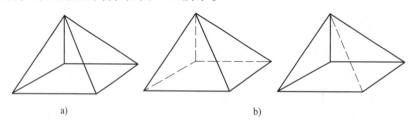

a)   b)

图 0-3 线框造型

线框造型的缺点是只能表达形体的基本几何信息，但是不能有效表达形体几何数据间的拓扑关系。若形体具有二义性，如图 0-3a 所示的线框造型，就可以有二种不同理解，如图 0-3b 所示。

（2）表面造型 表面造型（Surface Model）又称曲面造型，是通过对形体各个表面或曲面进行描述的一种三维模型。表面造型不仅包含着形体的点和线的信息，而且还包含着形体的表面信息，对表面进行着色之后，就可以提供真实的外表形象。表面造型技术在创建复杂的曲面方面具有优势，已广泛应用于汽车、飞机和船舶等制造工业。图 0-4 所示为构造鼠标的复杂表面造型的例子。

相对于线框造型来说，表面造型增加了面、边的拓扑关系，因此可以进行消隐（即不显示被遮挡的线）、渲染、曲面求交、数控刀具轨迹的生成、有限元网格划分等作业。但表面造型的局限性在于，它不包含实体信息以及体、面间的拓扑关系，无法进行形体的各种力学分析计算等。

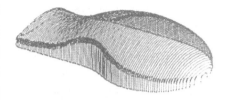

图 0-4 鼠标表面造型

（3）实体造型 在线框造型与表面造型基础上，产生了实体造型（Solid Model）。实体造型能够包含较复杂的形体几何信息和拓扑信息，允许对模型进行更多的操作与分析。利用实体建模系统可对实体信息进行全面完整的描述，能够实现消隐、剖切、有限元分析、数控加工、对实体着色、光照及纹理处理，还能对实体进行干涉检查、模拟仿真等。

实体造型的构形方法是用构成实体的体素（Primitive），经并、交、差运算构成复杂形体。所谓体素，是指一些简单的基本几何体，有长方体、圆柱、圆锥和球等。图 0-5 所示为形体并、交、差运算的结果。

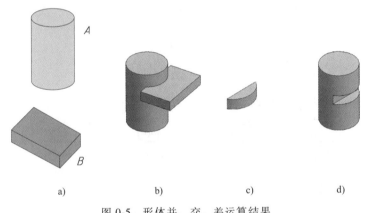

图 0-5 形体并、交、差运算结果
a) 体素 A、B b) 并 $A \cup B$ c) 交 $A \cap B$ d) 差 $A-B$

（4）参数化特征造型 参数化特征造型（Feature Model）技术是 20 世纪 80 年代末发展起来的，是以实体为基础，用具有一定的设计或加工功能的特征作为造型的基本单元，建立零部件的几何模型。参数化技术的主要特点是：基于特征，全尺寸约束，全数据相关，尺寸驱动修改。利用特征建立产品模型更符合工程设计的习惯，因此，比传统的实体造型有更好的设计效率。

目前，大部分三维 CAD 软件都采用了基于尺寸驱动的参数化特征造型技术。

第四节 三维机械设计软件 Inventor 及其界面简介

一、三维机械设计软件 Inventor

本书介绍 Autodesk 公司的 Inventor 三维机械设计软件，其用户界面简单、使用方便、学习周期短，具有丰富而易读的帮助功能。Inventor 的核心技术特点是：

1）实用智能化的草图设计。

2）部件装配和自适应设计。

3）支持由三维模型生成二维工程图。

4）与 AutoCAD 兼容性好。

Inventor 三维机械设计软件包括 6 个模块：零件、钣金、装配、焊接、表达视图和工程图。这些模块较好地表达了人的设计思维规则，适合于完成工程设计人员原始设计构思的表达和实现。

二、Inventor 界面简介

Inventor 中新文件创建界面（模板选择对话框）如图 0-6 所示。

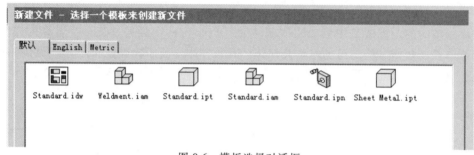

图 0-6　模板选择对话框

其中每一个图标代表一个功能模板。常用模板如图 0-7 所示。

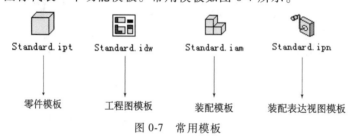

图 0-7　常用模板

根据所需创建的文件类型不同，选取相应的模板，即可进入此模板的工作环境。图 0-8 所示为零件模板下的草图工作环境。

Inventor 中常用工具面板有：

1）模型动态观察工具条（图 0-9）。

2）显示模式工具条。它有着色显示、隐藏边显示和线框显示 3 种，如图 0-10 和图 0-11 所示。

3）二维草图面板（图 0-12）。它在草图环境下才可使用。如果要在一个现有零件中进入草图环境，应找到属于某个特征的曾用草图（也称为退化草图），单击选择"编辑草图"选项，即可重新进入草图环境（图 0-13）。

4）零件特征工具面板。它只有在特征环境下才可使用（图 0-14）。在草图环境下，单击右键，选择"结束草图"，则进入特征环境。利用浏览器可通过模型树查看零件的特征组合（图 0-15）。

5）部件工具面板。它仅在装配环境下使用（图 0-16）。利用装配模型树，可查看部件的零件组合（图 0-17）。

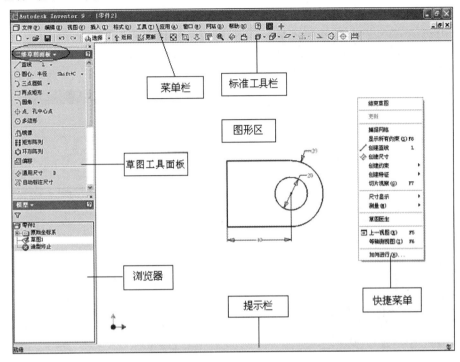

图 0-8　零件模板下的草图工作环境

图 0-9　观察工具条

图 0-10　3 种显示模式

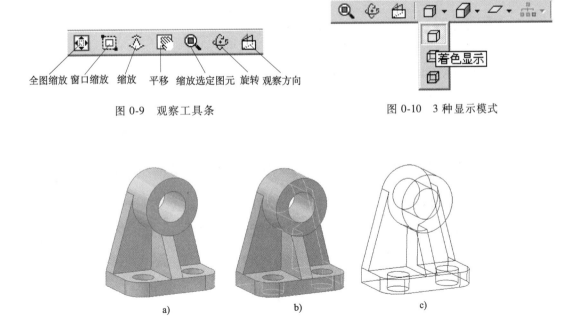

图 0-11　在 3 种显示模式下的模型
a）着色显示　b）隐藏边显示　c）线框显示

图 0-12 隐藏提示后的二维草图面板

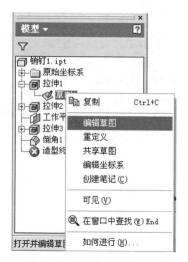

图 0-13 "编辑草图"选项

图 0-14 隐藏提示后的零件特征工具面板

图 0-15 浏览器及零件的特征组合

图 0-16 隐藏提示后的部件工具面板

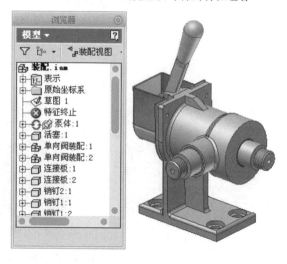

图 0-17 浏览器及部件的零件组合

第一章

制图基本知识

第一节 国家标准关于制图的一般规定

国家标准《技术制图》是基础技术标准，国家标准《机械制图》是机械专业制图标准。本节只介绍《技术制图》和《机械制图》一般规定中的主要内容。

一、图纸幅面和格式

（1）图纸幅面 图纸幅面是指制图时所采用图样幅面的大小。图纸幅面尺寸见表 1-1 的规定。

表 1-1 图纸幅面尺寸 （单位：mm）

幅面代号	A0	A1	A2	A3	A4
$B \times L$	841×1189	594×841	420×594	297×420	210×297
c	10			5	
a	25				
e	20		10		

（2）图框格式 不留装订边的图纸，其图框格式如图 1-1 和图 1-2 所示。需要装订的图纸，其图框格式如图 1-3 和图 1-4 所示。

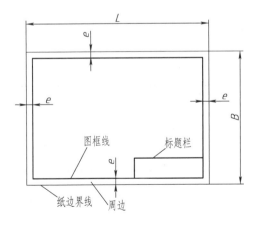

图 1-1 不留装订边（X 型）的图框格式

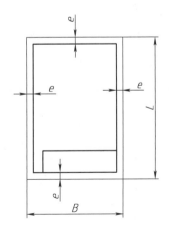

图 1-2 不留装订边（Y 型）的图框格式

标题栏的位置应按图1-1~图1-4的方式配置。标题栏的格式和内容可参考国家标准的规定。本教材使用的标题栏如图1-5所示，其中"（A）"栏的格式和内容如图1-6所示。

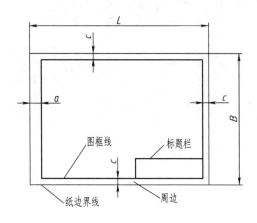

图 1-3　留装订边（X型）的图框格式

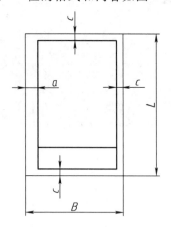

图 1-4　留装订边（Y型）的图框格式

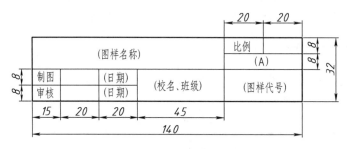

图 1-5　本教材用的标题栏

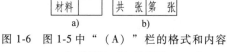

图 1-6　图1-5中"（A）"栏的格式和内容

a）零件图　b）装配图

二、比例

比例是图中图形与其实物相应要素的线性尺寸之比。需要按比例绘制图样时，采用表1-2中规定的比例。比例符号以"："表示。

表 1-2　比例

与实物相同	$1 : 1$		
放大的比例	$5 : 1$	$2 : 1$	
	$5 \times 10^n : 1$	$2 \times 10^n : 1$	$1 \times 10^n : 1$
缩小的比例	$1 : 2$	$1 : 5$	$1 : 10$
	$1 : 2 \times 10^n$	$1 : 5 \times 10^n$	$1 : 1 \times 10^n$

注：n 为正整数。

三、字体

图样及其有关技术文件中所有的汉字、数字、字母都必须做到字体工整、笔画清楚、间隔均匀、排列整齐。

汉字应写成长仿宋体字，并应采用国家正式公布推行的简化字。

字体的号数，即字的高度（用 h 表示，单位为 mm），分为 1.8mm、2.5mm、3.5mm、5mm、7mm、10mm、14mm 和 20mm 8 种。汉字的高度 h 不应小于 3.5mm，其字宽一般为 $h/\sqrt{2}$。

书写长仿宋体汉字的要领是：横平竖直、注意起落、结构均匀、填满方格。图 1-7 所示为长仿宋体汉字示例。

字体工整 笔画清楚 排列整齐 间隔均匀

装配时作斜度深沉最大小球厚直网纹均布平镀抛光研视图
向旋转前后表面展开图两端中心孔锥柱销

图 1-7　长仿宋体汉字示例

字母和数字可写成斜体和直体。斜体字头向右倾斜，与水平基准线成 75°。图 1-8 所示为斜体字母和数字示例。

图 1-8　斜体字母和数字示例

四、图线

1. 常用图线

常用图线的名称、形式及应用示例见表 1-3 和图 1-9。

表 1-3　常用图线

图线名称	图线形式	主要应用示例
粗实线	——————	可见轮廓线
细实线	——————	尺寸线及尺寸界线 剖面线 重合断面的轮廓线

（续）

图 线 名 称	图 线 形 式	主要应用示例
波浪线	～～～	断裂处的边界线 视图和剖视图的分界线
双折线	～	断裂处的边界线
细虚线	— — —	不可见轮廓线
细点画线	— · — · —	轴线 对称中心线 分度圆（线） 孔系分布的中心线
细双点画线	— ·· — ·· —	相邻辅助零件的轮廓线 可动零件的极限位置的轮廓线 轨迹线
粗点画线	— · — · —	限定范围表示线

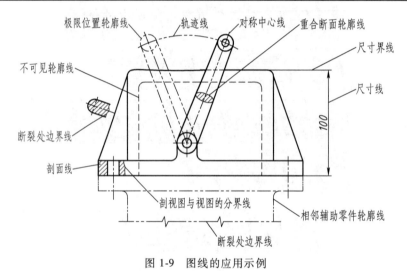

图 1-9　图线的应用示例

2. 图线宽度

所有线型的图线宽度 d 应按图样的类型和尺寸大小在下列数系中选择（数系公比为 $1:\sqrt{2}$）：0.25mm、0.35mm、0.5mm、0.7mm、1mm、1.4mm 和 2mm。

表 1-3 中，机械图样中采用粗细两种线型，粗线和细线的宽度比例为2∶1。在同一图样中，同类图线的宽度应一致。推荐优先使用 0.5mm 和 0.7mm 的粗线。

3. 图线画法

1）点画线、虚线、粗实线彼此相交时，应交于画线处，不应留空。若虚线位于粗实线的延长线上，则应与粗实线之间留有空隙。点画线应该超出轮廓线 3~5mm，而虚线不能超出轮廓线，如图 1-10 所示。

2）在绘制虚线和点画线时，其线素的长度如图 1-11 所示。

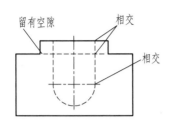

图 1-10 相交图线的画法

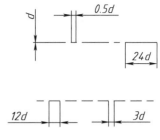

图 1-11 点画线和虚线的画法

3）图线重合时，只画其中一种。优先画图线的顺序为：可见轮廓线、不可见轮廓线、对称中心线、尺寸界线。

五、尺寸注法

1. 基本规定

1）机件的真实大小应以图样上所注的尺寸数值为依据，与图形的大小及绘图的准确度无关。图样中所注的尺寸为该图样所示机件的最后完工尺寸，否则另加说明。

2）图样中的尺寸，以毫米为单位时，不需标注计量单位的代号或名称；如采用其他单位，则必须注明相应计量单位的代号或名称。

3）机件的每一尺寸，一般只标注一次，并应标注在反映该结构最清晰的图形上。图1-12所示为尺寸标注示例。

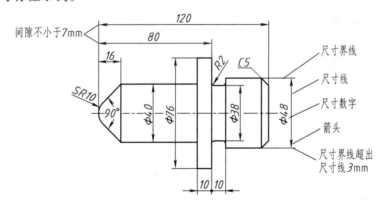

图 1-12 尺寸标注示例

4）标注尺寸时，应尽可能使用符号和缩写。常用的符号和缩写词见表1-4。

表 1-4 常用符号和缩写词

名　　　称	符号或缩写词
直径	ϕ
半径	R
球直径	$S\phi$
球半径	SR

（续）

名　　称	符号或缩写词
厚度	t
正方形	□
45°倒角	C
深度	⊥
沉孔或锪平	⊔
埋头孔	∨
斜度	∠
锥度	◁
均布	EQS

2. 尺寸数字及符号

1）线性尺寸的数字一般应注写在尺寸线的上方，也允许注写在尺寸线的中断处。填写线性尺寸数字的方向应按图 1-13 所示，并尽可能避免在图 1-13 所示 30°范围内标注尺寸，当无法避免时可按图 1-14 的形式标注。

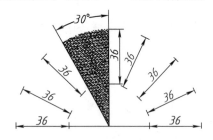

图 1-13　线性尺寸数字的方向（一）

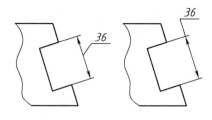

图 1-14　线性尺寸数字的方向（二）

2）角度的数字一律写成水平方向，一般注写在尺寸线的中断处（图 1-15），也可引出标注。

3）标注圆的直径时，应在尺寸数字前加注符号"ϕ"；标注半径时，应在尺寸数字前加注"R"（图1-16）；标注球面直径或半径时，应在符号"ϕ"或"R"前再加符号"S"（图 1-17）。

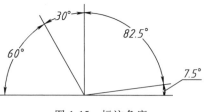

图 1-15　标注角度

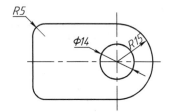

图 1-16　标注圆的直径和半径

图 1-17　标注球面直径

4）尺寸数字不允许被任何图线所通过，否则必须将该图线断开，如图 1-12 所示的轴线。

3. 尺寸线及其终端形式

1）尺寸线用细实线绘制。尺寸线不能用其他图线代替，一般也不得与其他图线重合或画在其延长线上（图 1-18）。

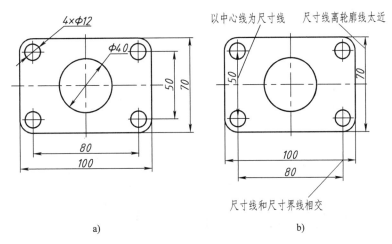

图 1-18　尺寸线画法
a）正确　b）不正确

2）尺寸线的终端有两种形式：箭头（图 1-19）和斜线（图 1-20）。斜线用细实线绘制，且必须以尺寸线为准，逆时针方向旋转 45°。当尺寸线的终端采用斜线形式时，尺寸线与尺寸界线必须相互垂直（图 1-20）。同一张图样中只能采用一种尺寸线终端的形式。

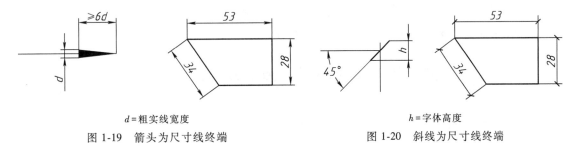

d=粗实线宽度　　　　　　　　　　　　　　h=字体高度
图 1-19　箭头为尺寸线终端　　　　　　图 1-20　斜线为尺寸线终端

3）标注线性尺寸时，尺寸线必须与所标注的线段平行（图 1-19）。标注角度时，尺寸线应画成圆弧，其圆心是该角的顶点（图 1-15）。

4）互相平行的尺寸，应使较小的尺寸靠近图形，较大的尺寸依次向外分布，以免尺寸线和尺寸界线相交（图 1-18）。

5）圆的直径或圆弧半径的尺寸线终端应画成箭头，并按图 1-16 和图 1-17 所示标注。当圆弧半径过大或在图纸范围内无法标注其圆心位置时，可按图 1-21 的形式标注。

6）当对称机件的图形只画出一半或略大于一半时，尺寸线应略超对称中心线或断裂处的边界线，此时仅在尺寸线的一端画出箭头（图 1-22）。

7）在没有足够位置画箭头或注写数字时，可按图 1-23 的形式标注。箭头可用小圆点或斜线代替。

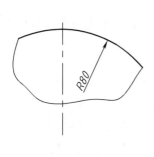

图 1-21 大半径的标注

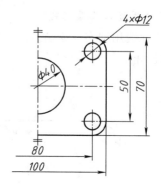

图 1-22 对称图形的标注

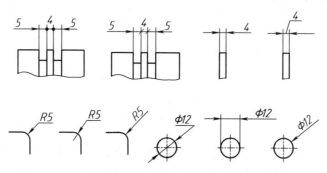

图 1-23 狭小部位的标注

4. 尺寸界线

尺寸界线用细实线绘制，并应从图形的轮廓线、对称中心线或轴线处引出。也可利用轮廓线、对称中心线、轴线做尺寸界线（图 1-12、图 1-18a）。

第二节 平面图形的画法及尺寸标注

一、几何作图

1. 作已知圆的内接正六边形

作已知圆的内接正六边形的作图方法如图 1-24 所示。

2. 斜度和锥度

（1）斜度 一直线（或平面）对另一直线（或平面）的倾斜程度称为斜度。斜度就是它们夹角的正切值，如图 1-25 所示。

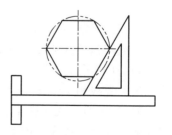

图 1-24 作已知圆的内接正六边形的作图方法

$$斜度 = \tan\alpha = \frac{CB}{AB} = \frac{H}{L} = 1 : n$$

（2）锥度 正圆锥底圆直径与圆锥高之比称为锥度。正圆锥台的锥度则为两底圆直径之差与锥台高之比，如图 1-26 所示。

$$锥度 = \frac{D}{L} = \frac{D-d}{L_1} = 2\tan\alpha = 1 : n$$

标注示例如图 1-27 所示。

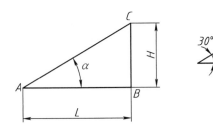

图 1-25　斜度定义及符号

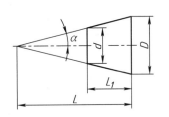

图 1-26　锥度定义及符号

h—字高

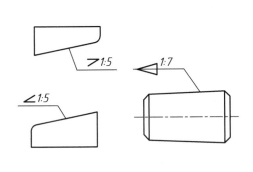

图 1-27　斜度和锥度标注示例

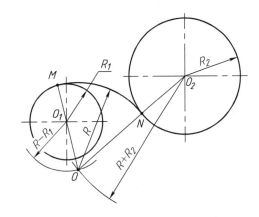

图 1-28　圆弧连接画法

3. 圆弧连接

圆弧与圆弧、圆弧与直线光滑的连接称为圆弧连接。连接点为圆弧与圆弧（或直线）的切点。当两圆弧的圆心位于过切点的公切线同侧时称为内切，反之称为外切。如图 1-28 所示，MN 与圆 O_1 为内切，MN 与圆 O_2 为外切。根据平面几何可知，两圆内切，两弧圆心距为它们的半径之差（$R-R_1$）；两圆外切，它们的圆心距为它们的半径之和（$R+R_2$）。

圆弧连接作图的关键在于求切点和连接弧（如 MN）的圆心。图 1-28 中连接圆弧 MN 的圆心为分别以 O_1、O_2 为圆心，以 $R-R_1$、$R+R_2$ 为半径的两弧的交点 O；切点分别为连心线 O_1O 与圆 O_1 的交点 M 和连心线 O_2O 与圆 O_2 的交点 N。求出 O、M、N 后即可用圆规画出圆弧 MN。

例 1-1 已知圆弧 R_1、R_2、R_3、R_4 和 R_1、R_2 的中心距 l（图 1-29a），求作此图形。

解 作图步骤如图 1-29b、c 和 d 所示。

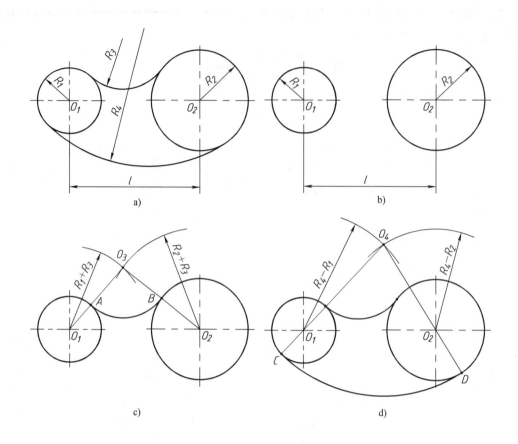

图 1-29　圆弧连接作图举例

二、平面图形的线段分析和画法

根据平面图形中所标注的尺寸和线段间的连接关系，图形中的线段可分为以下 3 种：

（1）已知线段　根据图形中的尺寸就可以直接画出的圆、圆弧或直线。对于圆和圆弧，必须由尺寸确定直径（或半径）和圆心位置。对于直线，由尺寸确定两端点的位置。

（2）中间线段　除图形中标注的尺寸，还需根据一个连接关系才能画出的圆弧或直线。

（3）连接线段　需要根据两个连接关系才能画出的圆弧或直线。

在图 1-30 中，圆 ϕ6mm、ϕ16mm 和直线 AB 是已知线段；圆弧 R25mm 是中间线段；圆弧 R5mm 是连接线段。

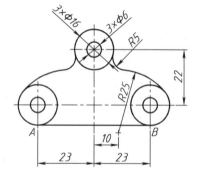

图 1-30　平面图形的线段分析

绘制平面图形时，首先画出基准线，随后画出各已知线段，再画出中间线段，最后画出连接线段。图 1-31 所示为图 1-30 的画图步骤。

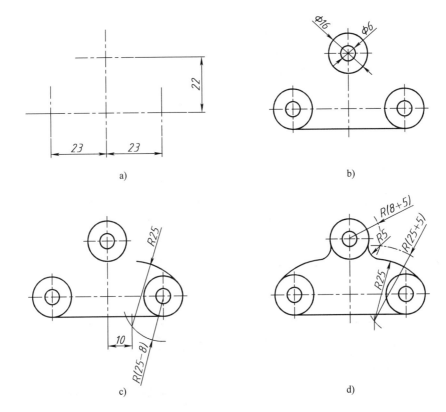

图 1-31 平面图形的画图步骤

a）画出基准线和圆的中心线 　b）画出已知线段 　c）画出中间线段 　d）画出连接线段

三、平面图形的尺寸标注

平面图形中标注的尺寸，必须能唯一地确定图形的大小。

标注平面图形的尺寸时，首先要标出确定图形的形状尺寸，称为定形尺寸；然后标出确定各个图形的相对位置尺寸，称为定位尺寸。

要正确标注尺寸，必须在长度方向和宽度方向各选定一条线作为基准线，由基准出发可标注定位尺寸。

1. 一般平面图形中常用作基准的元素

1）对称图形的对称中心线。

2）较大圆的对称中心线。

3）主要轮廓直线。

2. 标注尺寸的步骤

图 1-32 所示为平面图形尺寸注法的一般步骤：

1）分析图形，确定基准。该图形是以圆的对称中心线和较长的水平线作为基准的。

2）确定图形中各线段的性质。图 1-32a 所示为中间线段和连接线段，其余为已知线段。

3）按已知线段、中间线段、连接线段的次序逐个标注定形尺寸和定位尺寸。

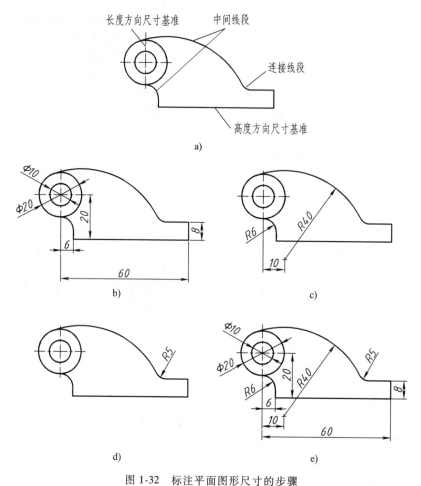

图 1-32　标注平面图形尺寸的步骤

a）选定尺寸基准后进行线段分析　b）标注已知线段的尺寸　c）标注中间线段的尺寸

d）标注连接圆弧的半径　e）标注全部尺寸

第三节　Inventor 的草图绘制

一、草图

1. 草图概述

草图是三维零件造型的基础，是一个特征的"截面轮廓"，该特征能够与其他特征组合成一个零件，图 1-33 所示为螺栓的创建过程。

有了草图，就可以用各种方法生成不同的实体。草图在大多数情况下是二维的几何图形，在设计空间管路等特殊结构时要用到三维草图。

创建二维草图时，要先确定它所依附的草图平面。在零件环境中，草图平面可以在下列平面上建立：

1）默认状况：在创建新零件的初始环境下，系统自动将原始坐标系的 XY 平面作为草图平面。

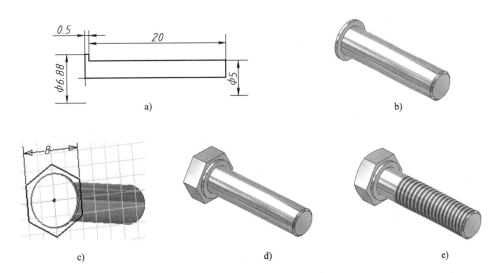

图 1-33 螺栓的创建过程

a）螺栓杆的草图　b）旋转特征

c）螺栓头的草图　d）拉伸特征　e）螺纹特征

2）原始坐标系的 *YZ* 平面和 *XZ* 平面（图 1-34 为在 *YZ* 平面建立草图）。

3）工作平面：使用"工作平面"命令设置的平面。

4）实体平面：已有三维实体上的一个表面。

2. 草图设计的规则

1）大多数的情况下，草图是一个封闭的轮廓，如图 1-35a 所示。草图也可以是一个不封闭的轮廓，用于构成曲面。

2）草图不能是自交叉状态，如图 1-35b 所示。

图 1-34 在 *YZ* 平面建立草图

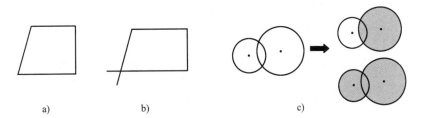

图 1-35 草图的正误例

a）封闭草图　b）错误（图形自交叉）　c）正确（轮廓相交）

3）草图轮廓可以相交，但只能使用其中一个轮廓或两个轮廓的并集，如图 1-35c 所示。

3. 草图设计流程

草图设计的一般流程如图 1-36 所示。

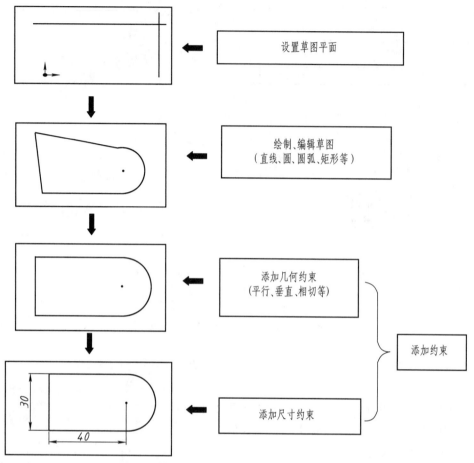

图 1-36　草图设计的一般流程

4. 绘制草图

创建新零件文件时，草图环境会自动激活。展开"草图"选项卡下面的二维草图工具栏，如图 1-37 所示。

图 1-37　二维草图工具栏

二维草图绘制命令包括直线、圆、圆弧、矩形、槽、样条曲线、表达式曲线、椭圆、点、圆角（圆角、倒角）、正多边形和文本。有些命令有多种绘制方法，如图 1-38 所示。

在绘制草图时，移动鼠标能动态感应正在绘制的草图线与已有草图线或坐标轴的几何约束关系（如平行、垂直、相切等），并在相关的图线附近显示出几何约束关系符号。这时单击"确认"按钮，会自动添加这个几何约束关系，如图 1-39 所示。

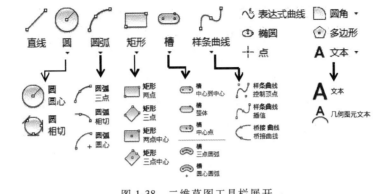

图 1-38　二维草图工具栏展开

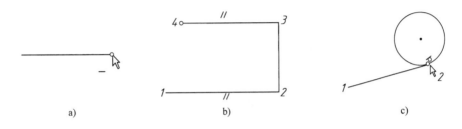

图 1-39　自动添加几何约束关系

a）直线与 X 轴平行　b）直线 34 平行于直线 12　c）直线 12 与圆相切

为了防止自动添加几何约束，在绘制草图时可以按住<Ctrl>键。

（1）直线

例 1-2　用"直线"命令绘制直线和与直线相切的圆弧。

解　单击"直线"命令 🖊️，绘制直线 12，单击直线端点 2 并按住鼠标左键，沿所需的方向（圆周方向）滑动。当圆弧终点下方出现虚线时（图 1-40），在 3 点处单击左键，结束圆弧。

（2）样条曲线　样条曲线是通过一系列给定点的光滑曲线。控制点的位置或改变控制点处曲线的切线方向，都可以改变曲线。

例 1-3　绘制过 4 个点的样条曲线。

解　单击"样条曲线"命令 🖊️ 下的插值曲线命令 🖊️，顺序在 1、2、3 点处单击，单击第 4 点后，选择浮动菜单 ✔️ ➕ 中"结束"选项来终止样条曲线（图 1-41）。

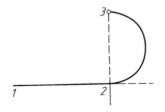

图 1-40　用直线命令绘制直线和
与直线相切的圆弧

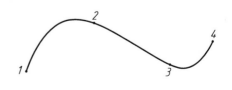

图 1-41　样条曲线

（3）圆和椭圆 绘制圆的方法有两种：给定圆心和半径⊙，或与3个图元相切◎。

例如，单击"相切圆"命令后，按桌面左下方的提示依次选择3条直线，绘制一个与3条直线相切的圆。

绘制椭圆需要给定3个点：椭圆圆心、椭圆的1根轴的端点和椭圆周上1点。

（4）圆弧 绘制圆弧的方法有3种：给定圆弧上3个点⌐，给定圆心点和圆弧2端点⌐（图1-42a）；与一个图元相切的圆弧⌐（图1-42b）。

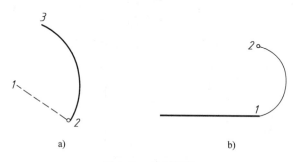

图1-42 绘制圆弧

a）给定圆心点和2个端点绘制圆弧 b）与已知图元相切的圆弧

（5）矩形 绘制矩形的方法有4种：给定2对角点▢；给定3个点◇；给定2点含中心▣；给定3点含中心◈。

（6）圆角和倒角 单击"圆角"命令◠，在"二维圆角"对话框内填入圆角半径值。选择两相交直线，绘制出的圆角如图1-43所示。

单击"倒角"命令◿，在"二维倒角"对话框内选择"等距离倒角"按钮，填入倒角值，再选择两相交直线，绘制出的等距离倒角如图1-44所示。

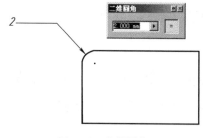

图1-43 绘制圆角

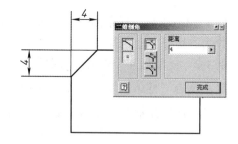

图1-44 绘制等距离倒角

（7）正多边形 单击"正多边形"命令⬠，单击"正多边形"对话框内"内接"按钮⬡，填入边数。选择已知圆的圆心1，再单击圆上一点2。图1-45所示为以"内接"方式绘制出的正六边形。

5. 编辑草图

二维草图往往要经过编辑、修改才能达到使用要求。编辑二维草图的命令在工具栏的中间，分阵列和修改两部分，如图1-46所示。

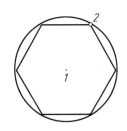

图 1-45　以"内接"方式绘制的正六边形　　　　图 1-46　编辑草图工具栏

（1）镜像

例 1-4　已有蝶形螺母的一侧草图，作与镜像线对称的图形。

解

1）先利用旋转特征生成蝶形螺母中间的圆锥台，添加螺纹孔（图 1-47a）。

2）过圆锥台轴线新建草图平面，画出一侧蝶形草图（图 1-47b）。

3）单击"镜像"命令 ，选择镜像图形和镜像线，单击"应用"按钮。镜像后的草图如图 1-47c 所示。

4）利用两侧蝶形草图，双向拉伸生成实体，实体如图 1-47d 所示。

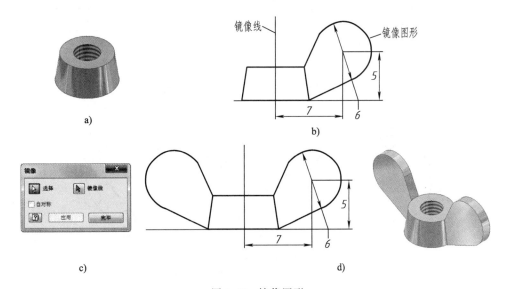

图 1-47　镜像图形

a)圆锥台　b)镜像前草图　c)镜像后草图　d)利用草图生成实体

（2）矩形阵列　利用"矩形阵列"命令 将已有的草图沿着直线的一个方向或两条直线的两个方向复制成规则排列的图形。两条直线可以不是垂直关系。

按照图 1-48 所示"矩形阵列"对话框中的选项和输入值，矩形阵列的过程和结果如图 1-49 所示。

（3）环形阵列 利用"环形阵列"命令  ，将已有的草图绕一点旋转复制成规则排列的图形。

图 1-50a 中选择圆 A 作为阵列的几何图元，选择圆心 B 为阵列中心点，在"环形阵列"对话框里填入阵列个数和阵列角度（图 1-50b），单击"确定"按钮。生成的环形阵列图形如图 1-50c 所示。

图 1-48 "矩形阵列"对话框

（4）偏移 单击"偏移"命令  。选择要偏移的图形，默认设置是"选择回路"，向图形外移动鼠标，在合适位置单击，生成的偏移图形如图 1-51a 所示。

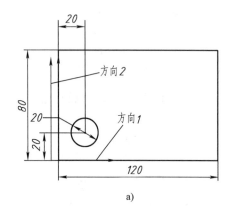

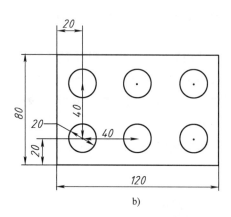

图 1-49 矩形阵列

a）选择"矩形阵列"方向 b）矩形阵列结果

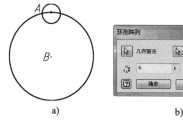

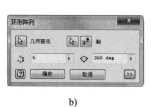

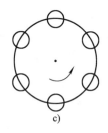

图 1-50 环形阵列

a）原图形 b）"环形阵列"对话框 c）环形阵列结果

若要偏移独立线段，则单击"偏移"命令后，再单击右键并清除"选择回路"上的复选标记，即变为偏移独立线段，如图 1-51b 所示。

（5）延伸和修剪 单击"延伸"命令  ，选择要延伸的直线，直线自动延伸到最近的相交线段，如图 1-52 所示。

使用"修剪"命令  ，将选中的线段修剪到与最近线段的相交处。在选中的线段上暂停光标可以预览修剪（图 1-53）。

（6）移动和复制 "移动"命令 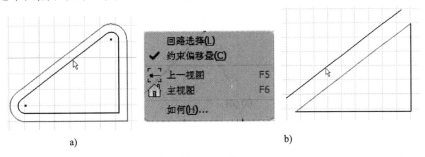 用来将草图几何图元从起始点移动到终止点。如果在"移动"对话框中选择"复制"命令 ，则在新点处创建几何图元的副本。起始点和终止点可以是草图点、孔中心点、圆心或端点。

图 1-51 偏移

a）偏移回路 b）偏移线段

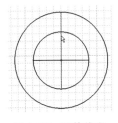

图 1-52 延伸线段

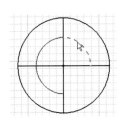

图 1-53 修剪线段

（7）旋转 使用"旋转"命令  将所选草图图形绕指定的中心点进行旋转，如果在对话框中选中了"复制"复选框，则原图形保留，图 1-54 所示为复制矩形并绕 1 点旋转 45°的结果。

图 1-54 旋转图形

a）原图形 b）旋转（复制）45°

（8）改变草图几何图元的样式 草图几何图元有 3 种样式：普通线、构造线和中心线。"普通"是默认的样式，用于绘制草图轮廓线。在标准工具栏上单击图标 ，可将草图几何图元的样式指定为构造线。在标准工具栏上中心线的图标是 。

中心线以点画线显示，只能用于直线。中心线作为设计基准使用，可以利用它标注出带"φ"的直径尺寸。"旋转"命令会将中心线识别为旋转轴。

构造线的宽度较细，颜色为橙黄色。用构造线绘制的几何图元，可以作为几何约束和尺寸约束的携带者，但不参与造型，即不能将其用作创建特征的截面轮廓。

例如图 1-55a 是任意绘制的一个三角形和一个构造圆，利用"相切"和"等长"几何约束，将三角形构造成只用构造圆的直径控制大小的等边三角形，其过程如图 1-55b ~ d 所示。

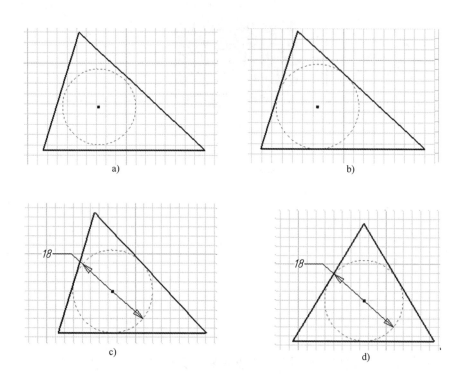

图 1-55　用构造圆控制等边三角形的大小

a）原图形　b）添加"相切"约束　c）标注构造圆直径　d）添加"等长"约束

二、草图约束

草图绘制完成后，要对草图进行约束。所谓"约束"，就是限制草图的自由度，使草图具有确定的几何形状、大小和位置，成为能够参数化的精确草图。

几何约束用来规整草图的几何形状。尺寸约束用来定义草图的大小和图元之间的相对位置。

形状大小和位置都已经确定的草图称为完全约束草图。没有完全约束的草图称为欠约束草图，欠约束的草图处于不稳定的状态，当再次驱动草图时，可能发生变形。

1. 添加几何约束

"几何约束"就是确定草图各要素之间以及草图与其他实体要素之间的相互关系。如两直线平行或垂直、两直线等长或两圆同心等。

"几何约束"既可加在同一草图的两个图元之间，也可以加在草图和已有的实体的边之间。

几何约束和尺寸约束的命令在"二维草图面板"中，如图 1-56 所示。

系统提供了 12 种几何约束，见表 1-5。

图 1-56　几何约束和尺寸约束命令

表 1-5　几何约束的种类和意义

图标	意 义	命 令 说 明	约 束 前	约 束 后
	垂直	使两直线相互垂直		
	平行	使两直线相互平行		
	相切	使直线和圆（圆弧）相切 使两圆（圆弧）相切		
	重合	使两条线上的端点重合		
	同心	使两个圆（圆弧）同心		
	共线	使两直线共位于同一条线上		
	水平	使一直线或两个点（线端点或圆心点）平行于坐标系的 X 轴		
	竖直	使直线或两点平行于坐标系的 Y 轴		
	等长等半径	使两圆（圆弧）或两直线具有相同半径或长度		

（续）

图标	意义	命 令 说 明	约 束 前	约 束 后
	固定	使图元相对草图坐标系固定	该线位置固定	6
	对称	使两图元相对于所选直线成对称布置	A B	A B
	平滑	将曲率连续条件应用到样条曲线		

2. 显示和删除几何约束

（1）显示几何约束　单击"显示约束"命令 ，将鼠标暂停在如图 1-57 所示三角形的一条边上（或单击该边），则可查看在该线段上添加的所有几何约束。将鼠标在所显示的几何约束上移动，则会亮显与该约束相关的线段。例如，将鼠标暂停在"相切"约束符号上，与该直线相切的圆会亮显。

在绘图区空白处右击，选择右键菜单"显示所有约束"选项，或单击下方状态栏的图标 ，则显示在当前草图上添加的所有几何约束，如图 1-58 所示。选择右键菜单"隐藏所有约束"选项，当前草图上所有约束显示条全部关闭。

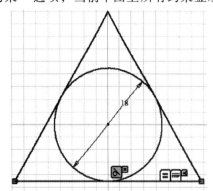

图 1-57　查看在该线段上添加的所有几何约束

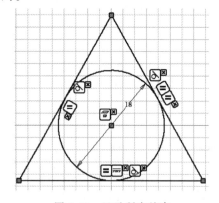

图 1-58　显示所有约束

（2）删除几何约束　当不再需要某一约束时，可以把它删除掉。查看如图 1-59a 所示的图形的约束状态，看到直线 A 已经被添加了水平约束，要想对圆心 1、2 添加水平约束，必须先将直线 A 的水平约束删除。

移动鼠标到约束条的"水平约束"图标上，右击，选择右键菜单中的"删除"选项，如图 1-59b 所示。由图 1-59c 可以看到直线 A 的水平约束已经删除了。对圆心 1、2 添加水平约束后的图形变化如图 1-59d 所示。

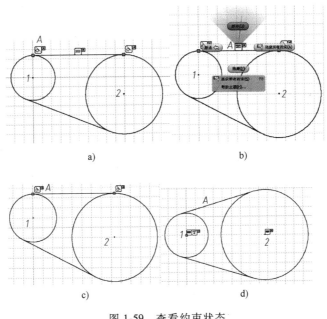

图 1-59 查看约束状态

a）直线 A 的水平约束　b）删除直线 A 的水平约束

c）删除了直线 A 的水平约束　d）对圆心 1、2 添加水平约束后的图形

3. 添加尺寸约束

尺寸约束的目的是确定草图的大小及位置。添加尺寸约束一般在添加完几何约束之后进行。

尺寸和图形是"关联"的，尺寸不但定义当前草图的大小和位置，而且当改变尺寸的数值后，尺寸会驱动图形发生变化。

尺寸约束的方法有两种：通用尺寸——根据需要，由绘图者为草图逐个地标注尺寸。自动标注尺寸——系统根据草图的情况自动添加全约束的尺寸，但常常标注得不尽合理，还需要个别修改。

线性尺寸标注用来标注长度和距离，单击直线上任一点，移动鼠标，在尺寸线的位置标注尺寸。对于如图 1-60 所示斜线，单击两圆心点后，右击，在右键菜单中选择"对齐"选项，在尺寸线的位置标注出长度尺寸；或当鼠标向外拖曳，指针旁显示为 时，单击鼠标即可标注尺寸。

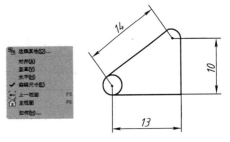

图 1-60 斜线的尺寸标注

添加直径或半径尺寸如图 1-61 所示。如果用普通线作为"旋转"命令的旋转轴，利用它标注出带"ϕ"的直径，则应先选择旋转轴，再选择直线，在右键菜单中选择"线性直径"选项，如图 1-62 所示。

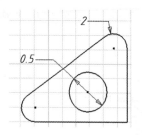

图 1-61 直径或半径标注

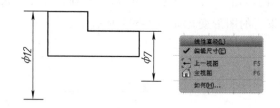

图 1-62 创建直径尺寸

4. 尺寸显示形式

尺寸标注后，可以用 3 种形式显示尺寸：数值形式、名称形式和表达式形式。

要变换尺寸显示的形式，可在图形显示区的空白处右击，选择右键菜单的"尺寸显示"中的一项。尺寸的 3 种显示形式的示例如图 1-63 所示。d_0、d_1、d_2、…、d_n 是系统从第一个标注的尺寸开始为每一个尺寸排好的变量名，也称为尺寸变量名称。

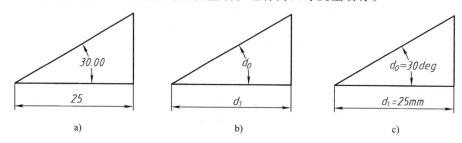

图 1-63 尺寸的显示形式

a）数值形式 b）名称形式 c）表达式形式

5. 编辑尺寸

在"绘制草图"和"编辑草图"的状态下，双击尺寸数字，在"编辑尺寸"对话框中输入新的数值。修改后的尺寸驱动图形发生变化，如图 1-64 所示。

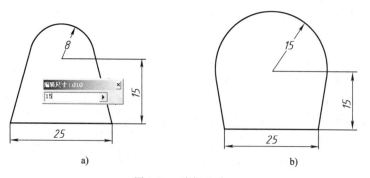

图 1-64 编辑尺寸

a）输入新尺寸数值 b）尺寸驱动图形变化

输入草图尺寸的方式有：①输入一个常数，如 10、20 等。②输入一个尺寸变量名称，如 d_0、d_1 等。③输入一个表达式，如 $10*2$、d_0+10、$d_2*\sin(45)$ 等。

6. 投影几何图元

在 Inventor 中，可以通过将模型中的几何图元（边和顶点等）、回路、定位特征或其他草图中的几何图元投影到当前草图平面中，以创建参考几何图元。参考几何图元可用于约束草图中的其他图元，也可以直接在截面轮廓和草图路径中使用。

例 1-5 创建如图 1-65 所示键槽的草图平面。

解

1）新建与轴相切的草图平面。

2）单击草图工具面板中的"投影几何图元"命令 。

3）单击轴线将其投影到当前草图平面上，将草图中的圆心约束在轴线的投影线上，保证了键槽相对于轴线对称。单击轴端面将其投影到当前草图平面上，便于标注定位尺寸。

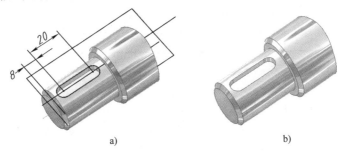

a)   b)

图 1-65 创建键槽的草图

a）投影轴线和轴端面到当前草图   b）拉伸（切削方式）创建键槽

三、绘制草图综合实例

图 1-66 所示实例模型是由一个截面轮廓草图经"拉伸"生成的，以它的草图设计为例，具体讲述草图绘制、草图修改、添加草图约束及编辑修改的操作过程。图 1-67 所示为该模型的草图。

1. 草图分析

草图是上下对称的，草图由外部回路和内部回路构成。内部回路的四个小圆直径相等，圆心在一条直线上。

2. 绘制该草图的步骤

先以对称中心线为界，绘制一侧的外部回路，并添加几何约束。再绘制同侧的内部回路，添加几何约束。最后添加草图所有的尺寸约束，进行"镜像"。

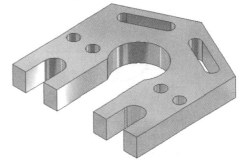

图 1-66 实例模型

（1）绘制一侧的外部回路，并添加几何约束 沿 X 轴绘制一条中心线，将半径 13mm 的圆心位置选择在原点处，并将中心线和圆心固定。绘制一侧的外部回路（图 1-68）。为两条竖直的线添加"等长"和"共线"两个约束，以对称中心线为界修剪圆（图 1-69）。

（2）绘制同侧的内部回路，并添加几何约束 如图 1-70 所示，绘制一侧的内部回路。为两个小圆添加"等长"和"竖直"两个约束。检查长圆孔的圆弧和直线是否相切，如果绘制长圆孔时遗漏了，补充添加"相切"约束，最后，添加"平行"约束。添加几何约束后的结果如图 1-71 所示。

（3）为草图标注尺寸　先标注外部回路尺寸（图 1-72），再标注内部回路尺寸，结果如图 1-73 所示。当某一几何图元被完全约束时，自由度为零，它的颜色将变成蓝色。可以用"自动标注尺寸"命令检查一下是否有遗漏的尺寸。

（4）生成完整草图　用对称中心线为镜像线，镜像后的草图如图 1-74 所示。

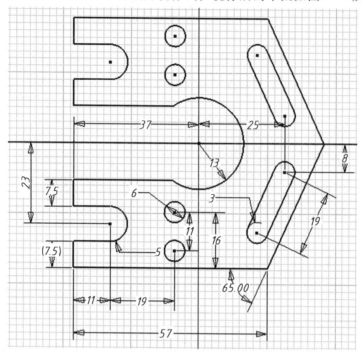

图 1-67　模型的草图

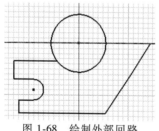

图 1-68　绘制外部回路

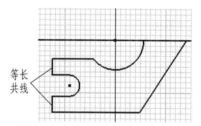

图 1-69　添加几何约束并修剪圆

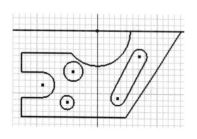

图 1-70　绘制内部回路

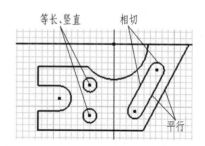

图 1-71　添加几何约束

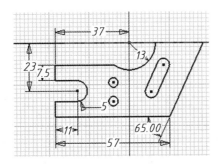

图 1-72　标注外部回路尺寸

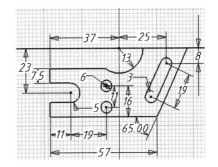

图 1-73　标注内部回路尺寸

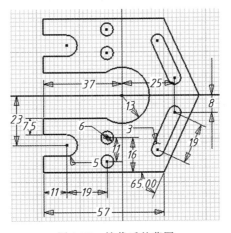

图 1-74　镜像后的草图

本 章 小 结

1. 介绍国家标准《技术制图》和《机械制图》的基本规定。
2. 平面图形的作图方法和尺寸标注。
3. 创建三维设计软件 Inventor 草图的方法。

第二章

投 影 基 础

第一节　正投影的基本特性

机械图样是用正投影法绘制的。本节介绍投影的基本概念和性质、多面视图的形成和有关规律以及读图初步知识，简要阐述图、物的对应关系。

一、投影法及其分类

空间物体在灯光或日光照射下，墙壁上或地面上就会出现物体的影子。根据这一事实，经过几何抽象，人们创造了绘制工程图样的方法——投影法。

如图 2-1 所示，先建立一个平面 P 和不在该平面内的一点 S，平面 P 称为投影面，点 S 称为投射中心。发自投射中心 S 且通过△ABC 上一点 A 的直线 SA 称为投射线；投射线 SA 与投影面 P 的交点 a 称为 A 在投影面上的投影。同理，可作出△ABC 上 B、C 两点在投影面 P 上的投影 b、c 和△ABC 的投影△abc。投射线通过物体，向选定的面投射，并在该面上得到图形的方法，称为投影法。

1. 中心投影法

如图 2-1 所示，所有投射线都汇交于一点的投影法称为中心投影法。用中心投影法得到的投影图的大小与物体的位置有关，当△ABC 靠近或远离投影面时，它的投影△abc 就会变小或变大，且一般不能反映物体表面的真实形状和大小，所以绘制机械图样不采用中心投影法，中心投影法一般用于建筑物的直观图。

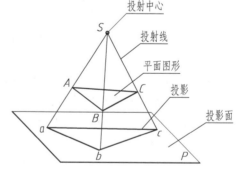

图 2-1　中心投影法

2. 平行投影法

若投射中心位于无限远处，则投射线互相平行，这种投影法称为平行投影法，如图2-2所示。在平行投影法中，当平行移动空间物体时，投影图的形状和大小都不会改变。按投射方向与投影面是否垂直，平行投影法分为正投影法和斜投影法两种：投射线倾斜于投影面时称为斜投影法，如图 2-2a 所示；投射线垂直于投影面时称为正投影法，如图 2-2b 所示。机械图样就是采用正投影法绘制的。用正投影法得到的图形称为正投影（正投影图）。本书后面通常把正投影简称为投影。

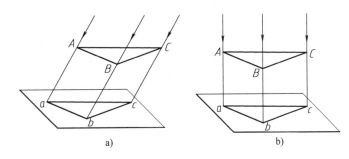

图 2-2　平行投影法

a）斜投影法　b）正投影法

为研究方便，规定如下：凡空间元素皆用大写字母标记，其投影则用相应的小写字母标记。

二、平面和直线的正投影特性

物体的形状虽然千差万别，但它们的表面都是由一些线和面围成的。物体的投影就是这些线和面投影的组合。所以研究物体的正投影特性，首先要研究平面和直线的正投影特性。

（1）实形性　平行于投影面的任何直线或平面，其投影反映线段的实长或平面的实形，如图 2-3a、b 所示。

（2）积聚性　直线或平面与投影面垂直时，其投影分别积聚为一点或一直线，如图2-3c 所示，直线 DE 积聚为一点 d（e），△ABC 积聚为一直线 abc。

（3）类似性　当直线或平面图形既不平行、也不垂直于投影面时，直线的投影仍是直线，平面图形的投影仍是原图形的类似形，如图 2-3d、e 所示（类似形不是相似形，但图形最基本的特征不变，例如：多边形的投影仍为多边形，其边数不变；椭圆的投影仍为椭圆，但其长、短轴长度之比一般要变化）。

（4）从属性　直线上的点，或平面上的点和直线，其投影仍在该线或平面的投影上，如图 2-3e 所示，D 点在直线 BC 上，其投影 d 仍在直线 BC 的投影 bc 上。

（5）等比性　直线上的点分割线段成一定的比例，则点的投影也分割线段的投影成相同的比例，如图 2-3d 所示，$AC : CB = ac : cb$。

（6）平行性　两直线平行时，它们的投影也平行，且两直线的长度比等于它们投影的

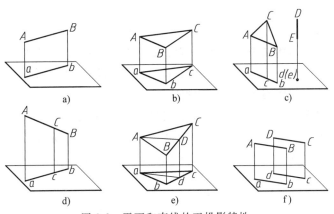

图 2-3　平面和直线的正投影特性

长度比，如图 2-3f 所示，$AB:CD=ab:cd$。

物体的形状是由其表面的形状决定的，因此，绘制物体的投影，就是绘制物体表面的投影，也就是绘制表面上所有轮廓线的投影。从上述平面和直线的投影特点可以看出：画物体的投影时，为了使投影反映物体表面的真实形状，并使画图简便，应该让物体上尽可能多的平面和直线平行或垂直于投影面。

三、三视图的形成及投影规律

图 2-4 所示为 2 个形状不同的物体，但在同一投影面上的投影却是相同的，这说明仅有一个投影不能准确地表示物体的形状。因此，经常把物体放在 3 个互相垂直的平面所组成的投影面体系中，这样就可得到物体的 3 个投影。

1. 三投影面体系的建立

设有 3 个互相垂直的平面 V、H、W（相当于坐标面），分别交于 OX、OY、OZ，如图 2-5所示。这里，平面 V 称为正立投影面（简称正面或 V 面），平面 H 称为水平投影面（简称水平面或 H 面），平面 W 称为侧立投影面（简称侧面或 W 面），OX、OY、OZ 称为投影轴（相当于坐标轴），三根轴的交点 O 称为投影体系的原点（相当于坐标原点）。平面 V、H、W 构成三投影面体系。

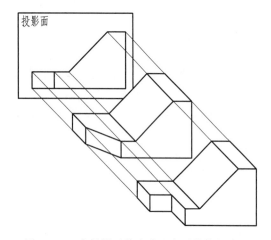

图 2-4 一个投影不能准确地表示物体的形状

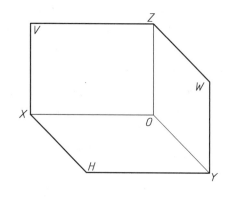

图 2-5 三投影面体系

2. 三视图的形成

将物体置于三投影面体系中，并使其前后表面平行于平面 V，如图 2-6 所示，再用正投影法将物体分别向平面 V、H、W 进行投射，即得到该物体的 3 个投影：正面投影、水平投影、侧面投影。投影中物体的可见轮廓用粗实线表示，不可见轮廓用细虚线表示。

在国家标准《机械制图》中规定，通常把投射线看作人的视线，用正投影法绘制的图形称为视图。将物体置于观察者与投影面之间，由前向后投射所得到的正面投影称为主视图，由上向下投射所得到的水平投影称为俯视图，由左向右投射所得到的侧面投影称为左视图。

3. 投影面的展开

将图 2-6 中的空间物体移开，然后使正立投影面 V 保持不动，将水平投影面 H 绕 OX 轴向下旋转 90°，侧立投影面 *W* 绕 *OZ* 轴向右旋转 90°，如图 2-7 所示，使 *V*、*H*、*W* 3 个投影面展开在同一平面内。由于投影面的边框与 3 个视图的图形无关，所以画三视图时，不画投影面的边框线，如图 2-8 所示。

根据 3 个投影面的相对位置及其展开的规定，得出三视图的位置关系为：以主视图为准，俯视图在主视图的正下方，左视图在主视图的正右方。

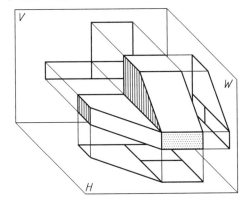

图 2-6　物体在三投影面体系中的投影

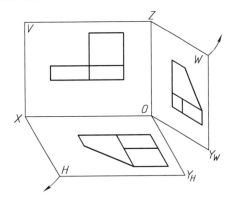

图 2-7　三投影面的展开方法

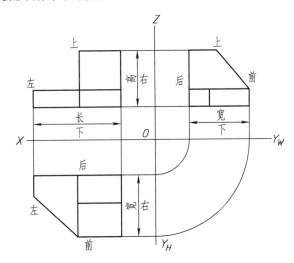

图 2-8　三视图的投影规律

4. 三视图的投影规律

在图 2-8 中，若将 *X* 方向定义为物体的"长"，*Y* 方向定义为物体的"宽"，*Z* 方向定义为物体的"高"，则主视图与俯视图同时反映了物体的长度，故 2 个视图长要对正；主视图与左视图同时反映了物体的高度，所以 2 个视图高要平齐；俯视图与左视图同时反映了物体的宽度，因此 2 个视图宽要相等。由此得出三视图之间的投影规律应满足三等关系，即

主、俯视图长对正；

主、左视图高平齐；

俯、左视图宽相等。

5. 三视图和物体之间的关系

由图 2-8 可知：主视图反映了物体长和高 2 个方向的形状特征，上、下、左、右 4 个方

位；俯视图反映了物体长和宽 2 个方向的形状特征，左、右、前、后 4 个方位；左视图反映了物体宽和高 2 个方向的形状特征，上、下、前、后 4 个方位。

由上述可知，物体的形状只和它的 3 个视图有关，而与各视图到投影轴的距离无关。在绘图时只要遵循三视图之间的投影规律，便可直接在物体上量取其长、宽、高 3 个方向的尺寸绘制三视图，而无需再画投影轴，如图 2-9 所示。至于各视图之间的距离，则以 3 个视图在图纸上布置匀称为准。

6. 三视图的画图方法与步骤

正确的画图方法和画图步骤对提高画图速度和图面质量可以起到事半功倍的效果。下面举例说明运用投影规律画三视图的方法与步骤。手工画图总是先画好底稿，然后加深，所谓三视图的画法，主要是指画底稿的方法和步骤。

例 2-1　画如图 2-10 所示挖切立体的三视图。

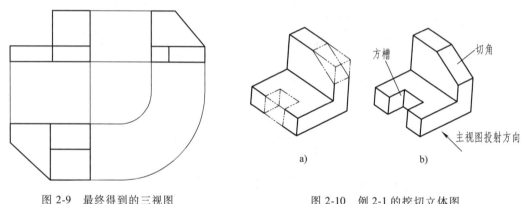

图 2-9　最终得到的三视图　　　　　图 2-10　例 2-1 的挖切立体图
　　　　　　　　　　　　　　　　　　　　a）挖切前　b）挖切后

解

（1）立体的构成分析　这个立体是在弯板（棱柱体）的左端中部开了一个方槽，右前方切去一个角后形成的。

（2）作图　挖切体三视图底稿的画图步骤，通常是先画出挖切前基本立体的三视图，然后逐一画出挖切后形成的每个切口的三面投影。根据构成分析，这个立体的画图步骤如下（图 2-11）：

1）画弯板的三视图（图 2-11a）。先画反映弯板形状特征的主视图，然后根据投影规律画出俯、左两视图。

2）画左端方槽的三面投影（图 2-11b）。由于构成方槽的 3 个平面的水平投影都积聚成直线，反映了方槽的形状特征，所以应先画出其水平投影。

3）画右边切角的投影（图 2-11c）。由于被切角后形成的平面垂直于侧面，所以应先画出其侧面投影，根据侧面投影画水平投影时，要注意量取尺寸的起点和方向。

4）图 2-11d 所示为加深后的三视图。

例 2-2　画如图 2-12 所示立体的三视图。

解　首先选择反映物体形状特征最明显的方向作为主视图的投射方向，图 2-12 中箭头所指的 A 向为主视图的投射方向。

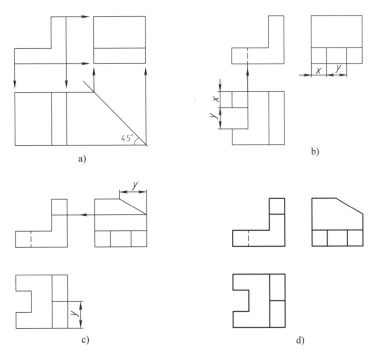

图 2-11 挖切体的画图步骤

a）画出弯板的三视图 b）画左端方槽的三面投影 c）画右边切角的三面投影 d）加深后的三视图

具体作图步骤如下：

1）画出 3 个视图的主要基准线和对称中心线，决定 3 个视图之间的间距，如图 2-13a 所示。

2）画底板的三视图。长度和高度方向的尺寸由图 2-12 所示的立体图按实长量取，宽度方向的尺寸按图 2-12 所量尺寸放大一倍画出，并保持底板三等关系，如图 2-13b 所示。

3）画立板的三视图。先画主视图，再画俯、左视图，使立板在 3 个视图中的位置保持三等关系，要特别注意俯、左视图中的宽相等规律。图 2-13c 中立板在俯、左视图中的位置应处于底板的后面，其宽度 Y 应保持相等。

4）画完底稿后，经检查无误，擦去多余的作图线，按线型要求加深图线，完成全图，如图 2-13d 所示。

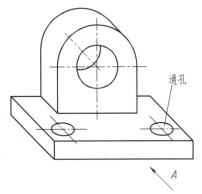

图 2-12 例 2-2 的立体图

由以上画图步骤可知，正确的作图过程是将物体分成几个部分，逐个画出各部分及其上孔、槽、切口等结构的三视图。画圆孔和半圆孔时要画出投影为圆的中心线和孔深方向的轴线，如图 2-13d 所示主视图和俯视图中的细点画线。

"长对正、高平齐、宽相等"是三视图之间的投影规律，不仅适用于整个物体的投影，也适用于物体中每个局部的投影。例如，图 2-11 所示的物体左端缺口的 3 个投影，也同样符合这一规律。在应用这一投影规律画图和看图时，必须注意物体的前后位置在视图上的反

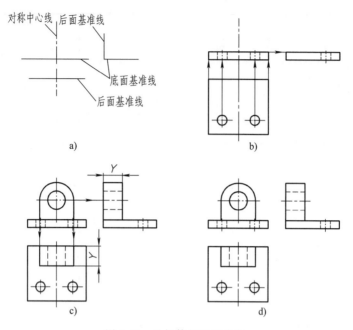

图 2-13 叠加体的画图步骤

a) 画对称中心线及基准线 b) 画底板 c) 画立板 d) 完成全图

映，在俯视图与左视图中，靠近主视图的一边都反映物体的后面，远离主视图的一边都反映物体的前面。因此，在根据"宽相等"作图时，不但要注意量取尺寸的起点，而且要注意量取尺寸的方向。

当立体前后、左右方向对称时，反映该方向的相应 2 个视图也一定对称，这时，视图中必须画出对称中心线（用细点画线表示），其两端应超出视图轮廓 3~5mm。

四、阅读简单物体三视图

画三视图是应用三面投影，把空间物体各个方向的形状用 3 个互相有联系的视图表达出来，是从空间到平面的图示过程。阅读三视图（即看三视图）是根据已知有联系的视图，应用三等关系和方位关系进行形体分析和方位确定，想象出物体的空间形状，是由平面到空间的思维过程。前者要求有一定的投影表达能力，后者则要求有较强的空间想象能力。

看图是画图的逆过程，由于一个视图不能确定立体的形状和基本体之间的相对位置，因此必须将有关视图联系起来看。下面介绍阅读简单物体三视图的一些常用方法。

1. 拉伸法

适合于形体在某一方向投影具有积聚性的柱状体。在柱状体的 3 个视图中，具有积聚性的视图反映该面的实形，该视图称为形状特征线框，其余 2 个视图的轮廓都是矩形，如图 2-14 所示。

方法：首先，在 3 个视图中确定形状特征线框，如果形状特征线框在俯、左视图上，需要旋转归位后，再沿其投射方向拉伸到已知的距离（由其他视图可知），即设想出物体的形状。

根据物体各形状特征线框的方向，拉伸法又可分为两类。

（1）分层拉伸法　当形状特征线框都集中在一个视图时，可先根据位置特征视图，确

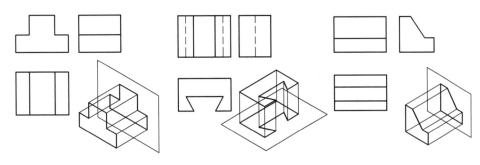

图 2-14　拉伸法

定各形状特征线框的位置，将各视图归位，再分别把各形状特征线框沿其投射方向拉伸到给定距离，即形成多层的柱状体。

如图 2-15a 所示，对照三视图的投影关系，可知该物体的 2 个形状特征线框 1″ 和 2″ 都集中在左视图上。因此先设想把左视图归位在侧面 W 上，并把特征线框所示的平面向左分别拉伸，其拉伸长度为主视图或俯视图给定的尺寸 x 和 y，于是就得到如图 2-15b 所示物体的形状。

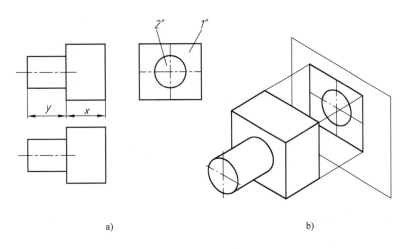

a)　　　　　　　　　　　　　　b)

图 2-15　分层拉伸法

（2）分向拉伸法　当形状特征线框分别在不同的视图上时，把各形状特征线框分别放在投影面 V、H、W 上，沿着不同的投射方向拉伸，则形成具有不同方向特征形状的柱状类物体。如图 2-16 所示，对照三视图的投影关系，可知俯视图上的线框 1、主视图上的线框 2′ 分别是该物体的形状特征线框。先把俯视图上的线框 1 归位在平面 H 上，并将它从水平面位置往上拉伸高度 A，形成燕尾槽体 I，再按俯视图的位置关系把主视图上的线框 2′ 从形体 I 的前端往前拉伸宽度 B，即可得到基本形体 II。综合 2 部分的形状和相对位置，就可想象出整体形状。

2. 形体分析法

（1）概述　形体分析法是看三视图的基本方法。形体分析法就是将复杂的形体分成若干个基本形体，应用三等关系，逐一找出每个基本形体的投影，想清楚它们的空间形状，再

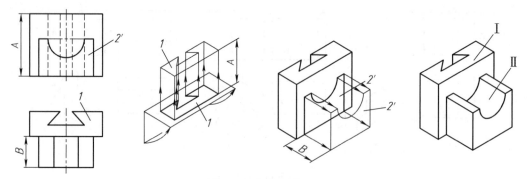

图 2-16　分向拉伸法

根据基本形体的组合方式——截切或叠加，和各形体之间的相对位置，综合想象出物体的整体空间形状。

形体分析法中的叠加法以读如图 2-17 所示物体的三视图为例来进行分析。可以看出，主视图有 3 个线框，它们把该形体划分成 3 个部分，根据投影关系找出每一部分的其他投影，从而想象出每一部分的形状，最后再综合起来，想象出如图 2-17 所示物体的形状。图 2-18 为按这一思路读图的过程。

形体分析法中的截切法以读如图 2-19c 所示物体的三视图为例来进行分析。该图可看作是一个基本形体（图 2-19a）进行二次截切形成的，其形成过程如图 2-19b、c 所示。

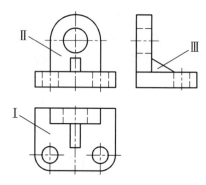

图 2-17　形体分析法中的叠加法

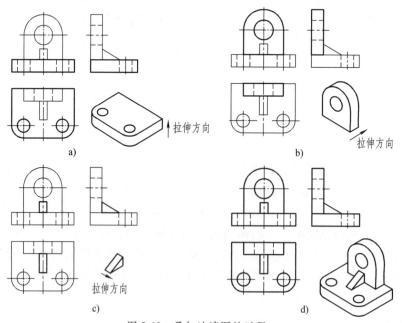

图 2-18　叠加法读图的过程
a）向上拉伸出底板的形状　b）向后拉伸出立板的形状
c）向右拉伸出肋板的形状　d）综合底板、立板和肋板

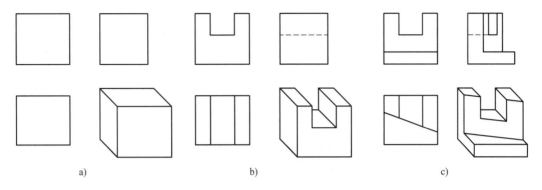

a)   b)   c)

图 2-19　形体分析法中的截切法

（2）看图二补三　根据已知的 2 个视图，求作第 3 个视图，即看图二补三。首先应根据形体分析法把物体分成几个部分，再把形状想象清楚后才可补图。补图时各个部分应分别补画，其顺序一般是：先画主体的、大的，再画细节的、小的；先画外形，再画内形。各个部分补图时应正确反映每个部分的方位关系，严格遵守视图间的三等关系，并正确判断视图中线、线框的可见性。

例 2-3 已知支架的主、俯视图（图 2-20），想出整体形状，补画左视图。

解 首先对照投影分析形体。粗略分析已知的 2 个视图，可知主视图上的 1′ 和 3′、俯视图上的 2 反映了各形体的特征，如图 2-21a 所示。

然后想象各部分的形状，根据投影关系分别找出主视图上的 1′ 和 3′ 对应的俯视图，以及俯视图上的 2 对应的主视图，想象出各部分的形状，如图 2-21b 所示。

再综合起来想象整体。根据已知视图分析各部分的前后、左右、上下相对位置及各形体的组合方式，综合想象出完整物体的形状，如图 2-21c 所示。

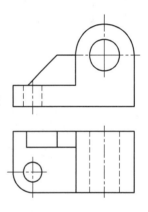

图 2-20　例 2-3 的主、俯视图

最后画出左视图。作图时，应根据想象的各部分形状，按三视图的投影关系及先大后小、先外后内、先实后虚的原则逐个画出各部分的左视图。完整的视图如图 2-21d 所示。

3. 形体凸凹设想法

在给定的视图中，若有 2 个以上的形状特征线框在相邻视图中同时对应几条线段，就不能依靠"三等关系"来分清各自的相对投影。此时，可把这些线框设想为表示凸凹结构，通过判断线框所对应线段的可见性，找到各自的对应关系，并借助立体概念想象出物体的形状，如图2-22 所示。图 2-22a 中的 1 和 3 是凹的，而 2 是凸的；图2-22b 中的 1 和 3 是凸的，而 2 是凹的。

形体凸凹设想法的看图步骤如下：

1）划分特征线框。根据已知视图可确定特征视图，并在特征视图中分离出特征线框。

2）判断形体凸凹关系。根据线框和线框的对应关系及所对应线段的可见性，分析形体的凸凹关系及相对位置。

3）综合想象整体形状。想象出各线框的凸凹关系后，再应用物体应有厚度的立体概念，分析各部分的层次，确定各部分的相对位置，想象出整体形状。

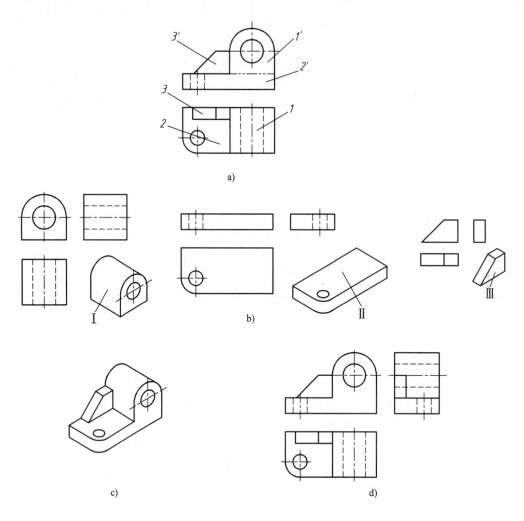

图 2-21 补画左视图的步骤

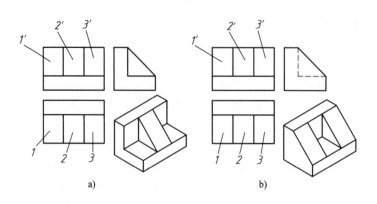

图 2-22 形体凸凹设想法

例 2-4 如图 2-23 所示，已知主、俯视图，用形体凸凹设想法补画左视图。

解 如图 2-24 所示，在划分特征线框时，根据线框和线框的对应关系，主视图中的大圆应分为上下 2 个部分，即 3′ 和 4′，由所对应线段的可见性判断，俯视图上的 3 应是凹的，4 应是凸的。想象出整体形状的步骤如图 2-25a~f 所示；最后作出的视图，如图 2-25f 所示。

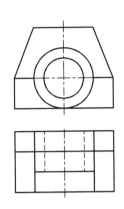

图 2-23 例 2-4 的主、俯视图

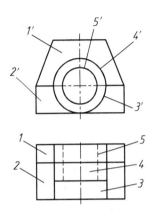

图 2-24 划分特征线框

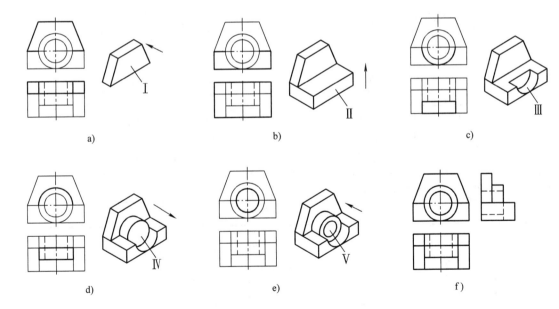

图 2-25 形体凸凹设想法的读图步骤

a）向后拉伸出立板的形状 b）向上拉伸出底板的形状 c）截切形成半圆柱
d）向前拉伸出前方半圆柱 e）向后拉伸形成圆孔 f）综合想象出整体

例 2-5 三视图多线、少线示例分析见表 2-1。

例 2-6 补线示例分析见表 2-2。

表 2-1　多线、少线示例分析

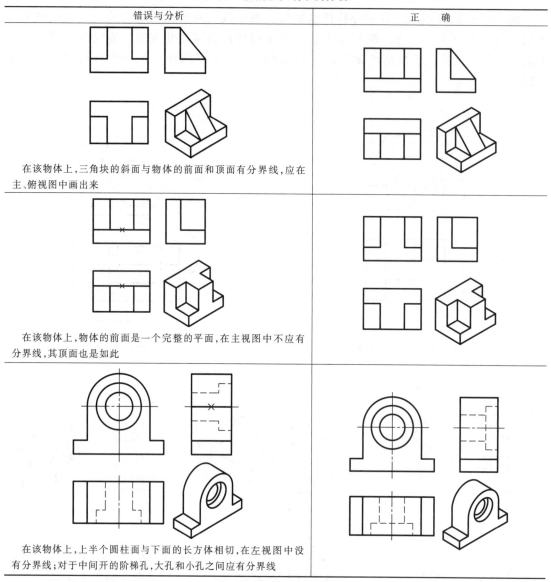

错误与分析	正　确
在该物体上,三角块的斜面与物体的前面和顶面有分界线,应在主、俯视图中画出来	
在该物体上,物体的前面是一个完整的平面,在主视图中不应有分界线,其顶面也是如此	
在该物体上,上半个圆柱面与下面的长方体相切,在左视图中没有分界线;对于中间开的阶梯孔,大孔和小孔之间应有分界线	

表 2-2　补线示例分析

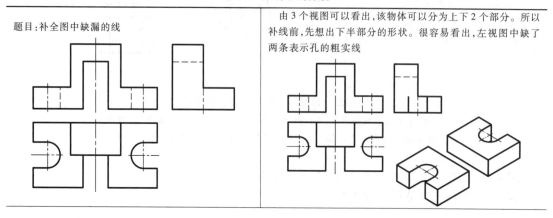

题目:补全图中缺漏的线

由 3 个视图可以看出,该物体可以分为上下 2 个部分。所以补线前,先想出下半部分的形状。很容易看出,左视图中缺了两条表示孔的粗实线

再想出上半部分的形状。这是一个下部开了通槽的长方体。所以俯视图应补出对应的通槽的虚线

把上下 2 个部分合起来，得到完整的立体。由三视图可见，上下 2 个部分的后面是对齐的，但前面没有对齐，所以主视图上应有分界线。上下 2 个部分的宽度也不一致，所以左视图上应有分界线

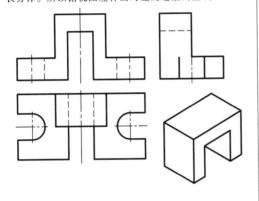

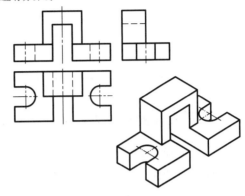

第二节 基本几何体的形成

大多数物体不论其结构形状多么复杂，都可以看作是由一些基本几何体组合而成的。

基本几何体可看作由若干表面所围成的立体，依表面性质不同，基本几何体可分为平面立体和曲面立体。本节介绍常见基本几何体的形成。

一、平面立体的形成方式和结构特征

平面立体指各表面都是由平面围成的立体。平面立体多种多样，最常见的有 2 种：棱柱和棱锥，其形成方式和结构特点见表 2-3。

表 2-3 平面立体的形成方式和结构特点

	六棱柱	棱柱体	四棱锥	棱锥体
图例				
形成方式				

（续）

	六棱柱	棱柱体	四棱锥	棱锥体
结构特点	由上、下两底面和若干棱面组成，棱面垂直于底面，各条棱线互相平行 底面形状反映立体特征，为特征平面，不同的特征平面形成不同的柱状体，如六边形形成六棱柱		由一个或两个底面和具有公共顶点的棱面组成，各棱线交于顶点 不同形状的底面形成不同的锥状体，如四边形形成四棱锥	

二、曲面立体的形成方式和结构特征

曲面立体指表面全部或部分由曲面围成的立体。工程中常见的曲面立体为回转体，其上的曲面主要为回转面。

由任意直线或曲线绕一固定直线回转一周所形成的曲面为回转面（图 2-26）。固定直线 OO 为回转面的轴线，动线 AB 为回转面的母线，母线在回转面上的任意位置为回转面的素线。母线不同或母线与轴线的相对位置不同，产生的回转面也不同。

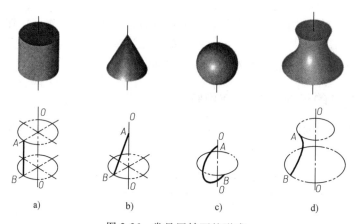

a) b) c) d)

图 2-26　常见回转面的形成

a）圆柱面　b）圆锥面　c）球　面　d）圆弧回转面

由一封闭图形绕一固定直线回转一周所形成的曲面立体为回转体。封闭图形为回转体的特征平面，不同的特征平面产生不同的回转体。表 2-4 列出了常见回转体的形成方式。

从回转面（体）的形成可知，母线（特征平面）上任意一点的运动轨迹是一个圆，该圆称为纬圆，纬圆的半径是该点到轴线 OO 的距离，纬圆所在的平面垂直于轴线，在回转面上可以作出一系列的纬圆，如图 2-27 所示。

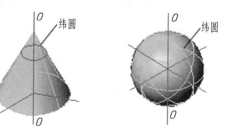

图 2-27　点的运动轨迹——纬圆

表 2-4　常见回转体的形成方式

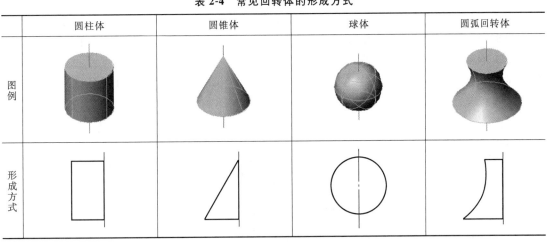

	圆柱体	圆锥体	球体	圆弧回转体
图例				
形成方式				

第三节　基本几何元素的投影

从基本几何体的构成可见，点、线、面是组成立体最基本的几何元素，如图 2-28 所示的三棱锥是由 4 个顶点、6 条棱线和 4 个棱面所组成的。学习和掌握它们的投影规律和特点，对分析和阅读基本几何体的投影十分重要。

一、点的投影

1. 点的投影特性

如图 2-29a 所示，已知空间一点 A 和投影面 H，过点 A 作投射线垂直于 H 面，与 H 面交于点 a，点 a 即为空间点 A 在 H 面上的投影。空间点在投影面上的投影是唯一的。但反过来，点的一个投影不能确定点在空间的位置，如图 2-29b 所示。要唯一确定点的空间位置，必须增加投影面，通常选用 3 个互相垂直的投影面，建立一个三投影面体系，如本章第一节所述。

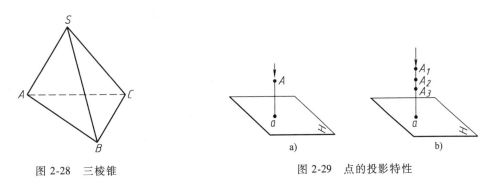

图 2-28　三棱锥

图 2-29　点的投影特性

2. 点的投影规律

为统一起见，规定空间点用大写字母表示，如 A、B、C 等；水平投影用小写字母表示，如 a、b、c 等；正面投影用小写字母加一撇表示，如 a'、b'、c' 等；侧面投影用小写字母加两撇表示，如 a''、b''、c'' 等。图 2-30 所示为空间点 A 在三投影面体系中的投影。

图 2-30a 所示为点 A 向 3 个投影面投射，得到点的水平投影 a、正面投影 a' 和侧面投影 a''。投射线 Aa''、Aa' 和 Aa 分别是点 A 到 3 个投影面的距离，即点的 X、Y、Z 坐标。

图 2-30b 所示为点的 3 个投影与点的坐标之间的关系。其中，点在每一个投影面上的投影都反映了点的 2 个坐标，如水平投影 a 反映点 A 的 X 和 Y 坐标；点的每 2 个投影都反映一个相同的坐标，如水平投影 a 和正面投影 a' 都反映了点 A 的 X 坐标。由此可见，点的 3 个投影之间有着密切的关系。

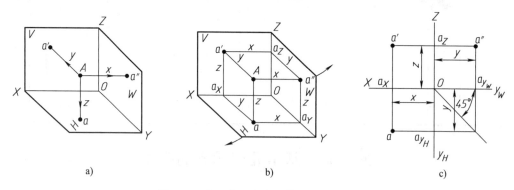

图 2-30 点 A 在三投影面体系中的投影

图 2-30c 所示为展开后点的三面投影图。可以得出点在三投影面体系中的投影规律：

1）点的正面投影和水平投影的连线垂直于 OX 轴，即 $aa' \perp OX$ （a'、a 都反映点 A 的 X 坐标）。

2）点的正面投影和侧面投影的连线垂直于 OZ 轴，即 $a'a'' \perp OZ$ （a'、a'' 都反映点 A 的 Z 坐标）。

3）点的水平投影到 OX 轴的距离等于点的侧面投影到 OZ 轴的距离，即 $aa_X = a''a_Z$ （a、a'' 都反映点 A 的 Y 坐标）。

点的投影规律从投影原理上证明了前述三视图中 3 个视图间必须保持的三等关系：

$aa' \perp OX$，即主、俯视图长对正；

$a'a'' \perp OZ$，即主、左视图高平齐；

$aa_X = a''a_Z$，即俯、左视图宽相等。

为了保证点的水平投影到 OX 轴的距离等于侧面投影到 OZ 轴的距离，可自 O 点作 45° 线，如图 2-30c 所示。

应用点的投影规律，可根据点的任意 2 个投影求出第 3 投影，具体作图方法见例 2-7。

例 2-7 已知点 A 的 2 个投影 a'、a，求 a''，如图 2-31a 所示。

解 作图方法和步骤如下：

1）过 a' 向右作水平线；过 O 点画 45° 斜线，如图 2-31b 所示。

2）过 a 作水平线与 45° 斜线相交，并由交点向上引垂直线，与过 a' 的水平线的交点即为 a''，如图 2-31c 所示。

3. 两点间的相对位置

两点间的相对位置可通过它们的坐标差来确定。从图 2-32b 中点 A 和点 B 的三投影可以看出，点的投影既能反映点的坐标，也能反映出 2 点间的坐标差，图中的 Δx、Δy、Δz 就是 A、B 2 点的相对坐标值。因此，如果已知点 A 的 3 个投影（a、a'、a''），又已知点 B 对点 A 的 3 个相对坐标值，即使没有投影轴，以点 A 为参考点，也能确定点 B 的 3 个投影。

不画投影轴的投影图，称为无轴投影图，如图 2-32c 所示。

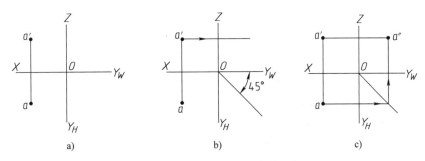

图 2-31 根据点的 2 个投影求第 3 投影

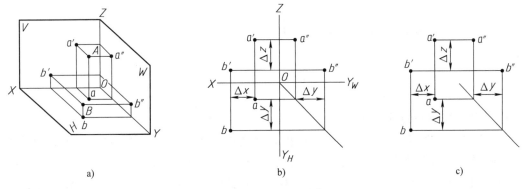

图 2-32 两点间的相对位置

图 2-33 中，A、B 2 点的水平投影 a、b 是重合的，说明 2 点处于同一条平行于 OZ 轴的投射线上，点 A 和点 B 称为对 H 面投影的重影点。由正面投影或侧面投影可知 $z_A>z_B$，说明点 A 在点 B 的正上方，点 A 的水平投影 a 可见，点 B 的水平投影 b 被 a 遮盖，不可见，规定不可见点的投影加括号表示。

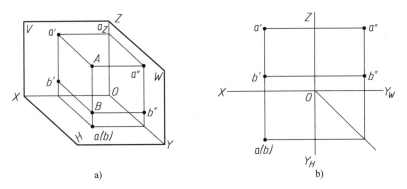

图 2-33 重影点

二、直线的投影

一般情况下直线的投影仍为直线。直线可由 2 点确定，其投影可由 2 点的同面投影连线确定，如图 2-34 所示。直线与它的水平投影、正面投影、侧面投影的夹角，分别称为该直线对投影面 H、V、W 的倾角，依次用 α、β、γ 表示。

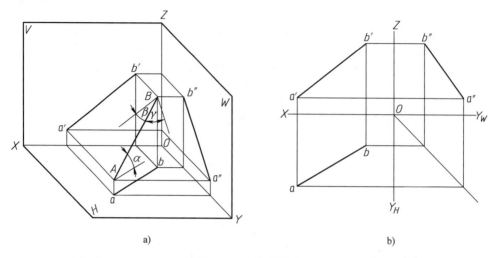

图 2-34　直线的投影

1. 各种位置直线的投影特性

在三投影面体系中，直线对投影面的相对位置有 3 种：投影面平行线、投影面垂直线、投影面倾斜线。前 2 种称为特殊位置直线，后 1 种称为一般位置直线。

（1）投影面平行线　即平行于某一投影面，对其他 2 个投影面都倾斜的直线。表 2-5 中列出了各种投影面平行线的投影特性。

表 2-5　投影面平行线的投影特性

投影面平行线名称	正平线 （∥V，倾斜于 H 和 W）	水平线 （∥H，倾斜于 V 和 W）	侧平线 （∥W，倾斜于 H 和 V）
立体图			
投影图			

（续）

投影面平行线名称	正平线 （∥V，倾斜于H和W）	水平线 （∥H，倾斜于V和W）	侧平线 （∥W，倾斜于H和V）
应用举例	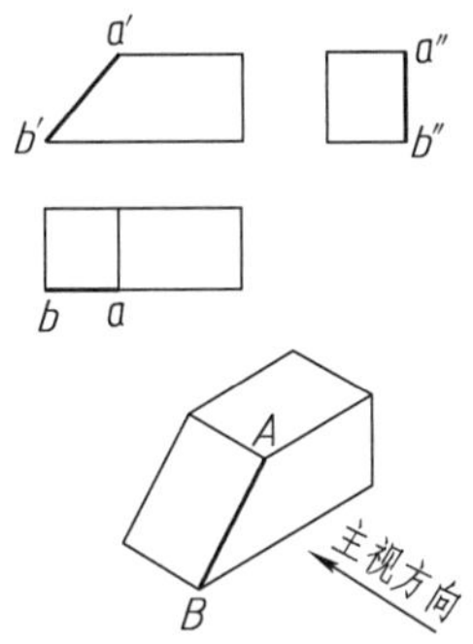 _（图示：a′、b′、a″、b″、b、a、A、B，主视方向）_	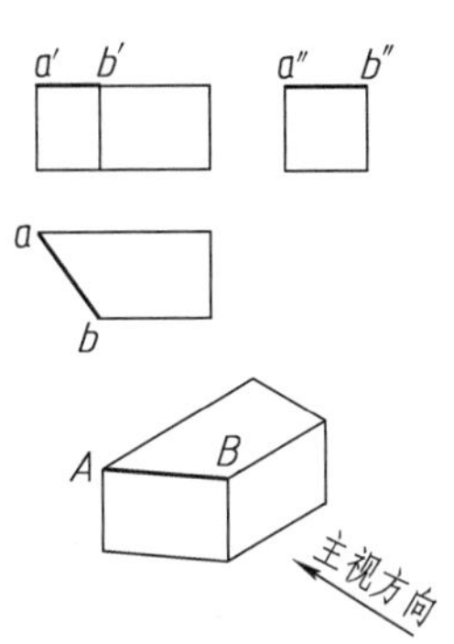 _（图示：a′ b′、a″ b″、a、b、A、B，主视方向）_	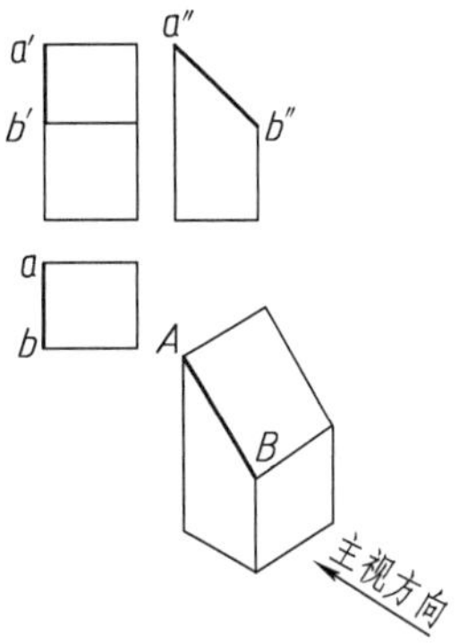 _（图示：a′、b′、a″、b″、a、b、A、B，主视方向）_
投影特性	1. 在与线段平行的投影面上，该直线的投影为倾斜线段，反映实长，且反映与另外2个投影面的倾角。 2. 其余2个投影分别平行于相应的投影轴，且小于实长。		

（2）投影面垂直线　即垂直于某一投影面的直线。表 2-6 中列出了各种投影面垂直线的投影特性。

表 2-6　投影面垂直线的投影特性

投影面垂直线名称	铅垂线 （⊥H）	正垂线 （⊥V）	侧垂线 （⊥W）
立体图	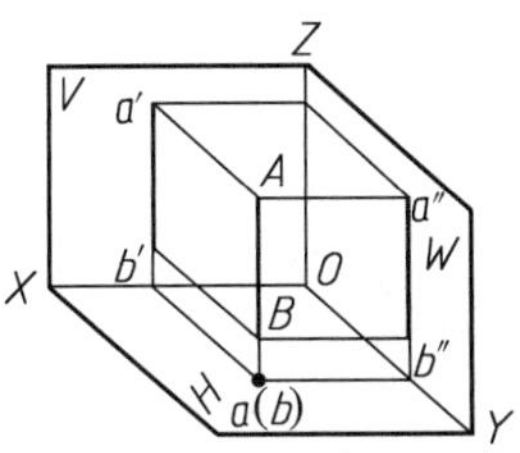 _（图示：Z、V、a′、A、a″、b′、O、W、B、H、a(b)、b″、X、Y）_	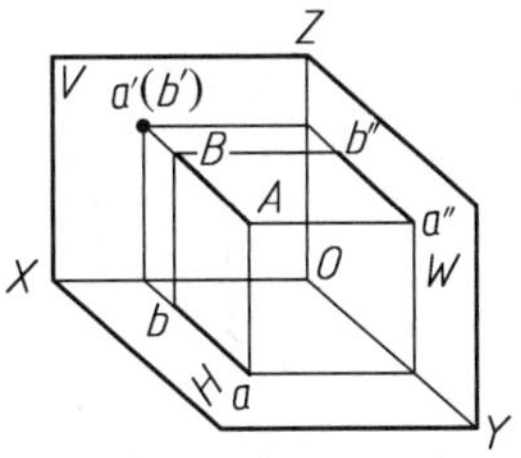 _（图示：Z、V、a′(b′)、B、b″、A、a″、O、W、X、b、a、H、Y）_	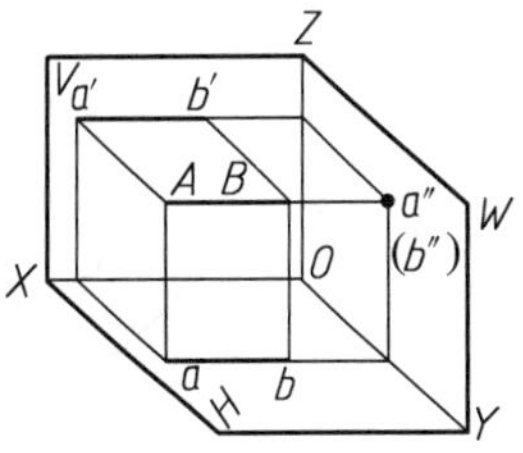 _（图示：Z、V、a′、b′、A B、a″(b″)、O、W、X、a、b、H、Y）_
投影图	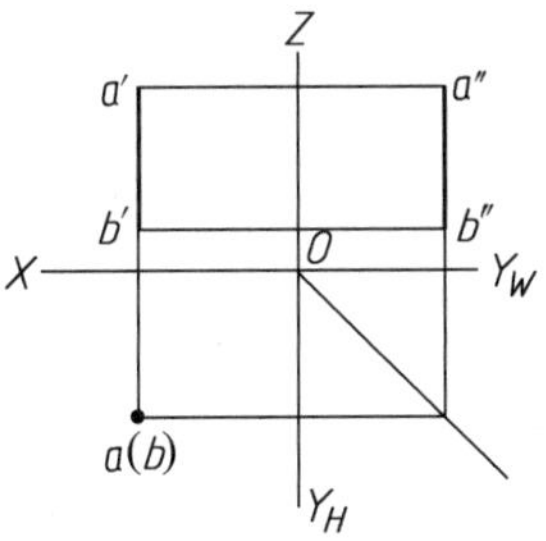 _（图示：Z、a′、a″、b′、b″、X、O、Y_W、a(b)、Y_H）_	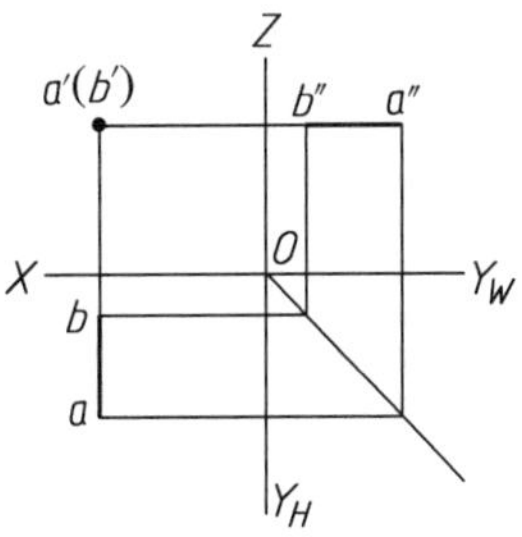 _（图示：Z、a′(b′)、b″、a″、X、O、b、Y_W、a、Y_H）_	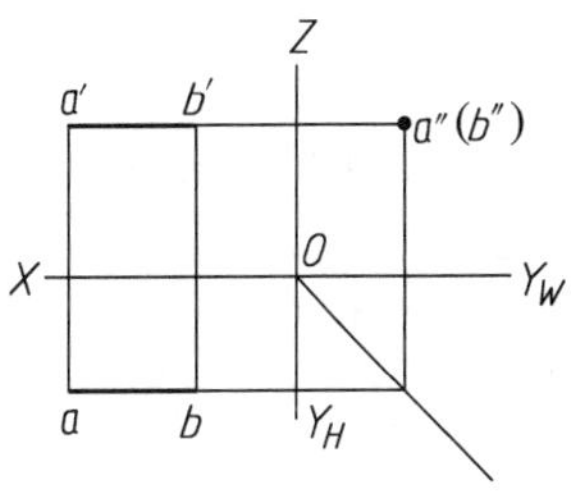 _（图示：Z、a′、b′、a″(b″)、X、O、Y_W、a、b、Y_H）_

（续）

投影面垂 直线名称	铅垂线 （⊥H）	正垂线 （⊥V）	侧垂线 （⊥W）
应用举例			
投影特性	1. 在与线段垂直的投影面上，该线段的投影积聚为一点。 2. 其余2个投影分别垂直于相应的投影轴，且都反映实长。		

（3）一般位置直线　即对3个投影面都倾斜的直线，如图2-34所示。一般位置直线的3个投影都是倾斜线段，且都小于实长。

2. 两直线的相对位置

两直线的相对位置有3种：平行、相交和交叉。前2种称为同面直线，后1种称为异面直线。图2-35所示为3种相对位置直线在 H 面上的投影情况；图2-36所示为它们的三面投影图。从这两个图中，可以得出两直线处于不同相对位置时的投影特性。

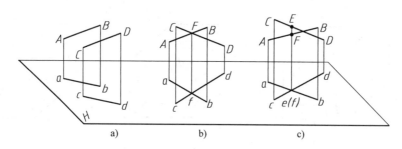

图 2-35　两直线的相对位置

a）平行两直线　b）相交两直线　c）交叉两直线

1）空间平行两直线的同面投影互相平行，且两平行线段之比等于其投影长度之比，如图2-36a所示。

2）两直线在空间交于一点，该点为两直线的共有点，各同面投影的交点应符合点的投影规律，如图2-36b所示。

3）既不平行又不相交的空间两直线为交叉两直线。交叉两直线的投影即使相交，投影的交点也不是两直线的共有点，而是重影点的投影，如图2-36c 中的 1（2）。

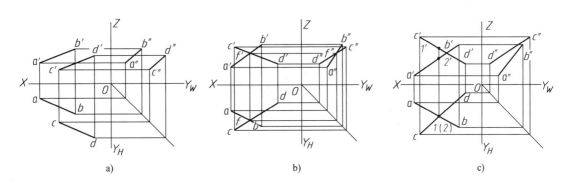

图 2-36 两直线处于不同相对位置时的投影特性

a）平行 b）相交 c）交叉

三、平面的投影

1. 平面的表示法

平面可由如图 2-37 所示的任意一组几何元素确定。

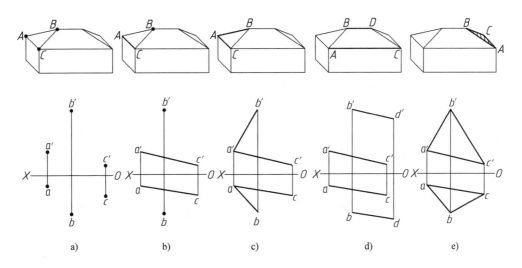

图 2-37 平面的表示法

a）不在同一直线上的 3 个点 b）1 条直线和不属于该直线的 1 个点

c）相交两直线 d）平行两直线 e）任意平面图形

2. 各种位置平面的投影特性

在三投影面体系中，平面对投影面的相对位置有 3 种：投影面平行面、投影面垂直面和投影面倾斜面。前 2 种称为特殊位置平面，后 1 种称为一般位置平面。

（1）投影面平行面 即平行于 1 个投影面而与另外 2 个投影面垂直的平面。表 2-7 列出了各种投影面平行面的投影特性。

表 2-7　投影面平行面的投影特性

投影面平行面名称	水平面 (∥H)	正平面 (∥V)	侧平面 (∥W)
立体图	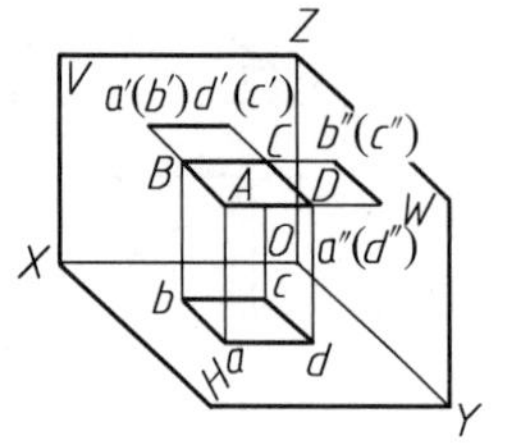	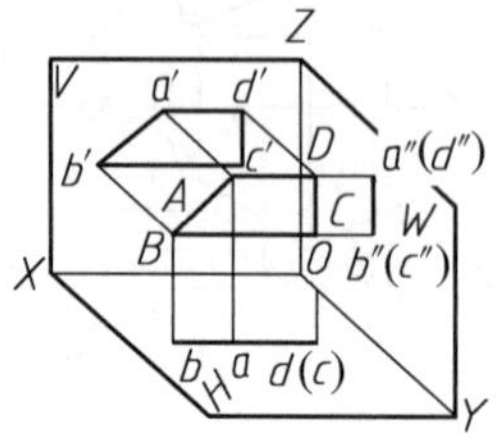	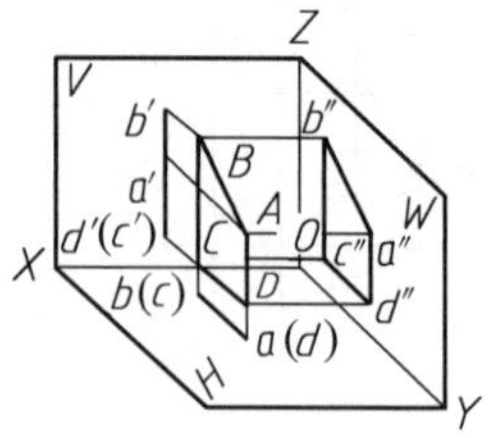
投影图	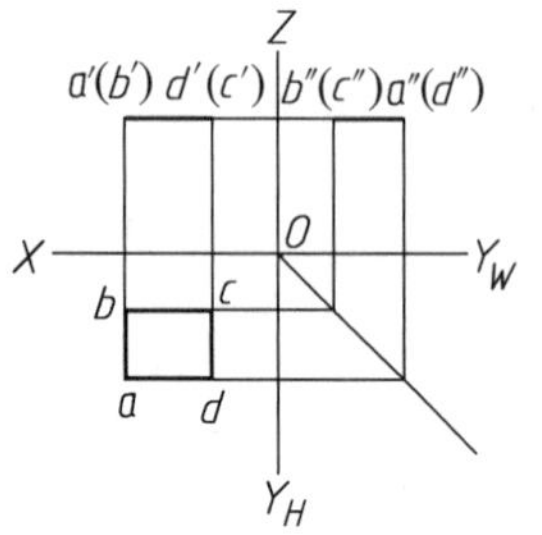	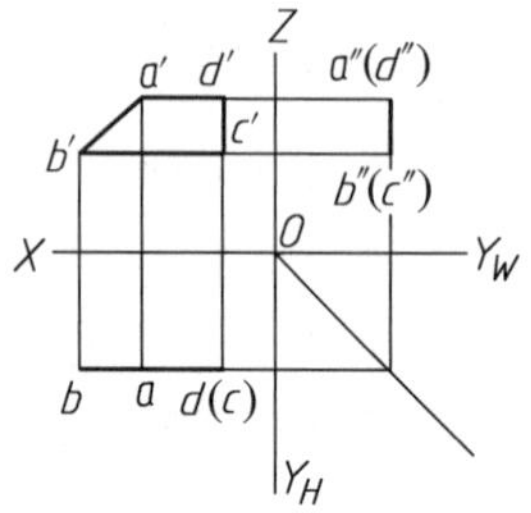	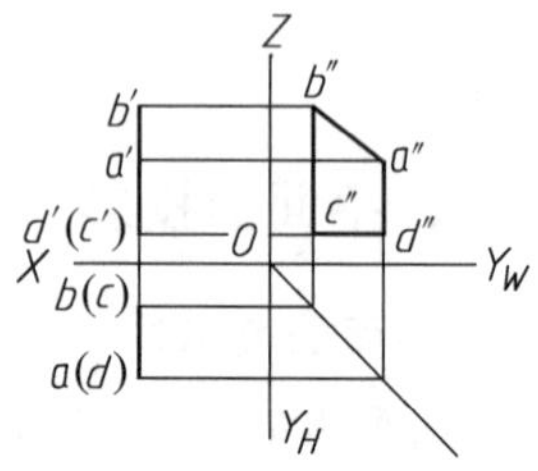
应用举例	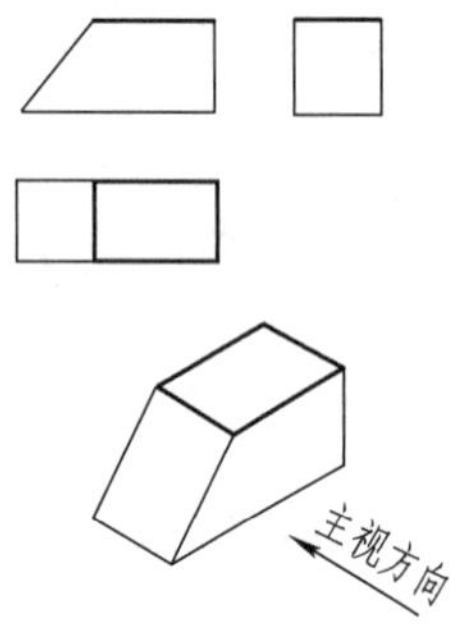	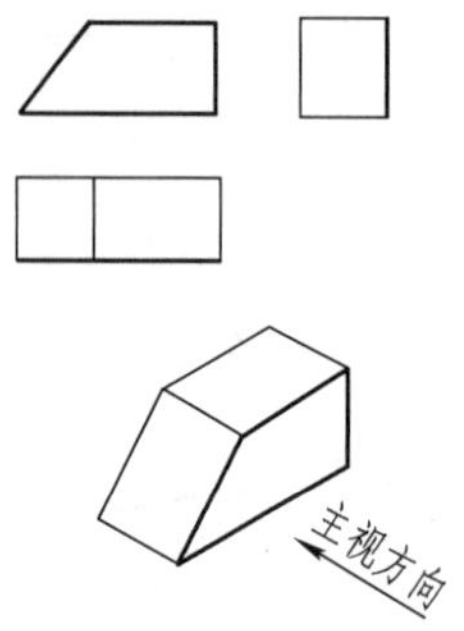	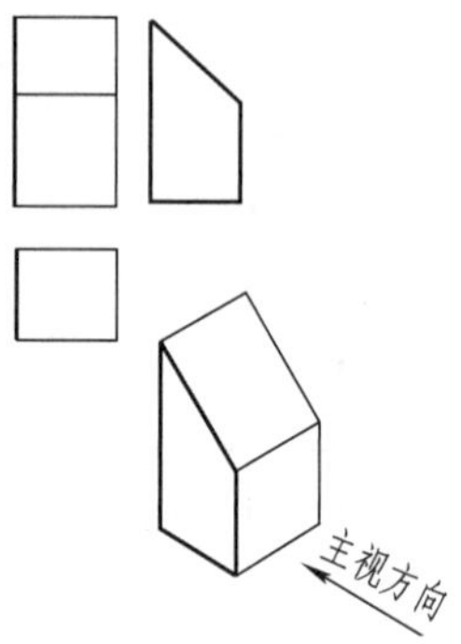
投影特性	1. 在与平面平行的投影面上的投影反映实形。 2. 其余 2 个投影分别平行于相应的投影轴，且都具有积聚性（积聚为一条直线）。		

（2）投影面垂直面　即垂直于 1 个投影面而与另外 2 个投影面倾斜的平面。表 2-8 列出了各种投影面垂直面的投影特性。

（3）一般位置平面　即对 3 个投影面都倾斜的平面，如图 2-38 所示。一般位置平面的 3 个投影都不反映实形，也没有积聚性，但具有平面的类似形。图 2-39 所示为带切口的立方体上的三角形平面 ABC 即为一般位置平面。

表 2-8　投影面垂直面的投影特性

投影面垂直面名称	铅垂面（⊥H）	正垂面（⊥V）	侧垂面（⊥W）
立体图			
投影图			
应用举例			
投影特性	1. 在与平面垂直的投影面上的投影为一倾斜线段，具有积聚性。 2. 其余 2 个投影为平面的类似形。		

59

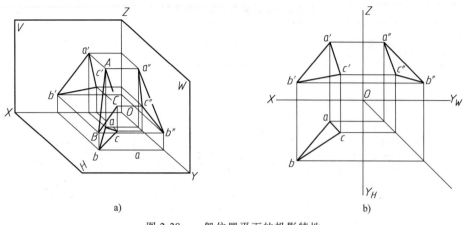

图 2-38 一般位置平面的投影特性

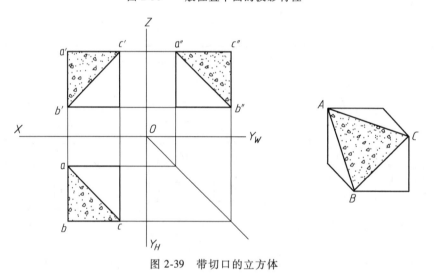

图 2-39 带切口的立方体

四、直线与平面、平面与平面的相对位置

直线与平面、平面与平面的相对位置有平行和相交两种，表 2-9 列出了当两个几何元素中至少有一个元素为特殊位置时，有关平行、相交问题的投影特性和作图方法。

表 2-9 直线与平面、平面与平面的相对位置

	几何关系	空间情况	投影图	投影特性
直线与平面平行	若平面外的一条直线 CD 与平面内的一条直线 AB 平行，则此直线与这个平面平行			当直线与投影面垂直面平行时，它们在该投影面上的投影也平行。直线 CD 与铅垂面 P 平行，则它们的水平投影互相平行

（续）

几何关系	空间情况	投影图	投影特性
平面与平面平行	若一平面内的两相交直线与另一平面内的两相交直线平行，则这两个平面平行		当两个互相平行的平面垂直于某一投影面时，它们在该投影面上的投影也平行。两铅垂面 P、Q 平行，则它们的水平投影互相平行
直线与平面相交	直线与平面相交，交点是直线与平面的共有点		铅垂面 P 的水平投影积聚成一直线，它与直线 AB 的水平投影 ab 的交点 k 即为所求交点的水平投影，交点的正面投影 k' 在直线 AB 的正面投影上，直线的可见性可利用重影点或直观性判断
平面与平面相交	平面与平面相交，交线是平面与平面的共有线		铅垂面 P 的水平投影积聚成一直线，它与平面 ABC 的水平投影 abc 的共有部分 mn 即为所求交线的水平投影，m、n 点为 ab、bc 边与 P 平面的交点，可利用线面求交点的方法求出交点的正面投影，平面的可见性可利用重影点或直观性判断

第四节 基本几何体的投影与投影特性

一、常见平面立体的投影与投影特性

利用前面所述的点、线、面的投影分析，可得出基本几何体的投影与投影特性。表 2-10 列出了常见平面立体的投影与投影特性。

表 2-10 平面立体的投影与投影特性

空间投影	三视图	投影特性
棱柱体		以正六棱柱为例：棱线为铅垂线，水平投影积聚为六边形的 6 个顶点；棱面垂直于 H 面，水平投影积聚为六边形的 6 条边；两底面为水平面，水平投影反映实形
棱锥体		以正四棱锥为例：底面为水平面，水平投影为一正方形；正面和侧面的投影积聚为一水平线；4 条棱线交于顶点；4 个棱面均为三角形

二、常见回转体的投影与投影特性

表 2-11 列出了常见回转体的投影与投影特性。

表 2-11　常见回转体的投影与投影特性

空间投影	三视图	投影特性
圆柱体		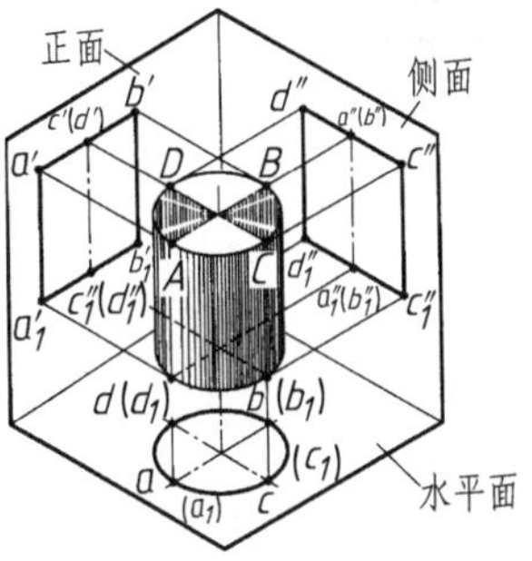 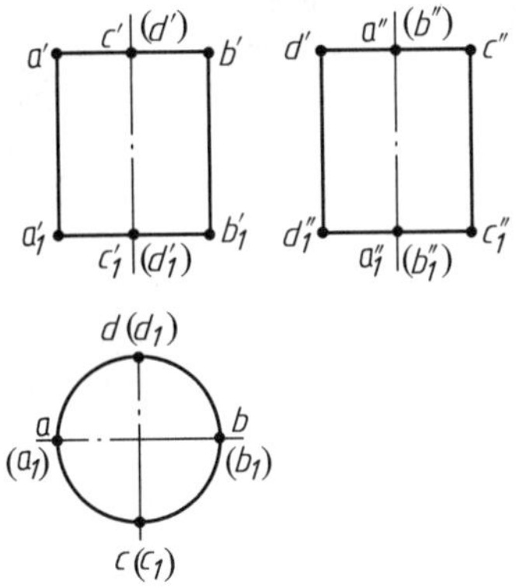 轴线垂直于水平面，水平投影为圆，圆周是圆柱面的投影，具有积聚性　正面和侧面的投影为相同的矩形，矩形的左右2条素线确定了圆柱的投影范围，称为对投影面的转向轮廓线
圆锥体		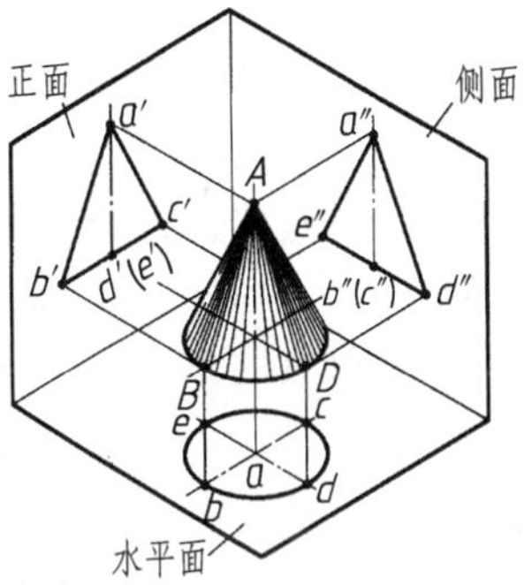 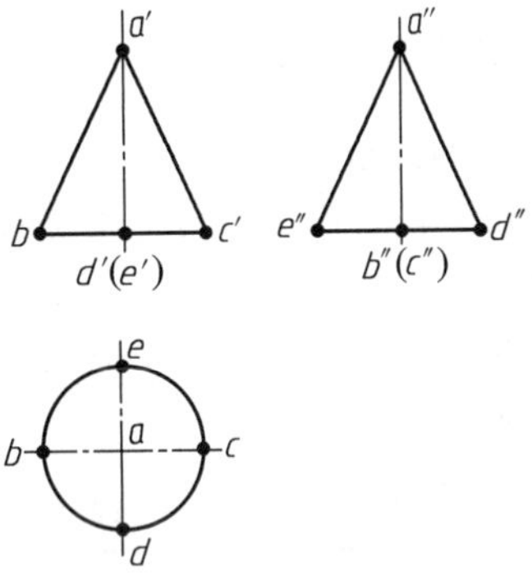 轴线垂直于水平面，水平投影为圆，圆锥面上所有素线倾斜于水平面，水平投影没有积聚性　正面和侧面投影为相同的等腰三角形，三角形的左右2条素线确定了圆锥面的投影范围，称为对投影面的转向轮廓线
球体		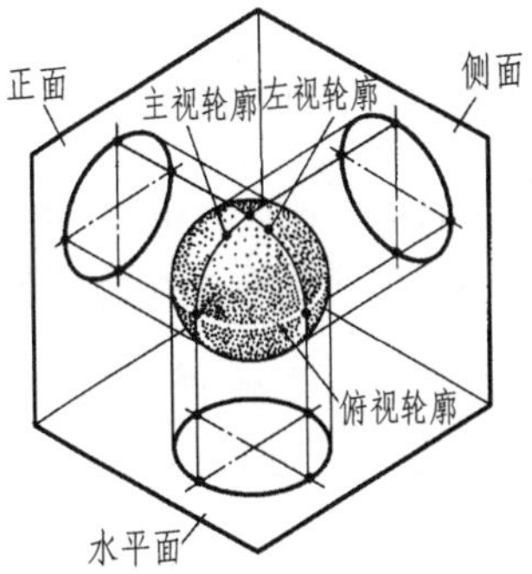 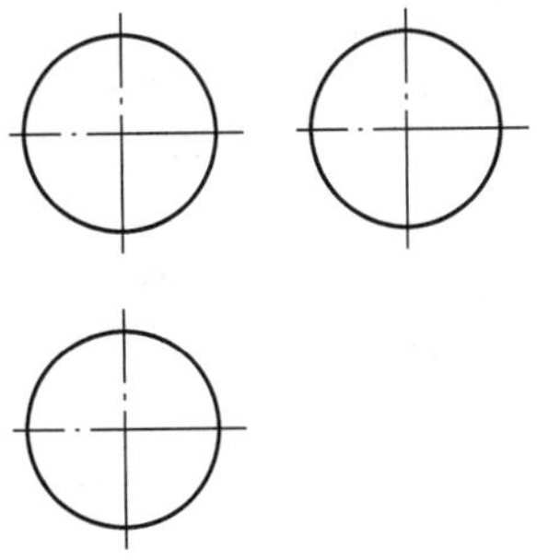 三面投影为相同大小的圆，且都没有积聚性　3个圆确定了球面的投影范围，称为对投影面的转向轮廓线

第五节　基本几何体表面交线的投影

　　基本几何体被平面所截，在其表面产生的交线称为截交线，如图 2-40a 所示；当两个基本几何体相互结合时，在其表面产生的交线称为相贯线，如图 2-40b 所示。

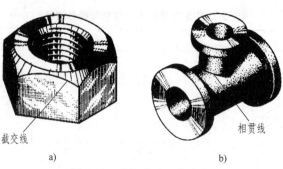

截交线
a)

相贯线
b)

图 2-40　几何体表面的交线

a) 螺母　b) 三通管

　　求作截交线和相贯线的基础在于立体表面取点。一般是先作出立体表面的一些共有点，然后依次连接成截交线或相贯线。

　　本节主要介绍立体表面取点、取线的作图方法和基本几何体表面截交线和相贯线的画法。

一、在立体表面上取点、取线

1. 在平面内取点和直线的方法

　　根据立体几何定理可知：若点在平面内，则点必在平面内的一条直线上；若直线在平面内，则直线必过平面内的两点或通过平面内一点且平行于平面内的另一条直线。表 2-12 列出了在平面立体表面取点的作图方法。平面立体表面取线是以表面取点的方法为基础，将同一表面内点的同面投影相连即可。

表 2-12　平面立体表面取点的作图方法

作图过程		作图方法
棱柱面		例如：已知正四棱柱面上一点 A 的正面投影 a'，求作其余 2 个投影 　由于棱柱面的水平投影有积聚性，利用"长对正"关系可求出水平投影 a，再利用"高平齐、宽相等"关系，由 a'、a 即可求得 a''
棱锥面		例如：已知三棱锥面上一点 K 的正面投影 k'，求作其余 2 个投影 　方法 1：在正面投影中，过锥顶和 k' 作一辅助直线 $s'e'$，由 $s'e'$ 求出水平投影 se 和侧面投影 $s''e''$，由 k' 即可在 se、$s''e''$ 上求出 k，k''

（续）

作图过程	作图方法
棱锥面 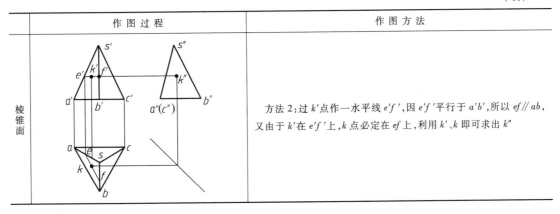	方法2:过 k' 点作一水平线 $e'f'$,因 $e'f'$ 平行于 $a'b'$,所以 $ef\parallel ab$,又由于 k' 在 $e'f'$ 上,k 点必定在 ef 上,利用 k'、k 即可求出 k''

2. 在回转面上取点和线的方法

在回转面上取点,要根据其所在表面的几何性质分别利用积聚性、辅助素线法和辅助纬圆法作图,其中最常见的方法是辅助纬圆法。表2-13列出了在常见回转面上取点的方法。回转面上取线的一般方法是先求出线上的一系列点,然后依次光滑连接即可。

表 2-13　常见回转面上取点的作图方法

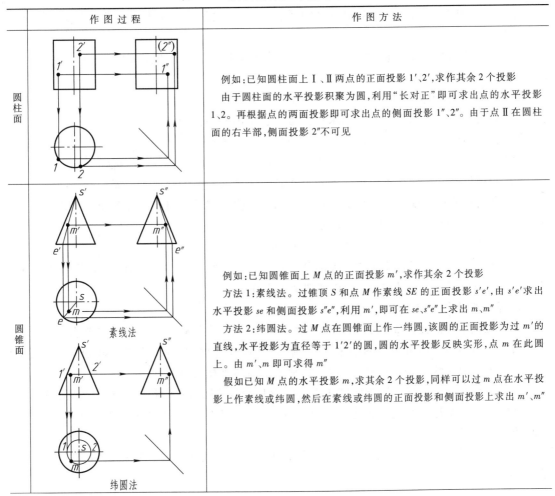

作图过程	作图方法
圆柱面	例如:已知圆柱面上Ⅰ、Ⅱ两点的正面投影 $1'$、$2'$,求作其余2个投影 由于圆柱面的水平投影积聚为圆,利用"长对正"即可求出点的水平投影 1、2。再根据点的两面投影即可求出点的侧面投影 $1''$、$2''$。由于点Ⅱ在圆柱面的右半部,侧面投影 $2''$ 不可见
圆锥面	例如:已知圆锥面上 M 点的正面投影 m',求作其余2个投影 方法1:素线法。过锥顶 S 和点 M 作素线 SE 的正面投影 $s'e'$,由 $s'e'$ 求出水平投影 se 和侧面投影 $s''e''$,利用 m',即可在 se、$s''e''$ 上求出 m、m'' 方法2:纬圆法。过 M 点在圆锥面上作一纬圆,该圆的正面投影为过 m' 的直线,水平投影为直径等于 $1'2'$ 的圆,圆的水平投影反映实形,点 m 在此圆上。由 m'、m 即可求得 m'' 假如已知 M 点的水平投影 m,求其余2个投影,同样可以过 m 点在水平投影上作素线或纬圆,然后在素线或纬圆的正面投影和侧面投影上求出 m'、m''

（续）

作 图 过 程	作 图 方 法
 球 面 	例如:已知球面上 M 点的正面投影 m',求作其余 2 个投影 纬圆法:过 M 点在球面上作一纬圆,该圆的正面投影为过 m' 的直线,水平投影为直径等于 $1'2'$ 的圆,圆的水平投影反映实形,点 m 在此圆上,由 m'、m 即可求得 m''

二、平面与立体表面的交线

如图 2-41a 所示,四棱锥被平面 P 所截,平面 P 为截平面,它与四棱锥表面的交线 Ⅰ Ⅱ 、Ⅱ Ⅲ 、Ⅲ Ⅳ 、Ⅳ Ⅰ 为截交线,由截交线所围成的平面为截断面。

1. 平面与平面立体的截交线

由于截交线是截平面与立体表面的共有线,因此平面与平面立体的交线为直线,其作图方法见例 2-8 。

例 2-8 已知截头四棱锥的正面投影和部分水平投影,求作侧面投影,并完成水平投影,如图 2-41b 所示。

解 作图方法和步骤如下:

1)利用正四棱锥的正面投影和水平投影,补画出侧面投影。

2)分析四棱锥与截平面的投影特点:四棱锥为正四棱锥,两棱线（SA、SC）平行于正面,两棱线（SB、SD）平行于侧面。截平面为正垂面,正面投影积聚为直线。

3)利用积聚性,可在正面投影上找出 4 条棱线与截平面的交点 $1'$、$2'$、$3'$、$4'$。

4)利用点的投影规律,分别求出各交点的其他投影:Ⅰ 、Ⅲ 点在棱线 SA、SC 上,Ⅱ 、Ⅳ 点在棱线 SB、SD 上,如图 2-41c 所示。

5)在各投影上顺序连线,即得截断面的投影。

6)整理投影图,擦去棱线被切去部分（如 $s'1'$）,判断棱线的可见性（如侧面投影中,Ⅲ C 棱线为不可见,应画虚线）,结果如图 2-41d 所示。

2. 平面与曲面立体表面的交线

构成机械零件的曲面立体大多为回转体,且时常是不完整的,它们往往被截切掉一部分,如图 2-42 所示的叉形接头和钎头。绘制截切回转体的视图时,应能正确地画出截平面与回转体表面的交线（截交线）。下面介绍常见回转体被截切后的画法。

回转体截交线的形状取决于回转体表面的形状和截平面与它的相对位置。截交线的性质为①封闭的平面图形,②截交线是截平面与回转体的共有线。下面讨论 3 种最简单、最常用的回转体截交线的性质。

（1）平面截切圆柱 平面截切圆柱体（由圆柱面及两底限定）,其截交线有 3 种情况,见表 2-14。

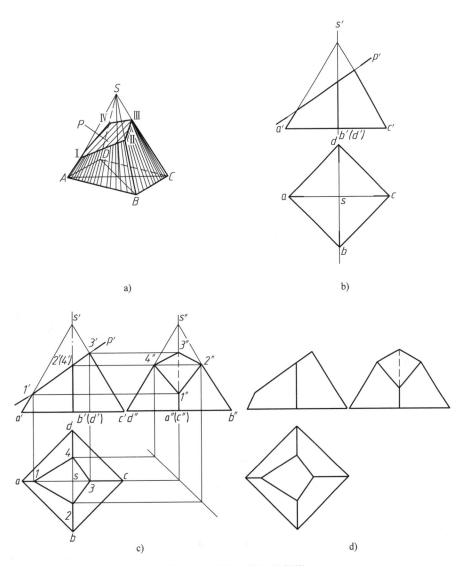

a)

b)

c)

d)

图 2-41 截头四棱锥的投影

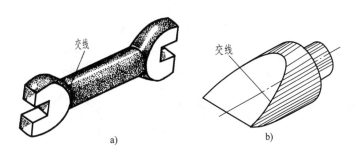

a)

b)

图 2-42 叉形接头和钎头

a）叉形接头 b）钎头

表 2-14　圆柱体表面的截交线

截平面位置	平行于轴线	垂直于轴线	倾斜于轴线
立体图	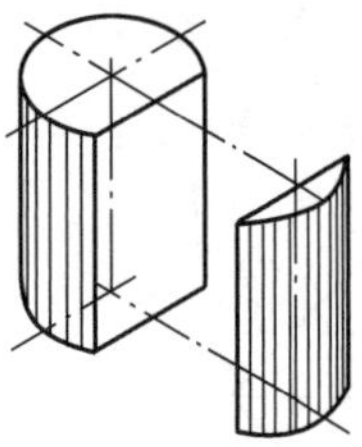	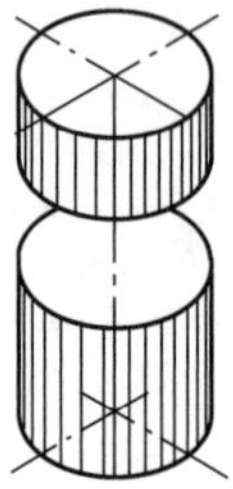	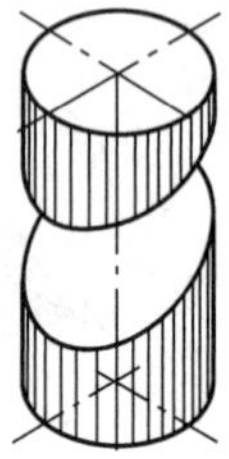
截交线	矩形(其中两垂直边为圆柱面的两条素线)	圆	椭圆
投影图	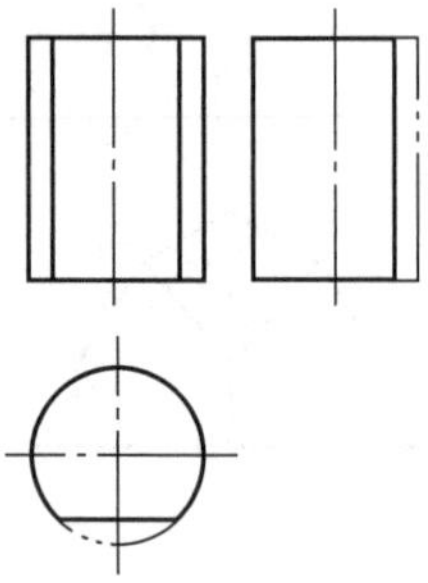	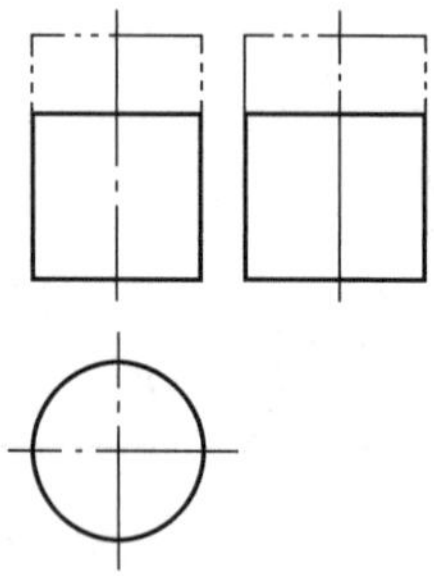	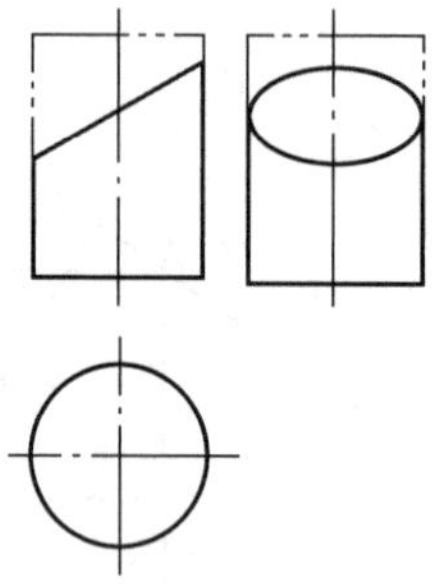

（2）平面截切圆锥　平面截切圆锥，其截交线有 5 种情况，见表 2-15。表中 α 是半锥角。

表 2-15　圆锥体表面的截交线

截平面位置	过锥顶	垂直于轴线 $\theta = 90°$	倾斜于轴线 $\theta > \alpha$	平行或倾斜于轴线 $\theta = 0$，或 $\theta < \alpha$	倾斜于轴线 $\theta = \alpha$
立体图	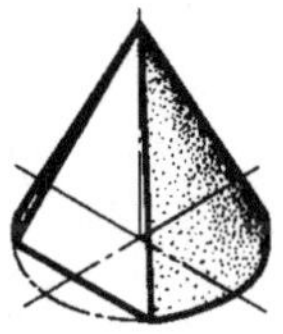	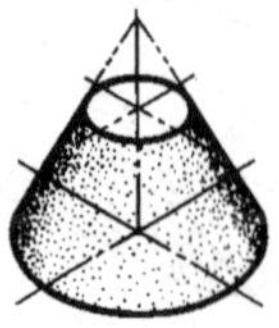	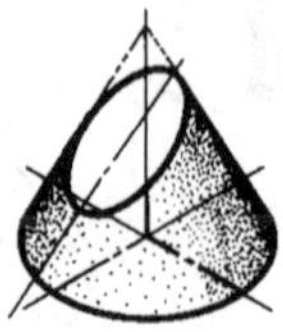	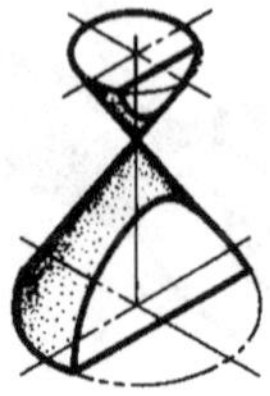	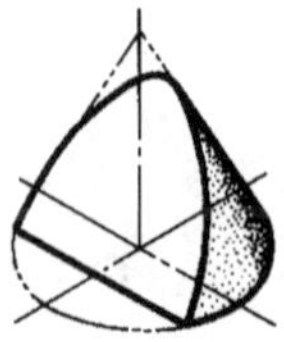
截交线	三角形(其中两边为 2 条素线)	圆	椭圆	双曲线与直线	抛物线与直线

（续）

截平面位置	过锥顶	垂直于轴线 $\theta=90°$	倾斜于轴线 $\theta>\alpha$	平行或倾斜于轴线 $\theta=0$，或 $\theta<\alpha$	倾斜于轴线 $\theta=\alpha$
投影图					

（3）平面截切圆球　由于过球心的任一条直线都可当作圆球面的轴线，所以用任一平面截切球面，其截交线都是圆。当截平面为投影面平行面时，截交线在该投影面的投影反映圆的实形，而其余2个投影则积聚为直线段，线段长等于圆的直径。图2-43所示为球被水平面截切后的投影。

从以上3种回转体截交线的分析中可得出：当截平面与回转体的轴线垂直时，截交线是圆，该圆也就是回转体的纬圆。当截平面与回转体的轴线不垂直时，截交线在曲面上的部分，一般是非圆平面曲线，特殊情况下可能是直线或圆。

如果截交线的投影为直线或圆，截交线可直接画出。

如果截交线的投影为非圆曲线，作图步骤如下：

1）空间分析和投影分析。根据回转体的形状和回转体与截平面的相对位置，分析截交线的空间形状，以及截交线各个投影的形状和特点。

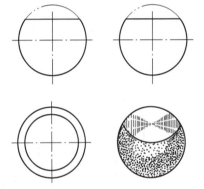

图 2-43　球被水平面截切后的投影

2）通常应先作出截交线上特殊位置点的投影。这些点包括轮廓线上的点、极限位置点（最高、最低、最前、最后、最左、最右）以及椭圆长、短轴的端点等。

3）在特殊位置点之间作出适当的一般位置共有点。

4）判别截交线的可见性，并按顺序光滑连线。

5）清理加深。补全轮廓线，清理图面，整理并加深所有图线，完成作图。

下面举例说明截交线的作图过程。

例 2-9　画出正圆柱的截交线。

解　图2-44所示为一个圆柱被一个平面 P 截切，截平面 P 平行圆柱轴线并且平行正立面，截平面 P 与圆柱面的交线为2条平行直线 AB 和 CD，切口为矩形 $ABDC$，矩形的宽窄取决于截平面的位置，平面越靠近轴线，切出的矩形就越宽；反之，就越窄。例如图2-44中 Q 平面靠近轴线，它所截切出的矩形大于 $ABDC$。

图 2-45 所示为圆柱被两个截平面所截，截平面Ⅰ与轴线垂直，截交线为一段圆弧，圆弧在俯视图上反映实形，在主、左视图上积聚成直线。截平面Ⅱ与轴线平行，且平行于侧面，截交线为一矩形，矩形的左视图反映实形，在主、俯视图上积聚成直线。

图 2-45 中两个圆柱的截切情况是一样的，不同的是图 2-45a 的切口较小，圆柱左视图的外形轮廓线仍被保留；而图 2-45b 的切口较大，圆柱左视图的部分外形轮廓线已被切掉。

图 2-46a 所示为圆柱被 4 个平面截切的情况，截交线分别是 2 条直线和 2 条曲线。由于是开了一个四棱柱的通孔，要注意主视图和左视图中的虚线；图 2-46b 所示为圆柱与四棱柱的结合，产生的是相贯线，不难看出在这里相贯线与图 2-46a 的截交线的求法相同。

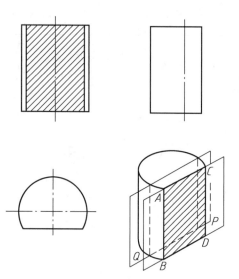

图 2-44　正圆柱的截交线

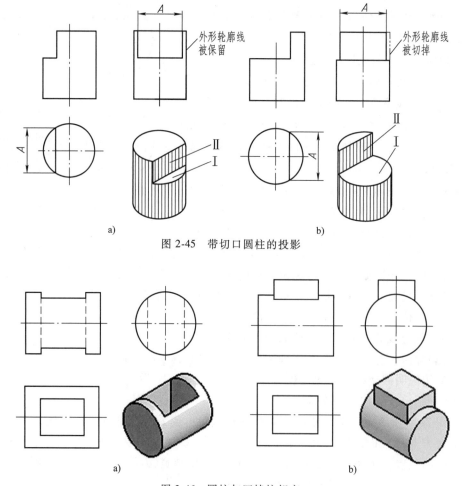

图 2-45　带切口圆柱的投影

图 2-46　圆柱与四棱柱相交

图 2-47a 所示为开槽圆柱被一个水平面和 2 个侧平面截切而成，在正面投影中，3 个平面均积聚为直线；在水平投影中，2 个侧平面积聚为直线，水平面为带圆弧的平面图形，且反映实形；在侧面投影中，2 个侧平面为矩形且反映实形，水平面积聚为直线（因被圆柱面遮住画成虚线）。应当指出，在侧面投影中，圆柱面上侧面的轮廓素线被切去的部分不应画出。开槽的空心圆柱，其投影如图 2-47b 所示。

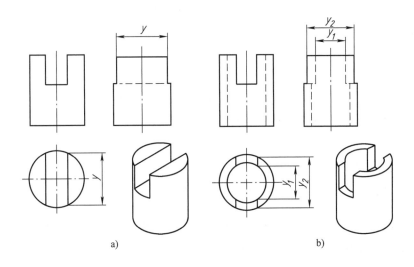

图 2-47 开槽圆柱的投影

例 2-10 画出钎头的投影（图 2-48a）。

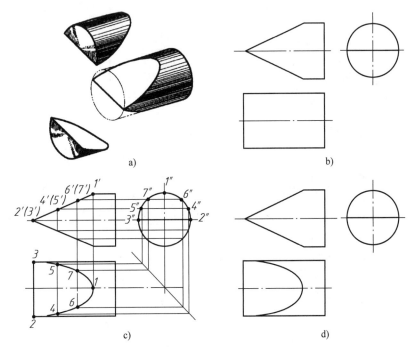

图 2-48 钎头的投影

解

（1）分析实物　图 2-48a 所示的钎头由 2 个平面斜切圆柱体而成，2 个切平面的交线为钎刃。

（2）作图　如图 2-48b 所示，利用水平放置圆柱体的投影规律以及正垂面的投影规律，画出钎头的正面和侧面投影。但水平投影只能画出圆柱体投影的矩形线框，截交线的水平投影必须用前面讲过的求截交线的方法求出，简述如下：

1）求截交线的积聚投影。如图 2-48b 所示，由于截平面是正垂面，所以 2 条截交线的正面投影积聚成相交于圆柱轴线的 2 条斜线。2 条截交线的侧面投影，由于圆柱面在垂直于其轴线的投影面上的投影积聚成圆，而截交线在圆柱面上，所以它们的投影就在圆柱积聚投影的上下 2 个半圆上。中间的水平直线，即为钎刃（2 个截平面的交线）的侧面投影。

2）求截交线上点的投影并连线。利用圆柱面上取点的方法即可求出轮廓线上的点 1 及极限位置点 2、3 和中间点 4、5、6、7 的三面投影，如图 2-48c 所示。

（3）整理　整理结果如图 2-48d 所示。

例 2-11　画出定位轴切口的三面投影（图 2-49a）。

解

（1）分析实物　由主视图可知切口由侧平面 P、正垂面 Q 和水平面 R 截切圆柱而形成，各截面的正面投影具有积聚性，故只需求切口的水平投影和侧面投影。

（2）利用积聚性投影，求出其余投影

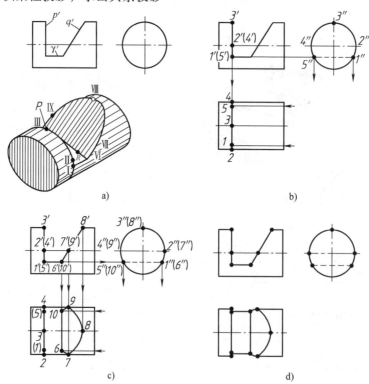

a)

b)

c)

d)

图 2-49　求作定位轴切口的三面投影

a）分析截交线　b）求侧平面 P 截切后的截交线　c）求正垂面 Q 截切后的截交线　d）求水平面 R 截切后的截交线并完成全图

1）作侧平面 P 的截交线。侧平面 P 垂直于圆柱轴线，则截交线为一段圆弧，侧平面 P 和水平面 R 的交线是一段正垂线 Ⅰ-Ⅴ，由此组成了一个弓形 Ⅰ-Ⅱ-Ⅲ-Ⅳ-Ⅴ-Ⅰ，如图 2-49b 所示。

2）作正垂面 Q 的截交线。正垂面 Q 倾斜于圆柱轴线，则截交线为部分椭圆，正垂面 Q 和水平面 R 的交线是一段正垂线 Ⅵ-Ⅹ，由此组成了部分椭圆 Ⅵ-Ⅶ-Ⅷ-Ⅸ-Ⅹ-Ⅵ，如图 2-49c 所示。

3）作水平面 R 的截交线。水平面 R 平行于圆柱轴线，则截交线为矩形，如图 2-49d 所示。

4）擦去水平投影上被切去的 2 段轮廓线，整理投影图，即完成切口的投影。

例 2-12 画出截头圆锥的三面投影（图 2-50a）。

解

（1）分析各投影图，求出截断面的积聚投影　由图 2-50b 可以看出，截断面在正面投影图上有积聚性，根据表 2-15 可知，该截交线为椭圆。

（2）在积聚投影上标点，求出其他投影

1）求特殊点。特殊点有两大类，一为轮廓线上的点，一为极限位置点。前者最重要，它也常是极限位置点或可见性分界点。

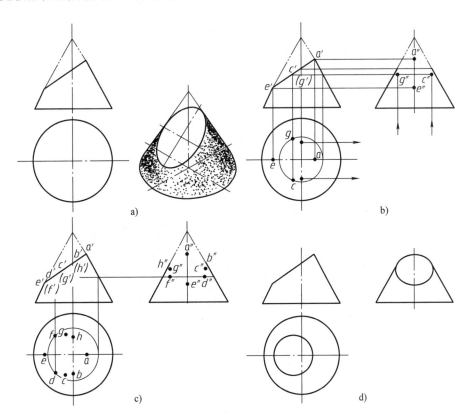

图 2-50　截头圆锥的投影

① 求轮廓线上的点。e'、a'、h'、b' 分别为正面和侧面转向轮廓线上的点 E、A、H、B 的正面投影，其余 2 面投影分别在水平投影的中心线和侧面投影的轴线和轮廓线上，如图 2-50c 所示。

② 求极限位置点。该类点包括最前、最后、最高、最低、最左、最右。点 A、E 分别为最高、最低点，也是最右、最左点。最前、最后点应是切口椭圆短轴上的两个端点，正面投影 c'、g' 重影且在 $a'e'$ 线段的中点，水平投影应在过 CG 的圆锥纬圆的水平投影上，侧面投影可用"二补三"求出，如图 2-50b 所示。

2）求中间点。为了便于曲线作图，再在该曲线上求两点 D、F 的 3 个投影，如图 2-50c 所示。

3）连线并判断可见性。该切口椭圆的正面投影积聚成直线，水平和侧面投影仍为椭圆，必须光滑连线，顺序如图 2-50c 所示，图中 b''、h'' 是椭圆与轮廓线的切点。由于该切口椭圆自上向下左斜，故水平投影、侧面投影均为可见。如果该切口椭圆自上向下右斜，侧面投影即有不可见部分。

4）整理各投影图，图 2-50d 即为整理后的投影图。

例 2-13 画出铣床顶尖的三面投影（图 2-51）。

解 铣床顶尖可以看成是圆锥与小圆柱、大圆柱相接形成的组合回转体同时被一水平面和一正垂面截切。分析主视图，可以看出：水平面截切了圆锥、小圆柱和大圆柱，依次形成的截交线为双曲线、小矩形、大矩形；正垂面只截切了大圆柱，形成的截交线为部分椭圆。读者可结合图 2-51 自行分析作图过程，注意水平投影中的虚线。

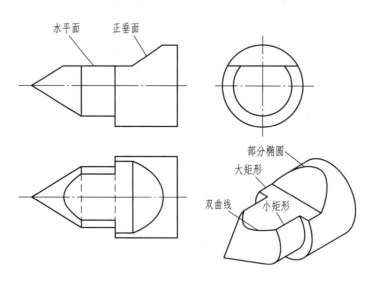

图 2-51　求作铣床顶尖的三面投影

例 2-14 画出如图 2-52 所示开槽半球的三面投影。

解 槽的底面及侧面与球面的交线都是圆弧，画图时可假想将槽的底面及侧面扩大，画出完整的交线——圆及半圆，然后取其实际存在的部分。具体画图步骤如图 2-52 所示。

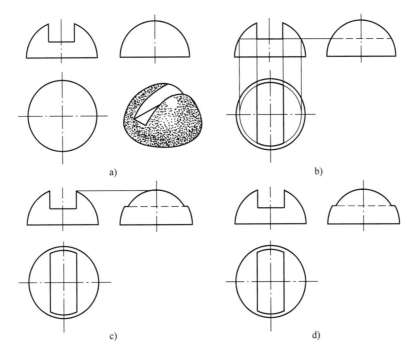

图 2-52　开槽半球的投影

a）第一步：画半球的三视图及长方槽的正面投影　b）第二步：画长方槽切口水平面的各投影

c）第三步：画长方槽切口侧面的各投影　d）第四步：完成的投影图

三、两曲面立体表面的交线

机械零件多由 2 个以上的基本立体组合而成，结合时表面常出现交线，称为相贯线（相交立体称为相贯体），如图 2-53 所示。相贯有 3 种情况：平面立体与平面立体相贯；平面立体与曲面立体相贯；曲面立体与曲面立体相贯。前 2 类立体相贯求相贯线的方法，可以转化为前面介绍过的平面与平面立体相交求截交线和平面与曲面立体相交求截交线的方法求出。下面只介绍两曲面立体相贯时求相贯线的方法。

相贯线是两立体表面的共有线，也是两立体表面的分界线，求两曲面立体的相贯线可转为求两立体表面一系列共有点的集合。两曲面立体的相贯线一般为光滑的空间曲线。

求相贯线的常用方法可分为 2 种——面上取点法和辅助平面法。

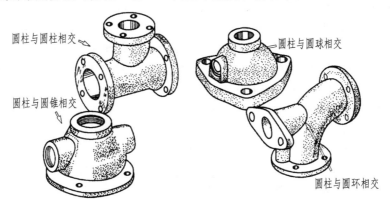

图 2-53　两曲面立体表面的交线

75

1. 求相贯线的面上取点法

与前节求截交线的方法相仿，求相贯线的面上取点法是利用相贯曲面（柱面）的积聚投影，首先求出相贯线的一个或两个投影，然后利用曲面上取点的方法求出其他投影，从而求出相贯线。

这一方法的前提条件是，参加相贯的立体至少有一个是圆柱面，且其轴线与某一投影面垂直，该法可按分析、求点、连线、整理4个步骤完成。

例 2-15　求两个圆柱相贯时的相贯线（图 2-54a）。

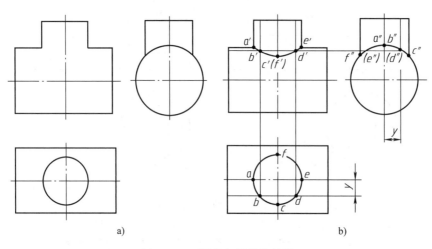

图 2-54　两圆柱相贯线的投影

解

（1）分析　如图 2-54a 所示，参与相贯的小圆柱的轴线垂直于水平面，大圆柱的轴线垂直于侧面，两圆柱的轴线在同一正平面内垂直相交，相贯线为一条前后、左右都对称的空间闭合曲线。因小圆柱面水平投影有积聚性，所以水平投影上的小圆就是相贯线的水平投影；大圆柱面侧面投影有积聚性，所以侧面大圆在小圆柱两轮廓线内的那段圆弧即为相贯线的侧面投影，因为只有这一段圆弧才为两相贯体表面所共有。本例只需求出相贯线的正面投影。

（2）求点

1）求特殊点。如图 2-54b 所示，在相贯线水平投影上的两点 a、e，即小圆柱正面转向轮廓线上的点 A、E 的水平投影，由于它又是大圆柱正面最高轮廓线上的点，所以它们的正面投影即为这些轮廓线投影的交点 a'、e'；侧面投影两者重合，即 a''（e''）。相贯线水平投影上的 c、f 点是小圆柱侧面转向轮廓线上的点，它们的侧面和正面投影即为 c''、f'' 和 c'、f'（读者可自行分析）。最高、最低等极限位置点也是这 4 个轮廓线上的点，无需再求。

2）求一般点。在相贯线的水平投影上取特殊点之间的 2 个投影 b、d，即为 2 个中间点 B、D 的水平投影，因为这 2 个点在大圆柱面上，利用面上取点法即可求出 b''、d'' 和 b'、d'。

（3）连线并判断可见性　顺序连接 $a'b'c'd'e'$，即得相贯线前半部分的正面投影，是可见的。相贯线的后半部分 a'（f'）e' 与 $a'b'c'd'e'$ 重影，且不可见。

（4）整理轮廓线　把两圆柱看成一个整体。在正面投影图上，大圆柱的最高轮廓线在 $a'e'$ 段无线；小圆柱左右轮廓线在 a'、e' 下无线，得到如图 2-54b 所示的投影图（为了清楚表示作图过程，整理后的投影图未擦去作图线、点和文字标记，例 2-16 和例 2-17 均按此处理）。

例 **2-16** 用面上取点法求圆柱体和圆锥台的相贯线（图 2-55）。

解

（1）分析 圆柱与圆锥台的轴线垂直相交，相贯线是左右、前后对称的空间闭合曲线。圆柱轴线垂直于侧面，相贯线的侧面投影是圆弧，有积聚性。根据相贯线的性质，相贯线同时又是圆锥体上的一条曲线，利用纬圆法在圆锥面上取点即可作出另外 2 个投影。

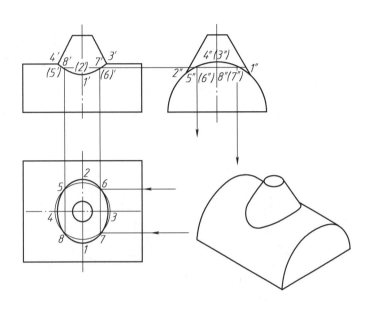

图 2-55 面上取点法求柱锥的相贯线

（2）作图

1）先作出特殊位置点Ⅰ、Ⅱ、Ⅲ、Ⅳ点的 3 个投影。这 4 个点既是转向轮廓线上的点，也是极限位置点。

2）作中间点。在侧面投影上作出等高的Ⅴ、Ⅵ、Ⅶ、Ⅷ 4 个点。过该 4 个点作纬圆，并作出纬圆的水平投影，进而按投影规律作出Ⅴ、Ⅵ、Ⅶ、Ⅷ 4 个点的水平投影 5、6、7、8 和正面投影 5′、6′、7′、8′。

3）分别将正面投影和水平投影光滑连接成线。

4）整理轮廓线。

2. 求相贯线的辅助平面法

（1）方法概述 辅助平面法是利用三面共点原理，作一系列截平面截切相贯体表面，每截切一次可得 2 条截交线，这 2 条截交线的交点即三面（截平面、两相贯体表面）的共有点，显然是相贯线上的点，当得出一系列共有点后，顺序连线即得到相贯线。辅助平面法适用于所有表面相交的情况，是求相贯线的通用方法。与面上取点法相比，作图过程几乎完全一样，只是在求共有点时所用概念不同而已。下面以柱锥相贯为例加以说明。

图 2-56 是用辅助平面求相贯线上点的概念图。设想作一水平面 Q，该平面与圆柱体的交线是一矩形，它的 2 条边是圆柱的素线；与圆锥的交线是一水平纬圆。这 2 条截交线的交点 K_1、K_2 必是相贯线上的点。作一系列不同高度的辅助水平面，就得到不同的柱锥截交线，从而求出一系列的相贯线上的点，光滑连接，即得相贯线。

（2）辅助平面的选择原则 用辅助平面法求相贯线上的点时，为使作图简易、准确，要求所选辅助面与两曲面的截交线的投影必须简单易画（一般为直线或圆），如图 2-56 所示。当用正平面时，除过柱锥轴线所在的正平面的交线的投影为直线外，其他位置的正平面与圆锥的交线均为双曲线，这就给作图增加了困难。

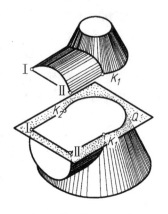

例 2-17 用辅助平面法求柱锥的相贯线（图 2-57）。

解

（1）分析 如图 2-57 所示的柱锥相贯，它们的轴线在正平面内正交，相贯线为前后对称的空间曲线。在侧面投影上，圆柱面有积聚性，所以相贯线的侧面投影就是侧面投影上的圆。其他 2 个投影，需作图求出。

图 2-56 辅助平面的作图原理

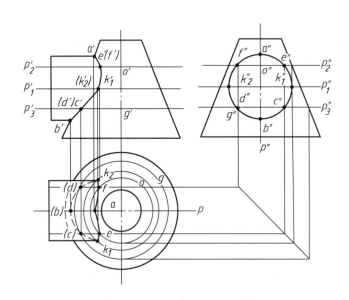

图 2-57 辅助平面法求柱锥的相贯线

（2）求点

1）选辅助平面。用水平面作辅助平面。

2）求特殊点。先求圆柱水平转向轮廓线上的点，为此作一水平面 P_1，它的正面和侧面投影积聚成直线，表示为 p_1'、p_1''。分别求 P_1 与圆柱的交线（即水平投影的轮廓线）和圆锥的交线（即水平圆）。再求 2 条交线的交点，得 K_1（k_1，k_1'，k_1''）、K_2（k_2，k_2'，k_2''），它们就是所要求的水平轮廓线上的点。圆柱正面投影轮廓线上的点，也可用辅助平面法求出，即分别包括正面投影最高和最低轮廓线作 2 个水平辅助平面，也可作 1 个正平面，均可求得 A（a，a'，a''）和 B（b，b'，b''）。

3）求中间点。作辅助平面 P_2，与圆柱面交于 2 条素线，与圆锥面交于纬圆 O（o，o'，o''），交点 E（e，e'，e''）和 F（f，f'，f''）即为相贯线上的中间点。再作辅助平面 P_3 求得相贯线上的另 2 个中间点 C（c，c'，c''）和 D（d，d'，d''）。

（3）连线并判断可见性 判断相贯线可见性的原则是，当相贯线同时处于 2 个立体表面的可见部分时，相贯线才可见。如图 2-57 所示，在正面投影上，相贯线的前半段可见，后半段不可见，2 个投影重合；水平投影上，k_1eafk_2 段在圆柱和圆锥可见的面上，因此是可见的；而 k_1cbdk_2 段因在圆柱面的不可见部分，所以不可见。

（4）整理轮廓线　在水平投影上，圆柱的轮廓线在 K_1、K_2 点与圆锥相交，轮廓线画到 K_1、K_2 点。圆锥的底圆被圆柱挡住部分为不可见。

3. 相贯线的简化画法和特殊情况

（1）简化画法　机件中常有两圆柱垂直相交的情况，在不要求精确画出相贯线时，相贯线允许简化绘制。如图 2-58a 所示，相贯线的正面投影可用大圆柱半径所作的圆弧来代替，圆心在小圆柱的轴线上。若在圆柱上贯穿一圆柱孔，其相贯线的画法与 2 个实体圆柱相交相同（图 2-58b）。若在长方体内挖出 2 个正交的圆柱孔，其相贯线的画法也与 2 个实体圆柱相贯线相同（图 2-58c）。

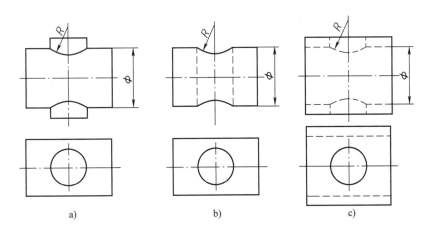

图 2-58　相贯线的简化画法（$R = \phi/2$）

（2）相贯线的特殊情况　两回转体相贯，其相贯线一般为空间曲线。但在特殊情况下，它们的相贯线可以是平面曲线，且某些投影可能积聚为直线。常见的有以下几种：

1）两回转体共轴线时，相贯线为垂直于回转轴的圆。当轴线平行于某一投影面时，相贯线在该投影面上的投影积聚为直线。若轴线垂直于某一投影面时，相贯线在该投影面上的投影反映圆的实形，如图 2-59 所示。

2）当两回转体公切于一个球时（对两圆柱来说，即两轴线相交，直径相等时），它们的相贯线在空间是平面曲线——椭圆。若两轴线又同时平行于某一投影面，则此平面曲线在该面上的投影为直线，如图 2-60 所示。

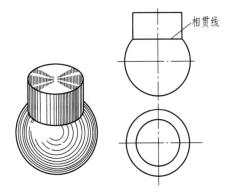

图 2-59　特殊相贯——两回转体共轴线

3）轴线相互平行的圆柱体相交时，它们的相贯线在柱面的部分为 2 条直线，如图 2-61 所示。

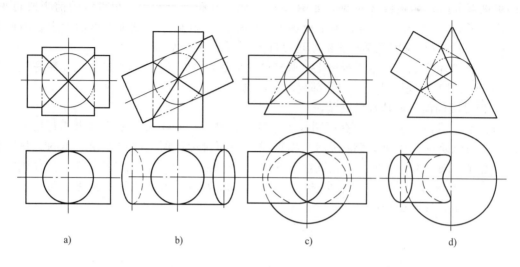

图 2-60 特殊相贯——两回转体公切一球

a)两圆柱正交 b)两圆柱斜交 c)圆柱与圆锥正交 d)圆柱与圆锥斜交

4. 两曲面立体相贯的 3 种形式

两曲面立体相交会出现两立体外表面相交、外表面与内表面相交或两内表面相交 3 种形式。不论何种形式，相贯线的形状和作图方法都是相同的。表 2-16 列出了轴线垂直相交的两圆柱体相贯的 3 种形式。

5. 影响相贯线形状的因素

相贯线的形状与两立体表面的性质、相对位置和尺寸大小有关，表 2-17 列出了相交的两圆柱体的直径变化对相贯线的影响；表 2-18 列出了相交的圆柱与圆锥的直径变化对相贯线的影响；图 2-62 所示为两立体偏贯（即两轴线不相交）时相贯线的形状。

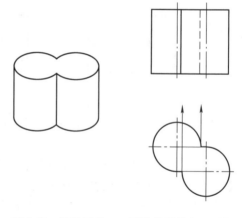

图 2-61 特殊相贯——两柱体轴线相互平行

表 2-16 轴线垂直相交的两圆柱体相贯的 3 种形式

相交形式	两圆柱体外表面与外表面相交	两圆柱体外表面与内表面相交	两圆柱体内表面与内表面相交
立体			

（续）

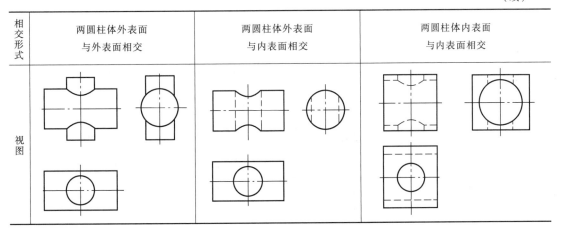

相交形式	两圆柱体外表面 与外表面相交	两圆柱体外表面 与内表面相交	两圆柱体内表面 与内表面相交
视图			

表 2-17　相交的两圆柱体的直径变化对相贯线的影响

直径关系	水平圆柱体直径大	两圆柱体直径相等	铅垂圆柱体直径大
相贯线	上下对称的两空间曲线	空间两个垂直的椭圆	左右对称的两空间曲线
视图			

表 2-18　相交的圆柱与圆锥的直径变化对相贯线的影响

直径关系	圆柱贯穿圆锥	公切于球	圆锥贯穿圆柱
相贯线	左右对称的两空间曲线	形状相同且彼此相交的空间两椭圆	上下两空间曲线
视图			

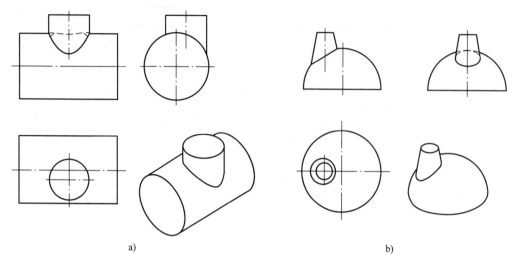

a)   b)

图 2-62 两立体偏贯时相贯线的形状

例 2-18 已知两个视图,从已知选项中选择正确的一组视图(见表 2-19、表 2-20)

表 2-19 已知两个视图,选择正确的一组视图

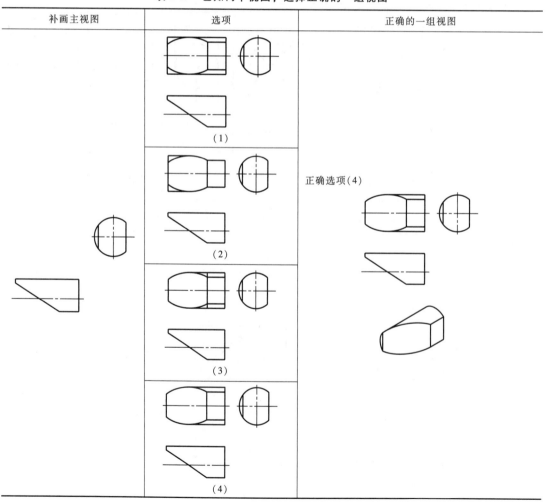

表 2-20 已知两个视图，选择正确的一组视图

补画左视图	选项	正确的一组视图
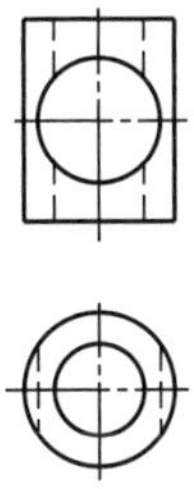	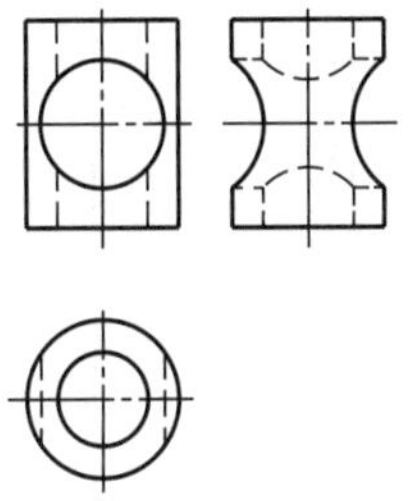 （1）	正确选项（1） 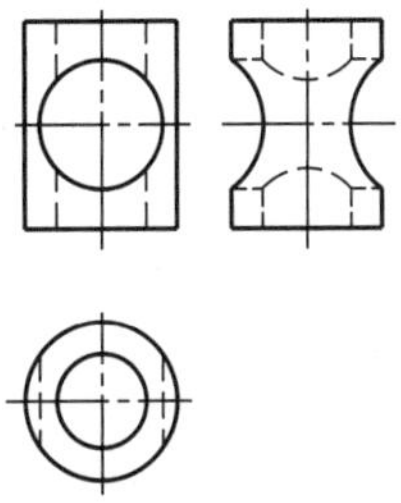  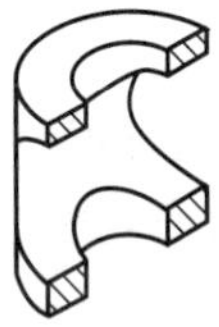 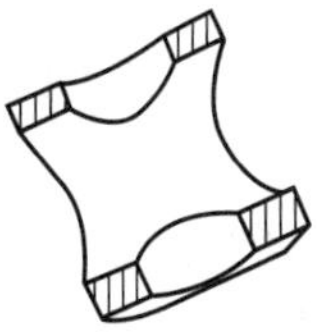
	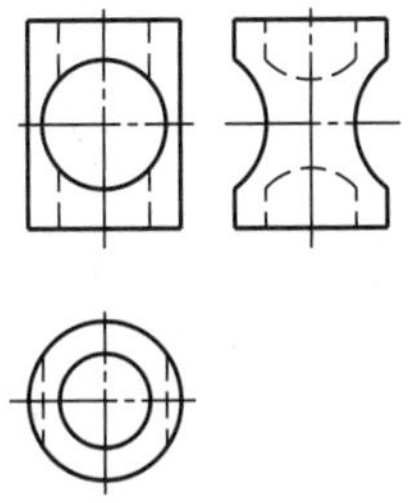 （2）	
	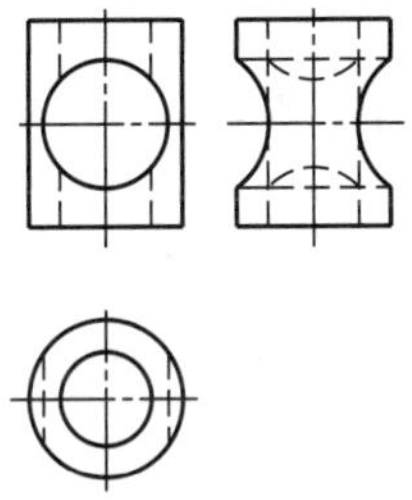 （3）	
	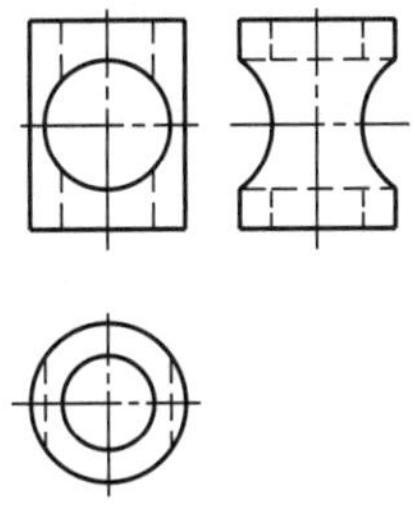 （4）	

例 2-19 已知 3 个圆柱表面相交，补全主视图（图 2-63）。

解

（1）分析 圆柱 A、B 与 C 的表面均相交，其相贯线为空间曲线，可利用简化画法作图。此外，圆柱 B 的左端面与圆柱 C 的表面也相交，其交线为两条铅垂线。

（2）作图

1）作圆柱 C 与 A 的交线（Ⅰ-Ⅱ-Ⅲ）。

2）作圆柱 C 与 B 的交线（Ⅳ-Ⅴ）。

3）作圆柱 C 与圆柱 B 左端面的交线（Ⅲ-Ⅴ）。

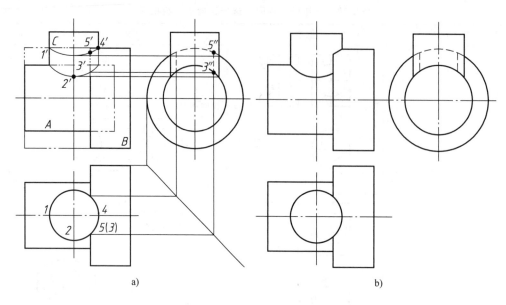

图 2-63 三体相交

结果如图 2-63b 所示。

本 章 小 结

1. 了解并掌握正投影法的基本原理和基本特性。

2. 掌握三视图之间的投影关系：长对正、高平齐、宽相等，这是本章和本课程画图与读图的依据。

3. 通过形体分析法和凸凹设想法绘制和识读简单物体的三视图，进一步提升绘制三视图的能力和空间想象能力。

4. 熟练掌握点、线、面的投影规律，以及各种位置直线、平面的投影特性，并能正确判断直线、平面的空间位置。

5. 通过对基本几何体的形成方式和结构特征及表面上取点、线的投影分析，掌握截交线和相贯线的作图步骤。

6. 了解相贯线的简化画法和特殊情况。

第三章

轴　测　图

　　轴测图是一种能同时反映物体三维空间形状的单面投影图。轴测图富有立体感，但度量性差，作图较繁，因此，在工程应用中一般作为辅助图样，用来表达机件的结构。

第一节　概　　述

一、轴测图的形成

　　将空间物体连同其参考直角坐标系，沿不平行于任一坐标平面的方向，用平行投影法将其投射在单一投影面上，所得到具有立体感的图形，称为轴测投影图，简称轴测图，如图3-1所示。轴测图能同时反映物体 3 个方向的形状，并可沿坐标轴方向按比例进行度量。图3-1a 为物体的多面正投影图和正轴测图；图 3-1b 为物体的多面正投影图和斜轴测图。

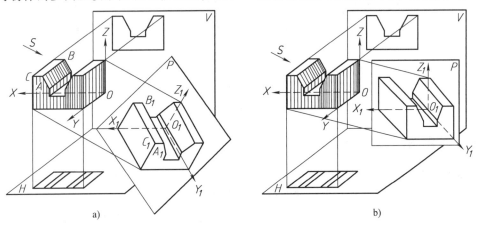

图 3-1　轴测图

　　在图 3-1 中，投影面 P 称为轴测投影面；投射方向 S 称为轴测投影方向；空间直角坐标轴 OX、OY、OZ 在轴测投影面上的投影 O_1X_1、O_1Y_1、O_1Z_1 称为轴测投影轴，简称轴测轴。

二、轴间角

　　轴测投影中，任意两根直角坐标轴在轴测投影面上的投影之间的夹角称为轴间角，即轴测轴之间的夹角 $\angle X_1O_1Y_1$、$\angle X_1O_1Z_1$、$\angle Y_1O_1Z_1$。3 个轴间角之和为 360°。

三、轴向伸缩系数

轴测轴上的单位长度与相应空间直角坐标轴上的单位长度之比称为轴向伸缩系数，3个轴的轴向伸缩系数分别用 p_1、q_1、r_1 表示。X 轴的轴向伸缩系数为 p_1；Y 轴的轴向伸缩系数为 q_1；Z 轴的轴向伸缩系数为 r_1。

四、轴测图的种类

按轴测投影方向与轴测投影面处于垂直或倾斜，轴测图可以分为正轴测图和斜轴测图两类。根据国家标准对投影法的分类，一般采用下列三种轴测图，如图 3-2 所示。

（1）正等轴测图　投射方向 S 垂直于投影面 P，$p_1=r_1=q_1$，简称正等测（图 3-2a）。

（2）正二等轴测图　投射方向 S 垂直于投影面 P，$p_1=r_1=2q_1$，简称正二测（图 3-2b）。

（3）斜二等轴测图　投射方向 S 倾斜于投影面 P，$p_1=r_1=2q_1$，简称斜二测（图 3-2c）。

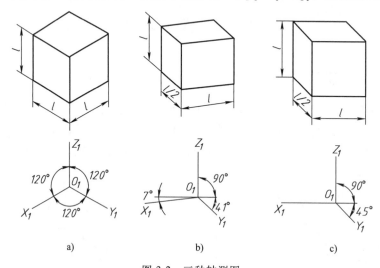

图 3-2　三种轴测图

a）正等轴测图　b）正二等轴测图　c）斜二等轴测图

五、轴测图的投影特性

轴测图是平行投影法投射得到的，因此，它具有平行投影法的投影特性：

（1）平行性　物体上相互平行的线段，在轴测图上仍相互平行。

（2）等比性　物体表面一直线上的两线段长度之比值，在轴测图上保持不变。

下面主要介绍正等轴测图和斜二等轴测图。

第二节　正等轴测图

一、轴间角和轴向伸缩系数

1. 轴间角

正等轴测图中，3个轴测轴的轴向伸缩系数相等，所以物体在空间位置中，3根轴测轴与轴测投影面的倾角相同，故其轴间角相等，均为 120°，作图时，O_1Z_1 轴规定沿铅垂方向，如图 3-2a 所示。

2. 轴向伸缩系数

正等轴测图的三个轴向伸缩系数相等，根据计算，约为 0.82，即 $p_1 = q_1 = r_1 = 0.82$。为简化作图，一般将轴向伸缩系数简化为 1，即 $p = q = r = 1$，这样画出的正等轴测图，相当于 3 个轴向的尺寸都放大了约 $1/0.82 \approx 1.22$ 倍，但物体的形状并无改变。$p = q = r$ 称为简化伸缩系数。同一立体的正投影图和正等轴测图如图 3-3 所示。

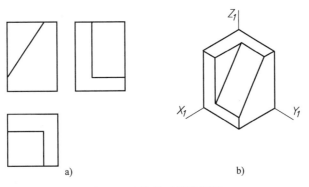

图 3-3 立体的正等轴测图

a）正投影图　b）轴向伸缩系数为 1 的正等轴测图

二、正等轴测图的画法

正等轴测图的画法一般分为坐标法和切割法。坐标法的作图方法为根据物体的特征，选定坐标轴，然后根据坐标轴画出物体各顶点的轴测图，再连接各点而形成物体的轴测图。物体的不可见轮廓线（虚线）一般不必画出。下面以例说明作图步骤。

例 3-1　画出如图 3-4a 所示正六棱柱的正等轴测图。

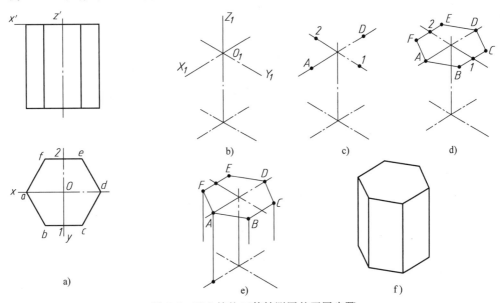

图 3-4 正六棱柱正等轴测图的画图步骤

解 作图步骤如下：

1）建立坐标系。画轴测轴，将顶面中心取作坐标原点 O_1，取顶面对称中心线为轴测轴 O_1X_1、O_1Y_1，如图 3-4b 所示。

2）顶面取点。在 O_1X_1 上截取六边形对角线长度，得 A、D 两点，在 O_1Y_1 轴上截取 1、2 两点，如图 3-4c 所示。

3）完成顶面轴测图。分别过两点 1、2 作平行线 $BC \mathbin{/\!/} EF \mathbin{/\!/} O_1X_1$ 轴，使 $BC = EF$ 且等于六边形的边长，连接 $ABCDEF$ 各点，得六棱柱顶面的正等轴测图，如图 3-4d 所示。

4）画底面轴测图。过顶面各顶点向下作平行于 O_1Z_1 轴的各条棱线，使其长度等于六棱柱的高，如图 3-4e 所示。

5）完成轴测图。画出底面，去掉多余线，加深整理后得到六棱柱的正等轴测图，如图 3-4f 所示。

对于由长方体切割形成的平面立体，可用坐标法先画出完整长方体的轴测图，然后用切割方法画出它的切去部分。下面以图 3-5 为例，说明切割法作图步骤。

例 3-2 画出如图 3-5a 所示物体的正等轴测图。

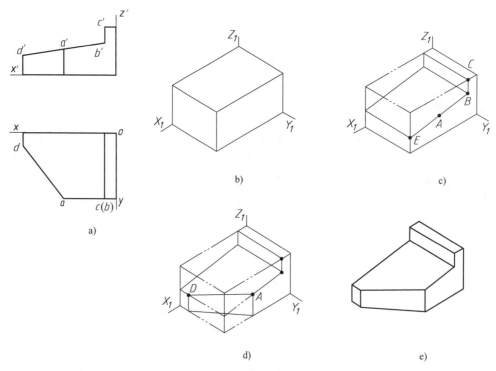

图 3-5 切割法画正等轴测图

解 作图步骤如下：

1）选定坐标原点并画轴测轴，画出完整的长方体（图 3-5b）。

2）根据图 3-5a 中，A、B、C、D 各点的坐标值，确定轴测图中 A、B、C 位置，延长 BA 至长方体棱边 E 点，挖切长方体左上方（图 3-5c）。

3）根据图 3-5a 中 A、D 两点的坐标值，确定 A、D 位置，过 A、D 作底面的垂线，挖切左下三角（图 3-5d）。

4）去掉多余线，整理加深后得到正等轴测图（图3-5e）。

三、回转体正等轴测图的画法

1. 平行于坐标面的圆的正等轴测投影及其画法

投影分析：从正等轴测图的形成原理可知，平行于坐标面的圆的正等轴测投影是椭圆，如图3-6所示立方体平行于坐标面的各表面上的内切圆的正等轴测投影（按 $p=q=r=1$ 作图）。可以看出：

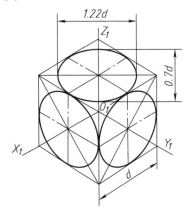

图3-6　平行于坐标面的圆的正等轴测图

1）3个平行于坐标面的圆的正等轴测图为椭圆，其形状和大小完全相同，但方向各不相同。

2）各椭圆的长轴方向与菱形（圆的外切正方形的轴测投影）的长对角线重合，与该坐标平面相垂直的轴测轴垂直；短轴方向与菱形的短对角线重合，与该坐标平面相垂直的轴测轴平行。

3）按简化轴向伸缩系数作图，椭圆的长轴为 $1.22d$，短轴为 $0.7d$，如图3-6所示。

2. 正等轴测椭圆的近似画法

为简化作图，椭圆常采用4段圆弧连接的近似画法。由于这4段圆弧的4个圆心是根据椭圆的外切菱形求得的，因此这种近似画法也称为菱形四心法。如图3-7所示，以平行于 $X_1O_1Y_1$ 坐标面的圆的正等轴测投影为例，说明这种近似画法。

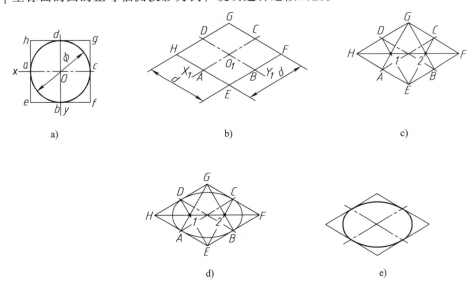

图3-7　用菱形四心法画平行于坐标面的圆的正等轴测投影

具体作图步骤如下：

1）建立坐标系。以圆心为坐标原点，两中心线为坐标轴（图3-7a）。

2）作菱形。画轴测轴 O_1X_1、O_1Y_1，以圆的直径为菱形的边长，作出其邻边，分别平行于相应的轴测轴，画菱形 $EFGH$（图3-7b）。

3）确定4个圆心。菱形两钝角的顶点 E、G 和其两对边中点的连线，与长对角线交于

1、2 两点；E、G、1、2 即为 4 个圆心（图 3-7c）。

4）画椭圆弧。分别以 E、G 为圆心，以 ED 为半径画大圆弧 $\overset{\frown}{DC}$ 和 $\overset{\frown}{AB}$；分别以 1、2 为圆心，以 $1D$ 为半径，画小圆弧 $\overset{\frown}{DA}$ 和 $\overset{\frown}{BC}$（图 3-7d）。

5）完成作图。去除多余线，加深整理后得圆的正等测图（图 3-7e）。

3. 截切圆柱体正等轴测图的画法

图 3-8a 所示为截切圆柱体，其正等轴测图的作图步骤如下：

1）建立坐标系。以底面中心作为坐标原点，中心线为坐标轴（图 3-8a）。

2）作各面椭圆。依据菱形四心法，作上、下底圆的正等轴测投影，其中心距等于圆柱高度，作距离顶面 a 的中间圆柱截平面的正等轴测投影（图 3-8b）。

3）作 3 个椭圆的外公切线（图 3-8c）。

4）截切圆柱。于顶面作平行线 $12 \parallel 34 \parallel O_1Y_1$ 轴，直线 12 和直线 34 对称于 O_1Y_1 轴，且间距为 b，过 1、2、3、4 各点作垂线，向下拉伸至中间椭圆（图 3-8d）。

5）完成正等测投影。去掉多余线，整理加深后得到截切圆柱体的正等轴测图（图 3-8e）。

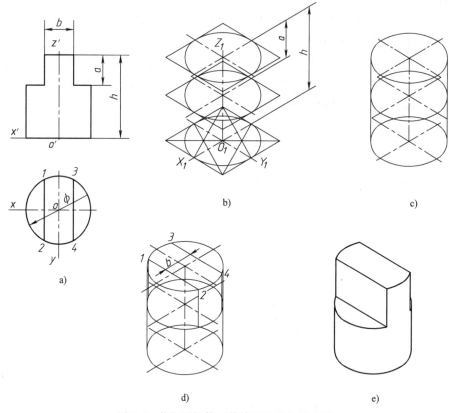

图 3-8　截切圆柱体正等轴测图的作图步骤

4. 圆角的正等轴测投影的画法

图 3-9a 所示为底板的正面投影和水平投影，底板圆角相当于 1/4 整圆，根据椭圆的近似画法，可以看出：菱形的钝角与大圆弧相对，锐角与小圆弧相对。

具体作图步骤如下：

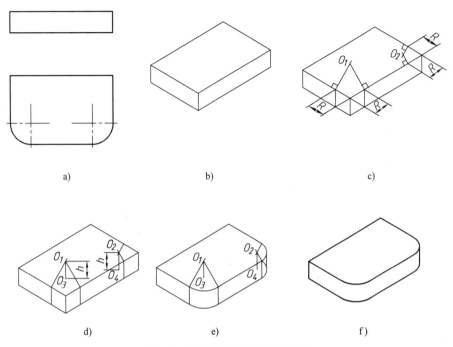

图 3-9　圆角的正等轴测图的画法

1）根据图 3-9a 作长方体的正等轴测图（图 3-9b）。

2）由角顶开始，在夹角边上量取圆角半径 R，得出切点，过切点分别作两条夹角边的垂线，垂线交点分别为两圆弧的圆心 O_1、O_2（图 3-9c）。

3）过 O_1、O_2 圆心，向下作垂直距离 h（板厚），得底板底面圆角的两圆心 O_3、O_4（图 3-9d）。

4）以 O_1、O_2、O_3、O_4 为圆心，圆心到切点距离为半径画圆弧，作上下圆弧的外公切线（图 3-9e）。

5）去掉多余线，整理加深后得到底板的正等轴测图（图 3-9f）。

四、组合体的正等轴测图

由堆积方式构成的组合体，其轴测图的基本画法是依据形体分析，依次画各部分形体。画图时，注意各形体之间的相对位置。图 3-10 所示为组合体的正等轴测图的作图步骤。

1）形体分析。组合体由底板 1、立板 2、支承板 3 堆积而成（图 3-10a）。

2）建立轴测轴，并画底板的长方体正等轴测图（图 3-10b）。

3）画底板圆角（图 3-10c）。

4）根据菱形四心法，画出底板上表面圆的轴测图椭圆（图 3-10d）。

5）画立板。立板对称于 YOZ 平面布置，根据立板前表面上梯形槽的尺寸，画出前表面梯形槽；过前表面梯形槽各顶点作 O_1Y_1 轴的平行线，长度取立板厚度，连接立板后表面梯形槽各顶点，整理后得出立板的正等轴测图（图 3-10e）。

6）画支承板。支承板对称于 YOZ 平面，根据支承板高度、宽度和长度值，确定左表

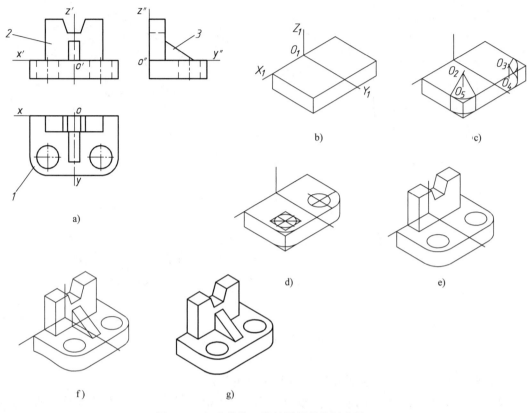

图 3-10 组合体的正等轴测图的作图步骤

1—底板 2—立板 3—支承板

面各点位置，向右拉伸，画出整个支承板正等测图（图 3-10f）。

7）去掉多余线，整理加深后得组合体的正等轴测图（图 3-10g）。

第三节 斜二等轴测图

一、斜二等轴测图的轴间角与轴向伸缩系数

根据图 3-1b 可知，由于物体的坐标面 XOZ 平面平行于轴测投影面 P，所以，轴间角 $\angle X_1 O_1 Z_1 = 90°$，$O_1 X_1$ 轴向伸缩系数 $p_1 = 1$，$O_1 Z_1$ 轴向伸缩系数 $r_1 = 1$。而轴间角 $\angle X_1 O_1 Y_1$ 和 $O_1 Y_1$ 轴的轴向伸缩系数则随着投射方向的不同而改变，为使图形立体感强和作图方便，国标规定，轴间角 $\angle X_1 O_1 Y_1 = 135°$，$O_1 Y_1$ 轴的轴向伸缩系数 $q_1 = 0.5$，如图 3-11 所示。

图 3-11 轴间角及轴向
伸缩系数

二、斜二等轴测图的画法

斜二等轴测图中，物体上坐标面 XOZ 平行于轴测投影面 P，其在 P 面的投影反映实形，

故在画图时，应选择物体上形状较为复杂的表面或者有圆、圆弧的表面作为物体的 XOZ 坐标面，这样可以使作图简化。

图 3-12 所示形体的斜二等轴测图的作图过程，其步骤如下（图 3-12a）：

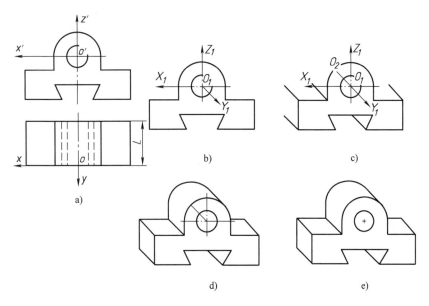

图 3-12　斜二等轴测图画法

1）通过形体分析后，以前端面为 XOZ 坐标面，画轴测轴，再画出前端面（图 3-12b）。

2）在 O_1Y_1 上，从 O_1 处向后移 $L/2$，得到 O_2，再从前端面的各顶点画 O_1Y_1 的平行线，并以 $L/2$ 来确定后端面上端点的位置（图 3-12c）。

3）连接各顶点，并作圆弧及圆弧的切线（图 3-12d）。

4）擦去多余线，并加深图线，完成全图（图 3-12e）。

三、平行于坐标面的圆的斜二等轴测图

图 3-13 所示为平行于 3 个坐标面且直径相等的圆的斜二等轴测图。由图可知，平行于 XOZ 坐标面的圆的斜二等轴测图反映实形，平行于 XOY 和 YOZ 坐标面的圆的斜二等轴测图是椭圆，此两椭圆形状相同，但长短轴方向不同，作图时可用平行弦法。

图 3-14 所示为用平行弦法画平行于坐标面 XOY 的圆的斜二等轴测图的方法，其作图步骤如下：

1）将视图上圆的直径 cd 作 6 等分，并过其等分点作平行于 ab 的弦（图 3-14a）。

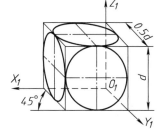

图 3-13　圆的斜二等轴测图

2）画圆中心线的轴测图，并量取 $OA=OB=cd/2$，$OC=OD=cd/4$，得 A、B、C、D 4 个点（图 3-14b）。

3）将 CD 6 等分，过各等分点作平行于 AB 的直线，并量取相应弦的实长，如 $\overline{\text{I}N}=\overline{N\text{II}}=\overline{\text{IV}M}=\overline{M\text{III}}=\overline{\text{1}n}$，将 A、B、C、D 及中间点依次光滑连成椭圆（图 3-14c）。

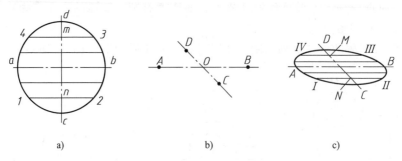

图 3-14 圆的斜二等轴测图画法

本 章 小 结

1. 正等轴测图、斜二等轴测图的形成。
2. 掌握正等轴测图、斜二等轴测图的画法。

第四章

组合体与三维建模

第一节　组合体的形体分析

　　大部分物体，从形体角度看，都可以认为由一些基本形体（圆柱、棱柱等）组合而成。由基本形体组合而成的物体称为组合体。图4-1所示支架就是一些经过截切加工的圆柱、棱柱等组合而成的。在图4-1中件1可看成是圆柱体截切加工而成的空心圆柱体，件2、件3、件4都可看成是棱柱截切加工而成的，分别称为支承板、底板、肋板。

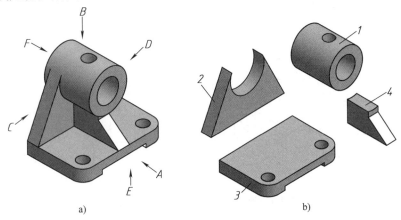

图 4-1　支架的形体分析

一、组合体的组合形式可以分为两种

1. 叠加形式

　　许多组合体可以由基本形体叠加而成。图4-2所示的组合体是2个基本形体（圆柱体与六棱柱）叠加而形成的。

2. 截切形式

　　许多组合体可以由基本形体截切而成。图4-3所示的组合体为一个四棱柱被切去2个三棱柱体和1个圆柱体而形成的。

　　2个或2个以上的曲面立体相交，即相贯。图4-1所示的空心圆柱体件1与竖直方向的小圆柱孔也可以看作截切。

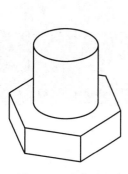

图4-2 组合体叠加

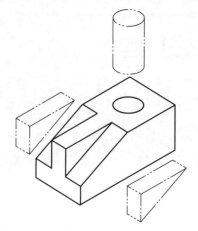

图4-3 组合体截切

二、相邻两形体表面的相对位置

相邻 2 个形体表面的相对位置大致有 3 种情况：

（1）共面 是指相邻两形体表面互相平齐，两表面结合处无界线，如图 4-4a 所示。相邻两形体表面不共面时，两表面结合处必须画出分界线（即交线），如图 4-4b 所示。

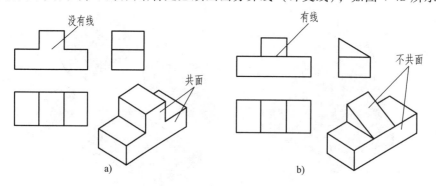

图4-4 形体表面共面与不共面的画法

（2）相切 是指相邻两形体表面相切，平面与曲面光滑过渡，两表面相切处不画线，如图 4-5a 所示。而图 4-5b 的画法是错误的。

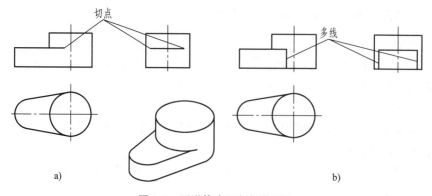

图4-5 两形体表面相切的画法

（3）相交　是指相邻两形体表面相交，两表面相交处要画交线，如图 4-6 所示。

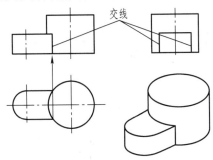

图 4-6　形体表面相交的画法

第二节　画组合体的视图

画组合体视图，经常采用形体分析法。所谓形体分析法，就是按照组合体的结构特点，分析其基本形体的组成，弄清基本形体的相对位置和表面连接关系，如判断形体间邻接表面是否处于共面、相切或相交的特殊位置，然后有步骤地画出各基本形体，最后完成组合体的视图。

一、画组合体三视图的步骤

1. 进行形体分析

把组合体分解为若干形体，并确定它们的组合形式，以及相邻表面间的相互位置。图 4-1b 所示的组合体可以分解成由空心圆柱体 1、支承板 2、底板 3、肋板 4 共 4 个基本形体组合而成。

2. 确定主视图

三视图中，主视图是最主要的视图。确定主视图时，要解决组合体从哪个方向投射和怎么放置两个问题。通常选择最能反映组合体的形体特征及其相互位置，并能减少俯、左视图上虚线的那个方向，作为投射方向；选择组合体的自然安放位置，或使组合体的主要表面对投影面尽可能多地处于平行位置，作为放置位置。图 4-1a 所示的支架从不同方向看到的视图如图 4-7 所示，其中 F 方向的视图虚线太多；B、E 不是自然安放位置；取 C 向为主视时，左视图虚线太多；D 向为主视时不利于图纸幅面的合理利用。选 A 向视图为主视图时，组合体处于自然安放位置，形体特征表达清楚，其他视图虚线较少，且图纸幅面利用较好，因此，选 A 向为主视投射方向。

3. 选比例，定图幅

画图时，尽量选用 1∶1 的比例。这样既便于直接估量组合体的大小，也便于画图。按选定的比例，根据组合体的长、宽、高计算出 3 个视图所占面积，并在视图之间留出标注尺寸的位置和适当的间距，据此选用合适的标准图幅。

4. 布图、画基准线

先固定图纸。然后，根据各视图的大小和位置，画出基准线（一般常用对称中心线、

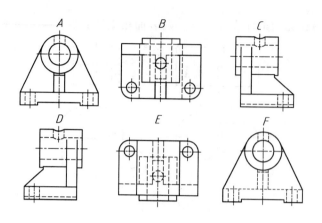

图 4-7 支架投影视图的对比

轴线和较大的平面作为基准线，如图 4-8a 所示）。画出基准线后，每个视图在图纸上的具体位置就确定了。

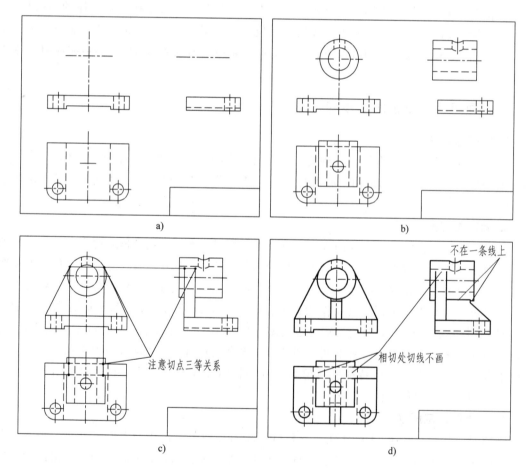

图 4-8 支架三视图的画图步骤

a）画各视图对称中心线、轴线，由俯视图开始画出底板的三视图　b）由主视图开始画出空心圆柱体的三视图

c）由主视图开始画出支承板的三视图　d）由左视图开始画出肋板的三视图，检查无误后加粗

5. 逐个画出各形体的三视图

根据各形体的投影规律，逐个画出形体的三视图。画形体的顺序：先实（实形体）后空（挖去的形体）；先大（大形体）后小（小形体）；先轮廓，后细节。画每个形体时，要 3 个视图联系起来画，并从反映形体特征的视图画起，再按投影规律画出其他 2 个视图。支架三视图的具体画图步骤如图 4-8 所示。

6. 检查、描深

底稿画完后，按形体逐个仔细检查。对形体表面中的垂直平面、一般位置平面以及形体间邻接表面处于相切、共面或相交的面、线，应重点校核，纠正错误和补充遗漏。图 4-8d 中指出的地方应特别注意，容易出现错误。最后按标准图线描深，描深顺序一般应是先曲线后直线，先细线后粗线。对称图形、半圆或大于半圆的圆弧要画出对称中心线，回转体一定要画出轴线。对称中心线和轴线用细点画线画出。

二、画图举例

例 4-1　画出如图 4-9a 所示组合体的三视图。

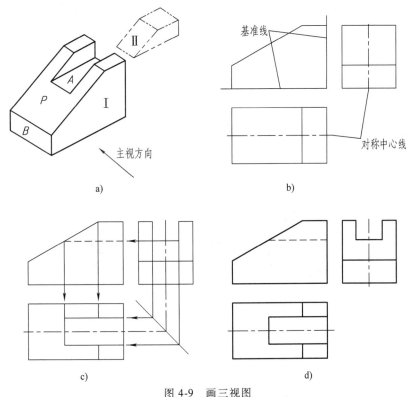

图 4-9　画三视图

a）零件立体图　b）画五棱柱　c）切去四棱柱　d）加粗，完成三视图

解　画图步骤如下：

（1）进行形体分析　图 4-9a 所示组合体是五棱柱体 I 对中切去四棱柱体 II，形成一个侧垂通槽。五棱柱体的 P 面是正垂面。

（2）确定主视图　选择图 4-9a 中箭头所指的主视方向为主视图投射方向。

（3）选比例、定图幅　按 1∶1 的比例确定图幅。

（4）布图　画基准线、中心线，定视图位置如图 4-9b 所示。

（5）逐个画出各形体的三视图　图 4-9b 所示为画五棱柱体 I 的三视图，先画出主视图，再根据投影关系画出水平投影和侧面投影。图 4-9c 所示为画四棱柱体 II 的三视图，先画出左视图，再根据投影关系画出正面投影和水平投影。

（6）检查、描深　首先全面检查投影正确性，例如：可以根据投影的积聚性和类似形检查 P 面投影，由于 P 面是正垂面，因此在主视图上是一条斜线，而在俯视图和左视图上应是 P 面的类似形；其他面（如 A、B 面）都是投影面平行面，在平行的投影面上反映该面的实形，而在另外 2 个投影面上的投影均为平行于坐标轴的直线。还需检查投影的可见性，如 A 面在主视图中的投影应该是虚线。检查无误后描深，完成三视图，如图 4-9d 所示。

第三节　看组合体的视图

拿到一张组合体的视图，如何看懂它的空间形状呢？画图是把空间的组合体用正投影法表示在平面上，而看图则是根据已画出的视图，运用投影规律，想象出组合体的空间形状，这是一个从平面到空间的过程。看图是画图的逆过程，画图是看图的基础，而看图既能提高空间想象能力，又能提高投影的分析能力。

一、看图的要点

1. 分析视图

通常从主视图入手，把所给视图按封闭的线框分成几部分，根据线框的投影关系，找出各部分的特征投影，有时特征投影不一定在主视图上。例如，图 4-10 所示支架的三视图中，

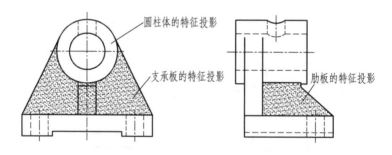

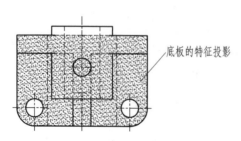

图 4-10　支架三视图

圆柱体和支承板的特征投影在主视图上，底板的特征投影在俯视图上，肋板的特征投影在左视图上。

2. 对投影想形状

一个形体常需要 2 个或 2 个以上的视图才能表达清楚，一个视图不能唯一地表达物体的形状，图 4-11 中 b、c、d、e、f、g 和 h 所示的组合体其主视图都是图 4-11a 所示的视图。有时两个视图也常常不能唯一地表达物体的形状，图 4-12a 为 b、c、d 所示的组合体的主视图和左视图，都是相同的。一般 3 个视图能唯一地表达组合体的空间形状。因此，应根据线框的三视图想清线框所表达形体的空间形状。

3. 组合起来想整体

在组合体的视图表达中，主视图是最能反映组合体的形体特征和各形体间相互位置的。因而在看图时，一般从主视图入手，几个视图联系起来看，才能准确识别各形体的形状和形体间的相互位置，切忌看了一个视图就下结论。

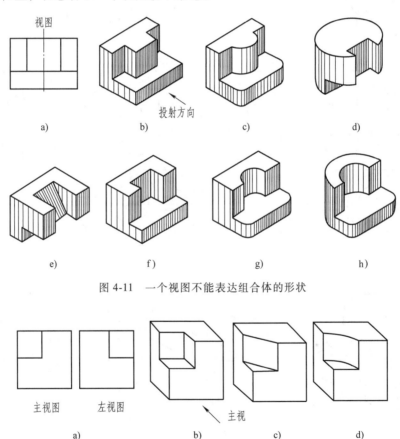

图 4-11　一个视图不能表达组合体的形状

图 4-12　两个视图不能表达组合体的形状

二、形体分析法看图

所谓形体分析法，就是分析组合体是哪些基本形体组合而成的，逐一找出每个基本形体的投影，想清楚它们的空间形状，再根据基本形体的组合方式和各形体之间的相对位置，想清组合体的形状。

例 4-2　由图 4-13e 分析组合体的形状。

解　该组合体可看作是 4 个基本形体进行叠加形成的。如图 4-13f 所示，1 称为底板；2 称为空心圆柱体；3 称为前面板；4 称为肋板。形成过程如下：

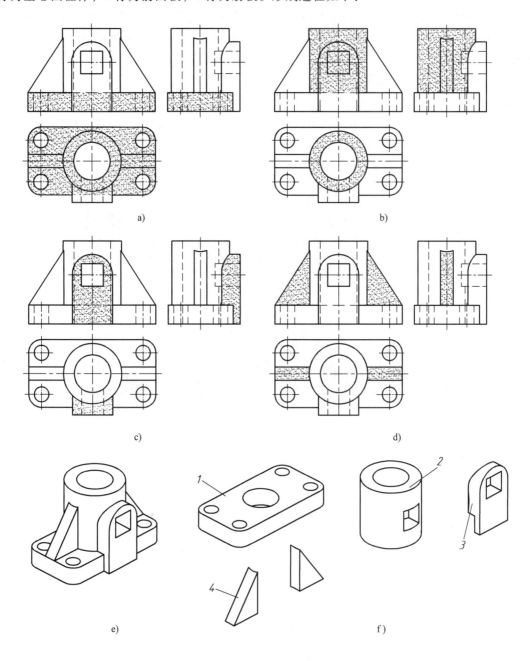

a)　　　　b)

c)　　　　d)

e)　　　　f)

图 4-13　看图过程的形体分析

（1）底板 1　由图 4-13a 可知，在俯视图上有底板 1 的特征线框。根据三视图上线框长、宽、高的三等关系，底板可看作是长方体的截切。长方体的 4 个棱角处都截切成与长方体 2 个面均相切的 1/4 圆柱面；与该圆柱面同心处再切去 4 个圆柱体，形成 4 个孔；长方体正中间截去 1 个圆柱体。即得到图 4-13f 中所示的底板 1。

（2）空心圆柱体 2　由图 4-13b 可知，在俯视图上有圆柱体 2 的特征线框。根据三视图上线框长、宽、高的三等关系，主视图上的正方形封闭线框，可看作是在空心圆柱体上截去 1 个正方体而得到图 4-13f 中所示的空心圆柱体 2。

（3）前面板 3　由图 4-13c 可知，在主视图上有前面板 3 的特征线框。根据三视图上线框长、宽、高的三等关系，前面板可看作是长方体的截切。长方体的上部截切成半圆柱状，长方体的后部被圆柱面截切，长方体的下部被底板截切，再截去 1 个方孔即得到图 4-13f 中所示的前面板 3。

（4）肋板 4　由图 4-13d 可知，在主视图上有肋板 4 的特征线框。根据三视图上线框长、宽、高的三等关系，肋板可看作是 2 个三棱柱与圆柱体相交，得到图 4-13f 中所示的肋板 4。

（5）组合起来想整体　底板 1 在整个形体的最下面，空心圆柱体 2 在底板 1 正中间的上边，前面板 3 的下面与底板的底面平齐，并在底板的正前方与底板 1 和空心圆柱体 2 相交，因此左视图上有相贯线和截交线。两个肋板 4 分别位于底板的顶面正中间的左右两侧，与空心圆柱体 2 相交，主、左视图上有截交线。三视图所表示的组合体就是如图 4-13e 所示的物体。

由以上例子可以看出，形体分析法读图的步骤是：先分线框对投影关系，再认识形体确定位置，最后综合起来想整体形状。

三、利用线、面分析法辅助看图

线、面分析指的是对于物体上那些投影重叠或位置倾斜而不易看懂的局部形状，可以利用直线和平面的投影特性去加以分析。如图 4- 14 所示，面的投影具有积聚性和类似形性质。

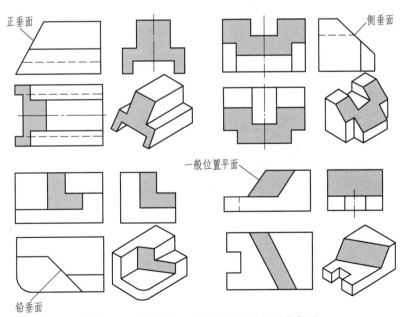

图 4-14　垂直面和一般位置平面的投影类似形

投影面平行面的投影特点是 2 面投影为 2 条分别平行于坐标轴的直线，另外 1 个投影反映平面的实形；投影面垂直面的投影特点是 1 个投影为斜线，另外 2 个投影是平面的类似形；一般位置平面的三面投影都是平面的 3 个类似形。

例 4-3 用线、面分析方法读组合体三视图（图 4-15）。

解 线、面分析必须认清图面上每一个线框和图线的含义。

投影图上每一条线可能是一个平面的投影，也可能是两个平面的交线或曲面的轮廓线。例如图 4-15 所示的视图中 a'、b 所指直线均为面的投影。a' 是正垂面在 V 面上的投影，b 是铅垂面在 H 面上的投影。

投影图上每一封闭线框一般情况下代表一个面的投影，也可能是一个孔或槽的投影。例如图 4-15 所示的主视图中封闭线框 d' 代表物体的最前面。俯视图中的封闭线框 e 则为物体中最高面的投影。俯视图中的 2 个圆代表物体上的 2 个孔的投影。

投影图中相邻 2 个封闭线框一般表示 2 个面，这 2 个面必定有上下、左右、前后之分，同一面内无分界线。

下面分析图 4-15 所示的几个平面。

图 4-15 视图中的 c'、d' 及 e 和 f'' 所指的封闭线框，代表了物体上 4 个平面，可以从其他视图上区别这 4 个平面的位置关系。如图 4-16a 所示，在图 4-15 中 a' 的投影在水平投影面、侧立投影面上的投影为 2 个类似的四边形，根据面的投影特点，a' 代表了正垂面正面投影。如图 4-16b 所示，在图 4-15 中 b 的投影在正立投影面和侧立投影面上的投影为 2 个类似的七边形，根据面的投影特点，b 代表了铅垂面的水平投影。如图 4-16c、d 所示，在图 4-15 中 c'、d' 均为四边形，而水平投影面、侧立投影面上的投影为 2 条分别平行于坐标轴的直线，因此图中封闭图框 c'、d' 代表了正平面的正面投影。根据平面的投影特点可分析得知：图 4-15 中水平投影面上封闭图框 e 为水平面的水平投影。图 4-15 中侧立投影面上封闭图框 f'' 为侧平面的侧面投影。

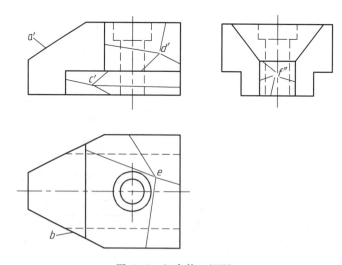

图 4-15 组合体三视图

通过以上的分析，可以归纳为

1) 在平面的投影中，当一个视图为封闭线框，另 2 个视图为平行坐标轴的直线时，平

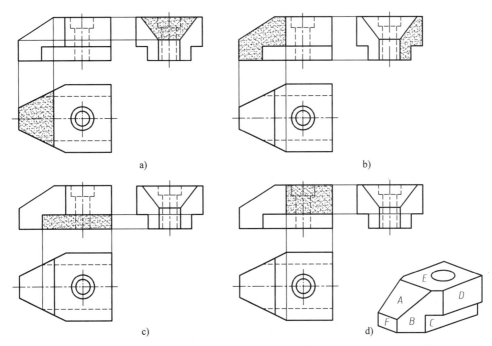

图 4-16　组合体的线、面分析

面一定平行于视图为封闭线框的那个投影面，封闭线框代表平面的实形，是某个投影面的平行面，如图 4-16 中 *C*、*D*、*E*、*F* 平面。

2）在平面的投影中，当一个视图为一条斜线，另 2 个视图为封闭线框（类似形）时，平面一定垂直于视图为一条斜线的那个投影面，如图 4-16 中 *A*、*B* 平面。

3）在平面的投影中，当 3 个视图都为封闭线框（类似形）时，平面是一般位置平面，如图 4-14 所示。

根据所给投影图，一般首先分析图中的可见线框，然后再分析图中的不可见线框。分析不可见线框可以进一步看清平面前后、左右或上下之间的位置关系和有关结构的形状。

综上所说，线、面分析的基本方法是，根据某一视图上的封闭线框，按三等关系对应另外 2 个视图的投影，判断面的位置特性，从而想清组合体的立体形状。

第四节　组合体尺寸注法

视图只能表明物体的形状，不能确定物体的大小。在制造机器零件时，不仅要知道它的形状，而且还要知道它各部分的大小，因此必须在视图上注写尺寸。正确的标注尺寸是很重要的工作，要求做到：

1）尺寸标注要完整。要能完全确定出物体各部分形状的大小，不允许遗漏尺寸，一般也不应该重复标注尺寸。

2）尺寸标注要清晰。应严格遵守国家《机械制图》标准的规定来标注尺寸。尺寸安排应清晰、恰当。

3）尺寸标注要合理。尺寸标注要符合设计和工艺的要求。

一、基本形体的尺寸注法

要掌握组合体的尺寸标注，必须先掌握一些基本形体的尺寸标注方法。

1. 几何体的尺寸标注

标注几何体的尺寸，一般要注出长、宽、高 3 个方向的尺寸。图 4-17 所示为几种常见几何体的尺寸注法示例。

图 4-17a 所示为四棱柱，图 4-17b 所示为三棱柱——注长、宽、高 3 个尺寸；图 4-17c 所示为六棱柱——注六棱柱的对边距离及高度尺寸；图 4-17d 所示为四棱台——注底面和顶面的长和宽以及高度尺寸；图 4-17e 所示为圆柱体——注直径及轴向尺寸，整圆的直径尺寸一般情况下应该标注在非圆视图上；图 4-17f 所示为圆锥体——注直径及轴向尺寸；图4-17g 所示为圆台——注上、下底圆直径和轴向尺寸；图 4-17h 所示为球——注球代号 S 和直径尺寸。

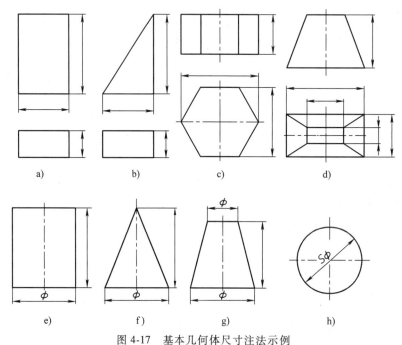

图 4-17 基本几何体尺寸注法示例

2. 截切几何体的尺寸标注

图 4-18a 和 b、c、d 分别为圆柱截切、圆锥截切和球截切的典型的尺寸注法。由图可见，除了标注基本几何体的尺寸之外，还应标注截切面在几何体上的相对位置。图 4-18a、c、d 为几何体被一个平面截切，因此又增加了一个尺寸。图 4-18b 为圆柱体被两个平面截切，增加了两个尺寸。

图 4-19 所示为一些机件上常见底板基本形体的尺寸注法示例。由图可见，底板的尺寸基准一般取对称线或中心线。

图 4-19a、b、c、d 中不必直接标注出底板的总长尺寸，而图 4-19e 中一般应该直接标注出底板的总长尺寸和总宽尺寸。底板上的安装孔的尺寸应该标注在最形象的视图上，还应该直接标注出安装孔的数目。

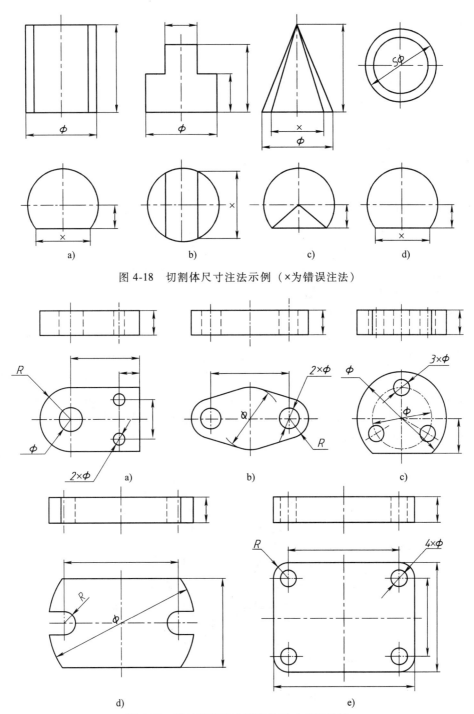

图 4-18　切割体尺寸注法示例（×为错误注法）

图 4-19　常见底板基本形体的尺寸标注示例

二、组合体的尺寸标注

1. 尺寸的标注方法及步骤

组合体的尺寸包括下列 3 种：

定形尺寸——确定各基本形体形状的尺寸。

定位尺寸——确定各基本形体之间相对位置的尺寸。

总体尺寸——组合体的总长、总宽、总高尺寸。

组合体的尺寸标注必须完整。所谓完整，就是说组成组合体的基本形体的定形尺寸和定位尺寸必须齐全。要达到这个要求，必须有一个正确的标注步骤。

1）应用形体分析法将组合体分解为若干基本形体。因为必须分别注出各基本形体的大小尺寸和确定这些基本形体之间的相对位置尺寸。

2）确定尺寸基准。标注和测量一个尺寸时，都应有一个起点，这个起点就称为尺寸基准。组合体有长、宽、高 3 个方向的尺寸，每个方向至少有 1 个尺寸基准，以它来确定各个基本形体在该方向的相对位置。标注尺寸时，通常以组合体的底面、端面、对称面、回转体轴线等为尺寸标注的基准面或基准线。

3）逐一标注各个基本形体的定形尺寸和定位尺寸。

4）标注必要的总体尺寸。注意，当圆弧为主要轮廓线或某一尺寸与总体尺寸相同时，总体尺寸不标注，例如图 4-21d 所示的高度方向不标注总体尺寸。

例 4-4 作如图 4-20 所示组合体的尺寸标注。

解 第一步，进行形体分析。前边已经讨论过，该组合体（支架）可以分为 4 个基本形体。第二步，选择好 3 个方向的重要基准面或基准线。如图 4-20 所示，长度方向的尺寸基准以支架的对称平面作为基准平面；宽度方向的尺寸基准以支架底板的后端面作为基准平面；高度方向的尺寸基准以支架底平面作为基准平面。第三步，分别标注各个基本形体的尺寸。对每一个基本形体，应先标注其定形尺寸，再标注定位尺寸，最后标注总体尺寸。支架尺寸的标注步骤如图 4-21 所示。

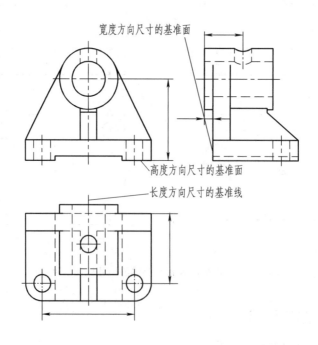

图 4-20 支架的尺寸基准及图中标注的定位尺寸

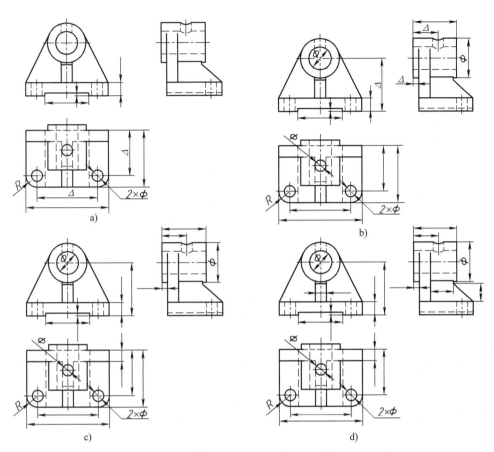

图 4-21　支架的尺寸标注步骤

图 4-21a 注出底板的定形尺寸及安装孔的定形和定位尺寸（定位尺寸均用 Δ 表示）。

图 4-21b 注出空心圆柱体的定形尺寸和定位尺寸及空心圆柱体上圆孔的定形和定位尺寸。

图 4-21c 注出支承板的定形尺寸。

图 4-21d 注出肋板的定形尺寸。

需要说明的是根据支架的结构特点，支架的总长尺寸即为底板的总长已注出，不需要再重复标注。支架的总宽尺寸，应为底板宽与空心圆柱体伸出底板的长度之和，若将总宽尺寸注出，则又将出现重复尺寸，因此，根据尺寸的重要程度，将总宽尺寸省略不标。同样，支架的总高尺寸是空心圆柱体的中心高加上空心圆柱体半径的尺寸之和，考虑到加工时，便于确定空心圆柱孔的中心位置，必须直接注出空心圆柱体的中心位置距离高度方向尺寸基准面的定位高度，所以不再标注支架的总高。

2. 尺寸标注时的注意点

组合体的尺寸标注必须符合清晰的要求，要使尺寸标注清晰，一般应注意以下几点。

1）尺寸应尽量标注在表示该形体最明显的视图上。图 4-22 所示组合体上有两个半圆弧，图 4-22a 将半径直接标注在圆弧上是好的标注方法，图 4-22b 将半径标注在非圆视图上，不利于看图，是不恰当的标注方法。对同一结构尺寸而言，图 4-22a 的标注比图 4-22b 的标

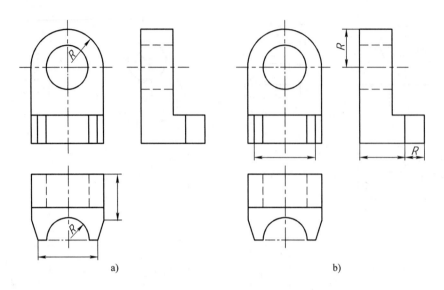

图 4-22　尺寸应该标注在表示该形体明显的视图上
a）好　b）不好

注好。

2）同一形体的尺寸应尽量集中标注。图 4-23 所示为带方槽的圆柱体，其方槽的尺寸应在主视图集中注出，图 4-23a 的槽口尺寸相对集中在主视图上有利于看图，而图 4-23b 的尺寸相对分散，槽口的尺寸分散在两个视图上不利于看图。

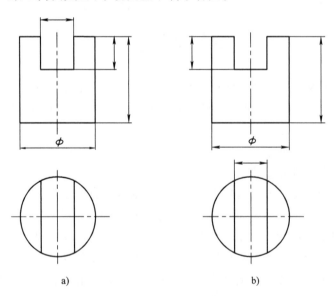

图 4-23　相关尺寸要集中注出
a）好　b）不好

3）标注同一方向的尺寸时，应排列清晰、整齐。小尺寸应标注在大尺寸里边，尽量避免尺寸线交叉，如图 4-24 所示。图 4-24a 的尺寸标注是正确的。而图 4-24b 的尺寸标注中，尺寸线交叉是错误的。

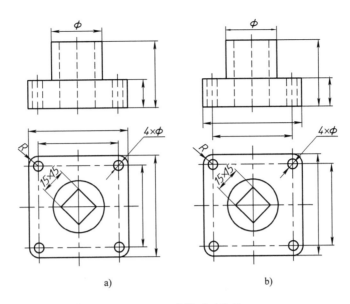

图 4-24 尺寸排列要清楚

a) 正确 b) 错误

4) 不标注成封闭的尺寸, 尽量不在图内标注尺寸。图 4-25a 的尺寸标注中, 尺寸线排列不整齐, 并且尺寸标注封闭, 因此是错误的标注方法, 图 4-25b 的标注就克服了图 4-25a 的缺点, 排列比较整齐, 并且尺寸标注不封闭。

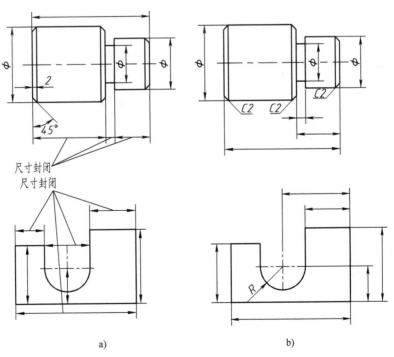

图 4-25 避免尺寸线封闭并应该将尺寸排列清晰

a) 错误 b) 正确

5）截交线和相贯线不应标注尺寸，因为交线是制造过程中自然形成的。图 4-26a 将尺寸标注在截交线上、图 4-26b 将尺寸标注在相贯线上，因此其尺寸标注是错误的。

6）肋板的尺寸注法如图 4-27 所示。

7）虚线上尽量不注尺寸。

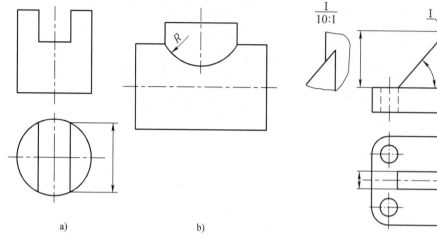

　　　　a)　　　　　　　　　　b)

图 4-26　截交线、相贯线上不应标注尺寸　　　　图 4-27　肋板的尺寸标注

尺寸标注常见错误及说明见表 4-1。

表 4-1　尺寸标注常见错误及说明

图　例	说　明
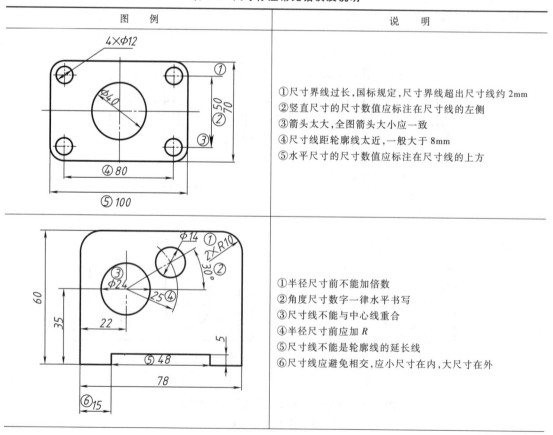	①尺寸界线过长,国标规定,尺寸界线超出尺寸线约 2mm ②竖直尺寸的尺寸数值应标注在尺寸线的左侧 ③箭头太大,全图箭头大小应一致 ④尺寸线距轮廓线太近,一般大于 8mm ⑤水平尺寸的尺寸数值应标注在尺寸线的上方
	①半径尺寸前不能加倍数 ②角度尺寸数字一律水平书写 ③尺寸线不能与中心线重合 ④半径尺寸前应加 R ⑤尺寸线不能是轮廓线的延长线 ⑥尺寸线应避免相交,应小尺寸在内,大尺寸在外

（续）

图 例	说 明
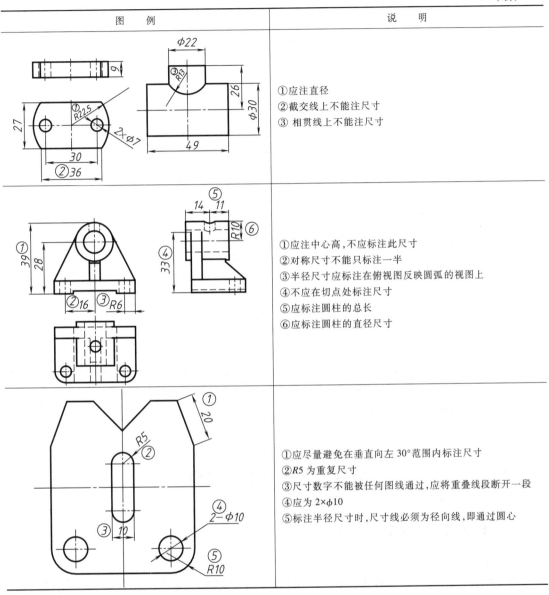	①应注直径 ②截交线上不能注尺寸 ③ 相贯线上不能注尺寸
	①应注中心高,不应标注此尺寸 ②对称尺寸不能只标注一半 ③半径尺寸应标注在俯视图反映圆弧的视图上 ④不应在切点处标注尺寸 ⑤应标注圆柱的总长 ⑥应标注圆柱的直径尺寸
	①应尽量避免在垂直向左 30°范围内标注尺寸 ②R5 为重复尺寸 ③尺寸数字不能被任何图线通过,应将重叠线段断开一段 ④应为 2×φ10 ⑤标注半径尺寸时,尺寸线必须为径向线,即通过圆心

第五节　组合体的 CSG 树表达

　　组合体是忽略机械零件的工艺特性,对零件的结构抽象简化后的"几何模型",可看成由一些基本的几何形体按一定的方式(叠加、挖切、堆切复合)组合而成。在计算机实体造型中,可以通过 CSG (Constructive Solid Geometry) 构形表示法来直观地加以描述。CSG 是实体造型中的一个术语,CSG 表示法实质上是利用正则集合运算,即运用并(∪)、交(∩)、差(-),将复杂形体定义为简单体素的合成。

　　组合体的 CSG 表示法,是用一棵有序的倒置二叉树来表示组合体的集合构成方式二叉树的树根表示组合体(S),二叉树的树梢对应构成组合体的体素——树梢体素(S_i),树权为规范化布尔运算（并、交、差）符号。

同一个组合体可以有不同的 CSG 表示法，如图 4-28 所示。

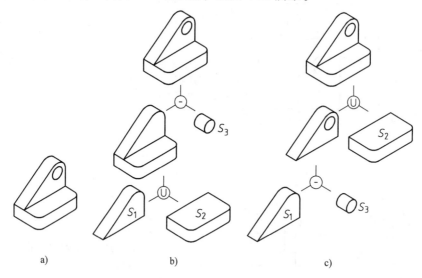

图 4-28　CSG 表示法

a）组合体　b）表示法 1　c）表示法 2

组合体的集合构形过程也可以用一个表达式来描述，通常称该集合表达式为组合体构形表达式。图 4-28b、c 所示组合体相对应的组合体构形表达式分别为

表示法 1：$S = (S_1 \cup S_2) - S_3$

表示法 2：$S = S_2 \cup (S_1 - S_3)$

第六节　简单形体建模

一、特征建模的几个基本概念

1. 特征

所谓特征，是零件或部件上一组相关的具有特定形状和属性的几何实体（如轴、孔、键槽等），它有着特定设计和制造意义。特征是构造三维零件模型的基本单元，是可以进行参数化驱动的组合。一个零件可视为由一个或多个特征组成。

根据建模方式不同，特征可分为基础特征、零件特征、定位特征 3 种。基础特征是主要的特征类型，要创建基础特征，首先要定义草图平面，在其上绘制几何草图，再按照指定的基础特征生成方式（如拉伸、旋转、扫掠、放样和螺旋扫掠等），由草图轮廓创建实体。零件特征是针对已建立好的特征实行进一步编辑和加工，如打孔、螺纹、倒角、圆角、阵列、镜像等。定位特征一般用于辅助定位和定义新特征。定位特征包括工作平面、工作轴和工作点。

2. 草图

要创建基础特征，首先应绘制草图。草图一般是反映实体形状特征的封闭图形。绘制草图时，应先定义草图平面，再在其上绘制草图（图 4-29）。

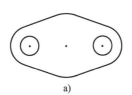
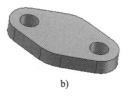

图 4-29　草图及特征

a）草图　b）特征

3. 工作平面和工作轴

单击"零件特征"面板中的"工作面"命令 ⬚，即可以建立各种工作平面。工作平面的主要作用：

1）作为草图平面。

2）作为特征的终止面。

3）作为将一个零件分割成两个零件的分割面。

4）作为装配的参考面。

5）作为剖切平面。

常用工作平面的创建条件及其应用见表 4-2。

表 4-2　常用工作平面的创建条件及其应用

创建工作平面条件	参考模型	工作平面应用
过 2 条共面直线 直线：边或工作轴		
过直线与平面成夹角 直线：边或工作轴 平面：坐标面、平面、工作面		
与曲面相切并平行于平面 平面：坐标面、平面、工作面 曲面：回转面		
从平面偏移 平面：坐标面、平面、工作面		

（续）

创建工作平面条件	参考模型	工作平面应用
过 3 点 点：顶点、交点、中点、工作点或草图点	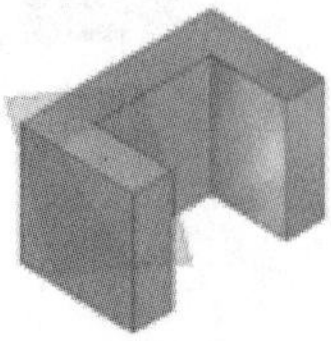	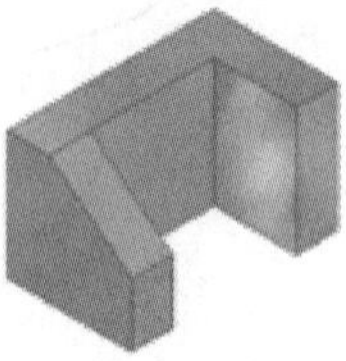
过 1 点并与平面平行 点：顶点、工作点、草图点 平面：坐标面、平面、工作面	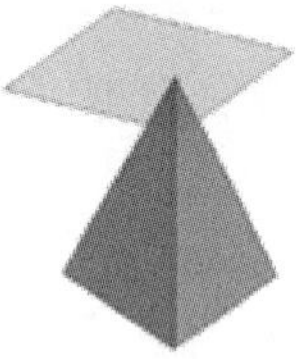	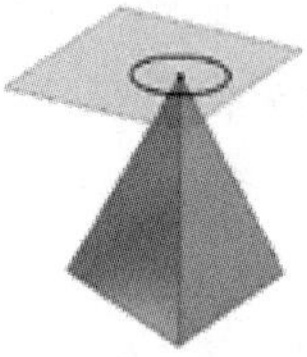 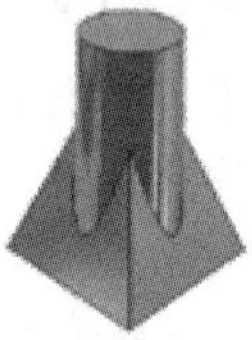
过点与直线垂直 点：顶点、工作点、草图点 直线：边、工作轴		 
过曲线上一点与曲线垂直 曲线：曲线边、草图曲线 点：顶点、中点、工作点或草图点	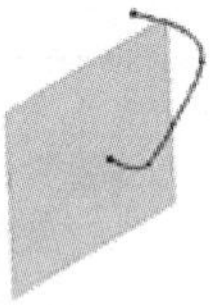	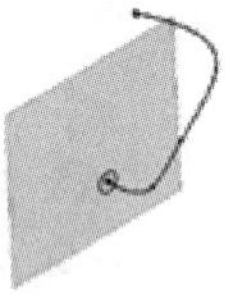 

单击"零件特征"面板中的"工作轴"命令，即可建立各种工作轴。工作轴的主要作用：

1）为回转体添加轴线。

2）作为旋转特征的旋转轴。

3）环形阵列时，作为轴线。

常用工作轴的创建条件及其应用见表 4-3。

表 4-3　常用工作轴的创建条件及其应用

创建工作轴条件	参考模型	工作轴应用
利用回转体表面生成工作轴		 
过 2 点的工作轴 点：顶点、中点、工作点或草图点		 

（续）

创建工作轴条件	参考模型	工作轴应用
利用 2 平面的交线 平面：相互不平行的坐标面、平面、工作面		
过一直线 直线：形体的棱边		
过 1 点且垂直于 1 平面 点：顶点、中点、工作点或草图点 平面：坐标面、平面、工作面		
过草图直线 直线：草图中的直线		

二、简单形体建模思路

1）分析形体构成特点，确定特征的创建顺序和生成方式。

2）定义草图平面，在其上绘制草图。

3）创建拉伸、旋转、扫掠、放样等基础特征。

4）对已建特征进一步加工，创建倒角、孔、抽壳等零件特征。

第七节　常见的特征生成方式

一、拉伸特征 的创建

由二维草图沿直线方向拉伸为实体（图 4-30）。拉伸斜角不为零可拉伸出锥体。封闭

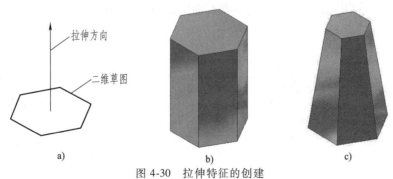

图 4-30　拉伸特征的创建

a）草图　b）拉伸斜角为零　c）拉伸斜角不为零

草图可创建实体，不封闭草图可创建曲面。

二、旋转特征的创建

旋转是指由二维草图沿某一指定的轴线旋转成实体，常用来构造回转体类实体特征。图 4-31 所示为圆柱体和圆锥体的建模过程。

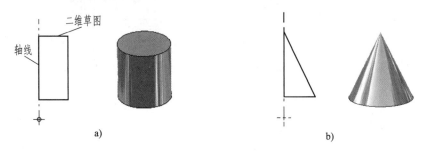

图 4-31　圆柱体和圆锥体的建模

a）圆柱体　b）圆锥体

图 4-32 所示为轮子的建模过程。

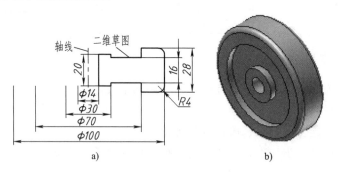

图 4-32　轮子建模

a）草图　b）利用旋转特征创建轮子

三、放样特征的创建

在 2 个或多个草图截面之间进行转换过渡，产生光滑复杂形状实体，这种转换过渡的方式称为"放样"，常用来构造棱锥体类和变截面实体特征，如图 4-33 所示。

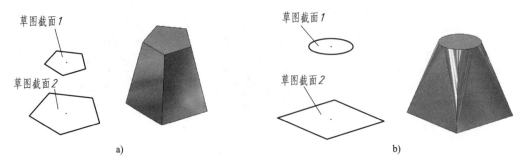

图 4-33　放样特征的创建

四、扫掠特征  的创建

草图截面沿一条路径扫掠而得到的特征，如图 4-34 所示。应注意草图截面要与路径相交。

图 4-34 扫掠特征的创建

五、零件特征的创建

零件特征有倒角 、圆角 、抽壳 、打孔 、螺纹 、加强肋 和阵列 、 等。倒角特征的建模过程如图 4-35a 所示。抽壳特征的创建如图 4-35b 所示。

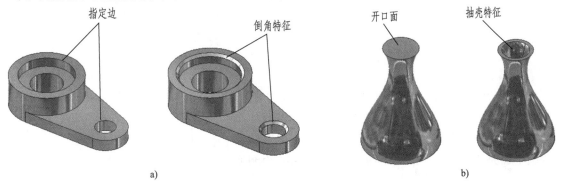

a)   b)

图 4-35 零件特征的创建

a）倒角特征   b）抽壳特征

第八节 组合体的建模方法

组合体的建模步骤如下：

1）形体分析。可用 CSG 表示法确定建模顺序，如图 4-36 所示。

2）创建主要体素。

3）创建各依附体素，根据与主要体素相对位置关系确定草图平面的位置，绘制草图，然后生成特征。

例 4-5 参照图 4-37 所示组合体，创建实体模型。

解 进行形体分析，将组合体分解为 4 个基本组成部分（底板、中间大圆柱体、前方小圆柱体、两侧的加强肋），分别进行建模。步骤如下：

（1）主要体素底板及其上依附体素建模

1）用零件模板进入工作环境，使原始坐标系的原点可见，

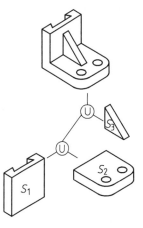

图 4-36 CSG 表示法

119

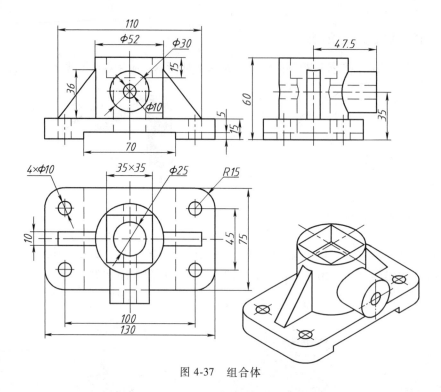

图 4-37 组合体

并在其上放置草图点，约束为固定，目的是使原始坐标系位于组合体的几何对称中心。此时，系统默认的草图平面是 XY 平面，在此平面上，按图 4-38 绘制底板草图。

2）由拉伸（添加方式）特征，创建底板，拉伸距离为 15mm（图 4-39）。

3）在底板的前表面重新定义草图平面，绘制一矩形，用"投影几何图元"按钮 ，投影 Z 轴，使矩形对 Z 轴的投影作对称约束，再作尺寸约束后，退出草图状态，作拉伸（切削方式），终止方式为贯通，形成底板下方通槽（图 4-40）。

图 4-38 底板草图

图 4-39 拉伸形成底板实体

4）在底板上表面定义草图平面，并放置草图点作为打孔中心（图 4-41a）。退出草图状态，利用零件特征打孔创建 4 个小孔（图 4-41b）。

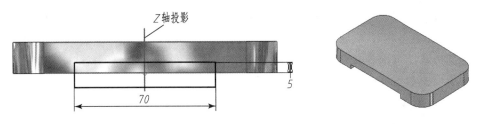

图 4-40 拉伸形成底板下方通槽

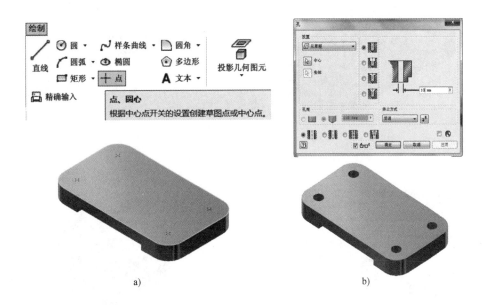

a)   b)

图 4-41 底板打孔

（2）主要体素中间大圆柱体及其上依附体素建模 分别利用拉伸（添加方式）、打孔、拉伸（切削方式）特征创建中间的大圆柱体、其上 ϕ25mm 通孔和正方形挖切，注意上方的正方形切槽，其草图应作关于 X、Y 轴投影的对称约束，各边作等长约束，再作边长为 35mm 的尺寸约束（图 4-42）。

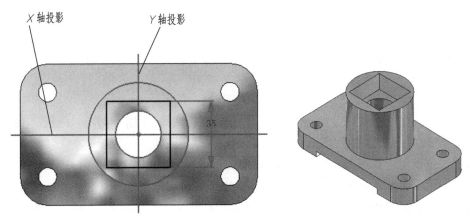

图 4-42 创建中间圆柱体

（3）主要体素前方小圆柱体及其上依附体素建模 平行于底板前表面，创建工作平面，距离为10mm，在此工作平面上定义草图平面，绘制 ϕ30mm、中心距底板下表面为35mm的圆，以此圆为草图截面作拉伸，终止方式选择"到表面或平面"（图4-43）。再在其前端面定义草图平面，放置草图点，利用打孔特征生成 ϕ10mm 通孔（图4-44a）。

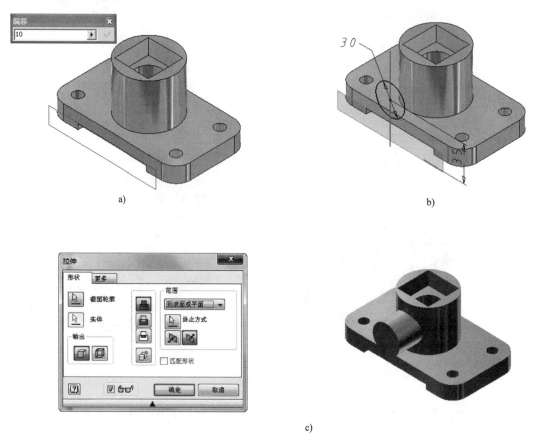

图 4-43 创建前方小圆柱体

a）创建工作平面 b）在工作平面上绘草图 c）拉伸到表面

（4）主要体素肋板建模

1）在底板的前后对称面（XZ 平面），定义草图，作一斜线并作尺寸约束，创建肋板（图4-44）。

2）利用镜像特征，创建另一侧肋板，对称面为 YZ 平面（图4-45）。至此，完成组合体三维实体建模，保存文件为"组合体 . ipt"。

（5）特征编辑 利用 Inventor 的参数化功能，可对特征作修改，例如，改动第（3）步创建的工作平面位置为5mm，前方拉伸的小圆柱长度会随之变短（图4-46）。对第（3）步利用打孔特征生成的 ϕ10mm 通孔，同样可编辑其直径尺寸大小为 ϕ15mm（图4-47）。由此可见，现代的三维设计方式，使设计修改变得简单易行。

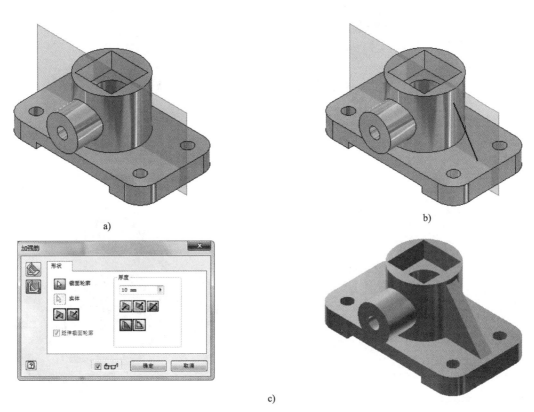

a)   b)

c)

图 4-44　创建加强肋

a）在 *XZ* 平面上定义草图平面　b）作斜线　c）创建加强肋特征

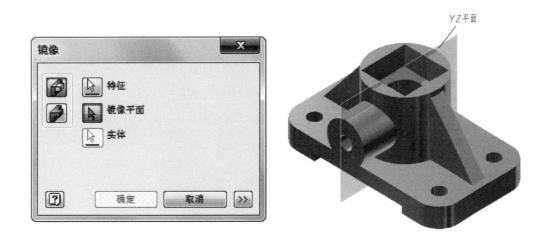

图 4-45　利用镜像特征创建另一侧加强肋

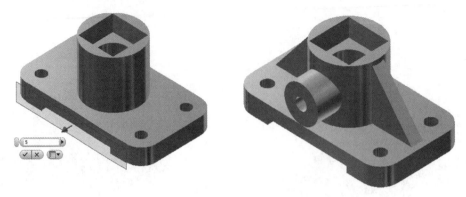

图 4-46　特征编辑（一）

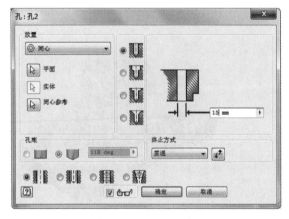

图 4-47　特征编辑（二）

本 章 小 结

1. 组合体的形体分析，注意基本形体、组合形式（叠加、挖切）、表面过渡形式（共面、相切、相交）。

2. 线、面分析法，要注意平行面、垂直面、一般位置平面的实形性、积聚性、类似性。

3. 组合体的画法。

4. 组合体尺寸标注方法。

5. 组合体的三维建模方法。

第五章

机件常用的表达方法

在生产实际中，当机件的形状和结构比较复杂时，如果仍用三视图，就难于把它们的内外形状准确、完整、清晰地表达出来。国家标准《技术制图》和《机械制图》图样画法中有关视图、剖视图、断面图和简化画法的内容，是制图时必须遵守的规定。用这些方法可以简洁清晰地表达各种机件。

本章着重介绍一些常用的表达方法，最后简介了第三角画法。

第一节 视 图

一、基本视图

对于形状比较复杂的机件，用 2 个或 3 个视图尚不能完整、清楚地表达它们的内外形状时，则可根据国标规定，在原有 3 个投影面的基础上，再增设 3 个投影面，组成一个正六面体，这六个投影面称为基本投影面（图 5-1）。把机件向基本投影面投射所得的视图，称为基本视图。除了前面已介绍的 3 个视图以外，还有：由右向左投射所得的右视图；由下向上投射所得的仰视图，由后向前投射所得的后视图。

当投影面如图 5-1 所示展开时，在同一张图样内按图 5-2 所示配置视图，可不标注视图的名称。

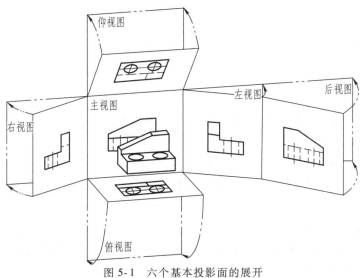

图 5-1 六个基本投影面的展开

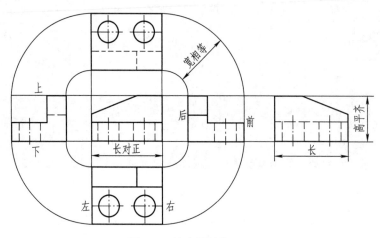

图 5-2　基本视图的配置

二、向视图

向视图是可以自由配置的视图。

如不能按图 5-2 所示配置视图时,可以采用向视图。向视图上方应标出视图的名称"×"(×为大写拉丁字母),在相应的视图附近用箭头指明投射方向,并注上同样的字母×,如图 5-3 所示。

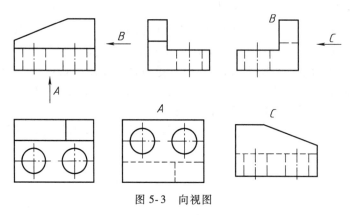

图 5-3　向视图

三、局部视图

局部视图是将机件的某一部分向基本投影面投射所得的视图。

1. 局部视图的表达形式

1)局部视图的断裂边界通常用波浪线或双折线表示,如图 5-4b 的 *A* 视图。

2)当所表示机件的局部结构是完整的,且外形轮廓又是封闭时,可省略波浪线,如图 5-4b 的 *B* 视图。

2. 局部视图的配置与标注

1)可按基本视图的配置方式配置,与图 5-5b 的俯视图方式相同,这时可不进行标注。

2)可按向视图的配置方式配置并标注,如图 5-4b 所示。

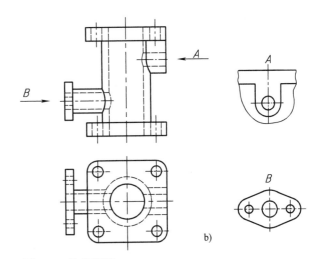

图 5-4　局部视图

a）机件模型图　b）机件局部视图

四、斜视图

斜视图是将机件向不平行于基本投影面的平面投射所得的视图。

如图 5-5 所示的机件，在基本视图上无法反映倾斜部分的真实形状，给读图、绘图和标注尺寸带来困难。为此可以选一个新的辅助投影面 H_1（图 5-5a），使它与机件上倾斜部分的主要平面平行，并且垂直于一个基本投影面，然后将机件的倾斜部分向该辅助投影面投射，就可获得反映倾斜部分实形的视图，即斜视图。

画斜视图时应注意的问题：

1）斜视图的断裂边界用波浪线或双折线表示。

2）斜视图通常按投影关系配置并标注，必要时可将斜视图旋转配置并标注。表示视图名称的字母应靠近旋转符号的箭头端，也允许将旋转角度值标注在字母后。旋转符号的方向应与旋转方向一致，如图 5-5b 所示。

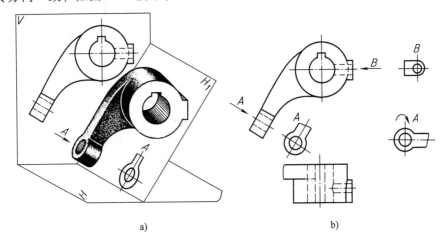

a）　　　　　　　　　　　　　b）

图 5-5　局部视图与斜视图

图 5-6 所示为某机件的三视图和斜视图的比较。

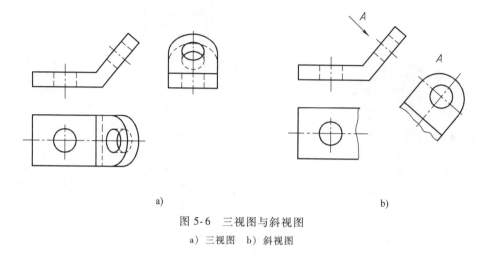

a)   b)

图 5-6 三视图与斜视图
a）三视图 b）斜视图

第二节 剖 视 图

一、剖视图的概念和基本画法

1. 剖视图的概念

当零件的内部结构比较复杂时，在视图中就会出现很多虚线，影响图形清晰，也不便于标注尺寸。例如，在图 5-7a 所示机件的视图中，就出现一些表达内部结构的虚线。

为了清楚地表达零件的内部形状，假想用剖切面剖开机件，将处在观察者和剖切面之间的部分移去，而将其余部分向投影面投射，所得图形称为剖视图。

例如，在图 5-8 中是假想用机件的平行于正立面的对称平面为剖切面，切开机件后再进行投射，得到如图 5-7b 所示的剖视图（主视图）。

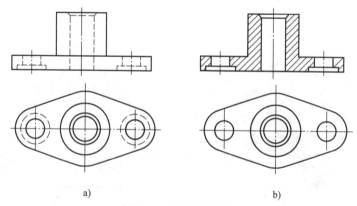

a)   b)

图 5-7 视图与剖视图

2. 画剖视图的步骤

（1）确定剖切面的位置 如图 5-8 所示，取平行于正立面的对称面为剖切面。为避免剖切后产生不完整的结构要素，剖切面应平行于基本投影面，且通过机件内部孔的轴线。

图 5-8　剖视图的形成

（2）画剖视图　如图 5-8 所示，移去前半部分以后，将剖切面与机件接触部分产生的剖面区域以及机件的整个后半部分由俯视图按投影关系画出主视图。

（3）在剖面区域内画上剖面符号　剖面符号与机件的材料有关（表 5-1）。金属材料的剖面符号以细实线绘制，通常与图形的主要轮廓线或剖面区域的对称线成 45°（即剖面线），如图 5-7 所示。剖面线的间隔视剖面区域的大小而异，一般取 2~4mm。同一机件的各个剖面区域其剖面线的画法应该一致（间隔相等、方向相同）。

（4）画出剖切符号、投射方向，并标注字母和剖视图的名称　一般应在剖视图的上方用字母标出剖视图的名称"×—×"，在相应的视图上用剖切符号（线宽为粗实线线宽，长 5~10mm 的断开粗实线，尽可能不与图形的轮廓线相交）表示剖切位置。在剖切符号的起、迄处用箭头画出投射方向，并标注出同样的字母×，如图 5-9b 所示。当剖视图按投影关系配置，中间又没有其他图形隔开时，可省略箭头（图 5-12b）；当单一剖切平面通过机件的对称平面或基本对称的平面，且剖视图按投影关系配置，中间又没有其他图形隔开时，可省略标注（图 5-7b）。

表 5-1　常用材料的剖面符号

材料名称	剖面符号	材料名称	剖面符号
金属材料		型砂、填砂、砂轮、粉末冶金、陶瓷刀片、硬质合金刀片等	
塑料、橡胶、油毡等非金属材料（已有规定剖面符号者除外）		线圈绕组元件	

（续）

材料名称	剖面符号	材料名称	剖面符号
转子、电枢、变压器和电抗器等的叠钢片		混凝土	
木材	纵断面	钢筋混凝土	
	横断面		
玻璃及供观察用的其他透明材料		液体	
基础周围的泥土		砖	

3. 画剖视图应注意的问题

1）剖视只是假想把机件剖开，因此除剖视图外，其他视图仍应按完整的机件画出。

2）剖切面后面的可见部分应全部画出，不能遗漏。图 5-9 所示为机件的正确剖视图，而图 5-10 遗漏了剖切平面后的投影。剖视图常见错误见表 5-2。

3）对于剖视或视图上已表达清楚的结构形状，在剖视或其他视图上这部分结构的投影为虚线时，一般不再画出，图 5-11 主视图中的虚线应该省略。但没有表示清楚的结构，仍应画虚线，如图 5-11 中的俯视图。

4）当画出的剖面线与图形的主要轮廓线或剖面区域的对称线平行时，可将剖面线画成与图形的主要轮廓线或剖面区域的对称线成适当角度，但其倾斜方向应与其他视图上的剖面线的倾斜方向相同（图 5-12）。

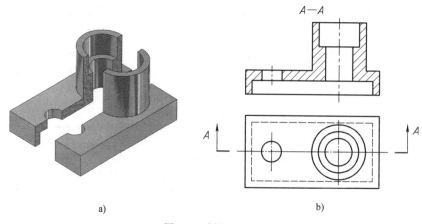

a）   b）

图 5-9　剖视图画法

a）机件模型图　b）剖视图

表 5-2 剖视图常见错误

错误	正确	立体图
	虚线用于表达底板的厚度	
	底板的厚度已表达清楚,虚线应省略	

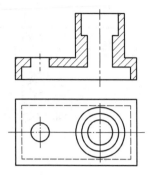

图 5-10　遗漏剖切面后可见轮廓线

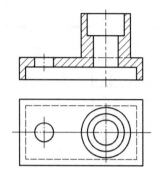

图 5-11　主视图虚线应该省略

a)

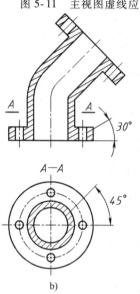

b)

图 5-12　剖面线画法

a）机件模型图　b）剖视图

二、剖视图的种类及适用条件

按剖切范围的大小，剖视图分为全剖视图、半剖视图和局部剖视图 3 类。

1. 全剖视图

用剖切面完全地剖开机件所得的剖视图称作全剖视图，如图 5-9 所示。

适用范围：全剖视图适用于表达内部形状比较复杂的不对称机件或外形比较简单的对称机件。

2. 半剖视图

当机件具有对称平面时，在垂直于对称平面的投影面上的投影可以对称中心线为界，一半画成剖视，一半画成视图，这样得到的图形称作半剖视图，如图 5-13、图 5-14 所示。

（1）适用范围　半剖视图用于内、外形状都需要表达的对称机件。当机件的形状接近于对称，且不对称部分已另有图形表达清楚时，也可画成半剖视图。

（2）标注方法　半剖视图的标注规则与全剖视图相同。

（3）画半剖视图应注意的问题

1）在半个剖视图上已表达清楚的内部结构，在不剖的半个视图上，表示该部分结构的虚线不画。

2）半个剖视图与半个视图的分界线为细点画线。

（4）半剖视图中剖视部分的位置通常按以下原则配置

1）主视图和左视图中位于对称线右侧（图 5-14b）。

2）俯视图中位于对称线下方（图 5-14b）。

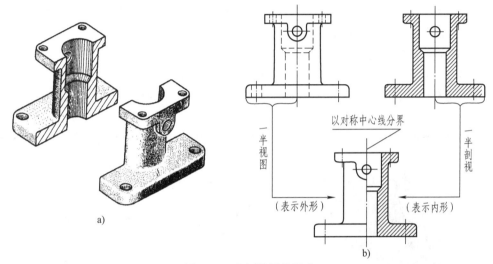

图 5-13　半剖视图的形成
a）机件模型图　b）剖视图

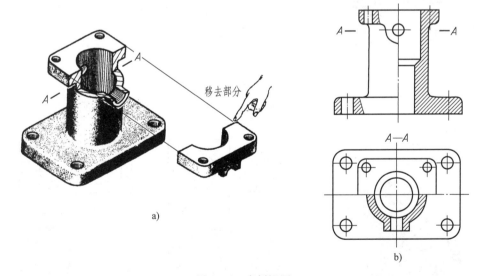

图 5-14　半剖视图
a）机件模型图　b）剖视图

3. 局部剖视图

用剖切面局部地剖开机件所得的剖视图称作局部剖视图。

局部剖视图存在一个被剖部分与未剖部分的分界线，这个分界线用波浪线表示（图 5-15）。

（1）适用范围 局部剖视是一种比较灵活的表达方法，不受图形是否对称的限制，剖在什么位置和剖切范围多大可视需要决定。一般用于下列几种情况：

1）当机件只有局部内形需要剖切表示，而又不宜采用全剖视时（图5-15、图5-16）。

2）当不对称机件的内、外形都需要表达时（图5-15）。

3）当实心件如轴、杆、手柄等上的孔、槽等内部结构需要剖开表达时（图5-17）。

4）当对称机件的轮廓线与中心线重合，不宜采用半剖视时（图5-17）。

（2）标注方法 对于剖切位置比较明显的局部结构，一般不用标注，如图5-15至图5-17所示，若剖切位置不够明显时，则应进行标注。

（3）画局部剖视图应注意的问题

1）表示剖切范围的波浪线不能与图形上其他图线重合。

2）如遇孔、槽，波浪线不能穿空而过，也不能超出视图的轮廓线，对比图5-16的正确与错误画法。

3）在同一个视图上，采用局部剖的数量不宜过多。以免使图形支离破碎，影响图形清晰。

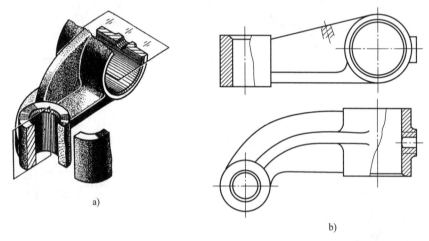

a)

b)

图5-15 局部剖视图

a）机件模型图 b）剖视图

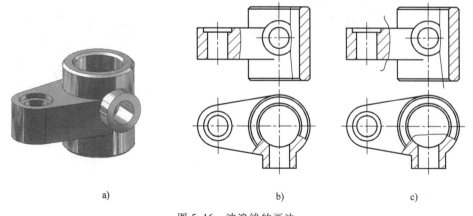

a)　　　　　　　　　b)　　　　　　　　　c)

图5-16 波浪线的画法

a）机件模型 b）正确 c）错误

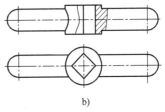

a)   b)

图 5-17　不宜采用半剖视图

a）机件模型图　b）剖视图

三、剖切面的种类

根据机件结构的特点,国标规定可以选择下面 3 种剖切面剖开机件。

1. 单一剖切平面

（1）平行于某一基本投影面的剖切平面　在前面介绍的各种剖视图图例中,所选用的剖切平面都是单一正剖切平面。

（2）单一斜剖切平面　如图 5-18 所示,当机件上倾斜部分的内部结构,在基本视图上不能反映实形时,可以用一个与倾斜部分的主要平面平行且垂直于某一基本投影面的平面剖切,再投射到与剖切平面平行的投影面上,即可得到该部分内部结构的实形,如图 5-18 中的 *B—B* 剖视图。这种剖视称为斜剖视。

所得剖视图一般放置在箭头所指方向,并与基本视图保持对应的投影关系,也可放置在其他位置,必要时允许旋转,但要在剖视图的上方指明旋转方向并标注字母,也可以将旋转角度值标注在字母之后。

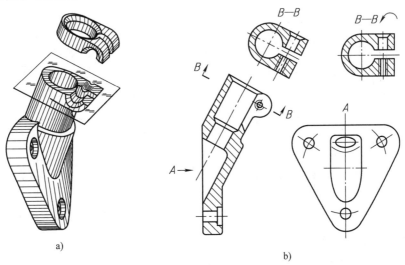

a)   b)

图 5-18　斜剖视图

a）机件模型图　b）斜剖视图

2. 一组相互平行的剖切平面

如图 5-19 所示,当机件上的孔、槽的轴线或对称面位于几个相互平行的平面上时,可以用几个与基本投影面平行的剖切平面切开机件，再向基本投影面进行投射。这种剖视称为阶梯剖视。

（1）标注方法　如图5-19所示，在剖切平面的起始和转折处用相同的字母标出，各剖切平面的转折处必须是直角。在剖视图上方注出名称"×—×"。

（2）画图时应注意的问题

1）在剖视图上不要画出两个剖切平面转折处的投影（图5-20中的主视图）。

2）剖切符号的转折处不应与图上的轮廓线重合（图5-21中的俯视图）。

3）要正确选择剖切平面的位置，在剖视图上不应出现不完整要素（图5-22）。

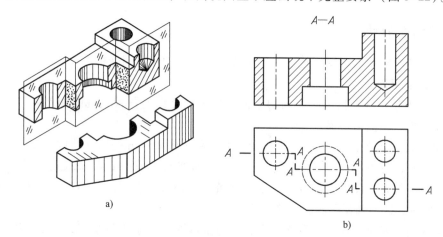

图5-19　用一组相互平行的剖切平面剖切

a）机件模型图　b）阶梯剖视

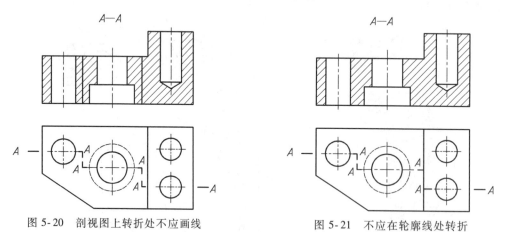

图5-20　剖视图上转折处不应画线　　　　图5-21　不应在轮廓线处转折

3. 几个相交的剖切平面（交线垂直于某一投影面）

如图5-23所示，当机件的内部结构形状用一个剖切平面不能表达完全，而机件又具有回转轴时，可以采用几个相交的剖切平面剖开机件，并将与投影面不平行的剖切平面剖开的结构及其有关部分旋转到与选定的投影面平行再进行投射。这种剖视称为旋转剖视。

用几个相交的剖切平面剖开机件可以获得全剖视图、半剖视图和局部剖视图。

（1）标注方法　在剖切平面的起始、转折和终止处画上剖切符号，并标注大写的拉丁字母"×"，在剖视图上方注出剖视图名称"×—×"。

（2）画图时应注意的问题

1）几个相交的剖切平面的交线必须垂直于投影面，通常为基本投影面。

2）位于剖切平面后且与被剖切结构有直接联系、密切相关的结构，或不一起旋转难以表达的结构（图 5-24b 的螺纹孔），应该按"先剖切，后旋转"的方法绘制剖视图。

3）位于剖切平面后且与所表达的结构关系不甚密切的结构，或一起旋转容易引起误解的结构（图 5-23 和图 5-24 所示的小圆孔），一般仍按原来的位置投影。

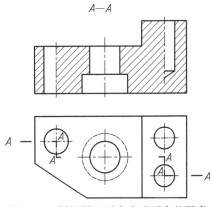

图 5-22　剖视图上不应出现不完整要素

4）当剖切后产生不完整要素时，该部分应按不剖切绘制（图 5-25）。

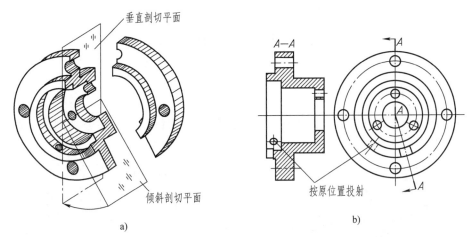

图 5-23　用两个相交的剖切平面剖切

a）机件模型图　b）旋转剖视

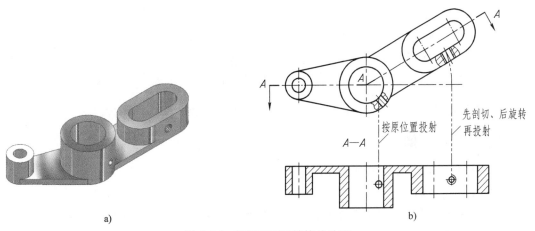

图 5-24　剖切平面后结构的处理

a）机件模型图　b）剖视图

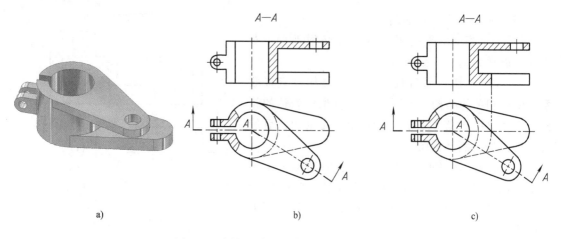

图 5-25　剖切后产生不完整要素时的画法
a）机件模型　b）正确　c）错误

第三节　断　面　图

一、断面图的概念

假想用剖切平面将机件的某处切断，仅画出剖切面与机件接触部分（剖面区域）的图形称为断面图（图 5-26）。

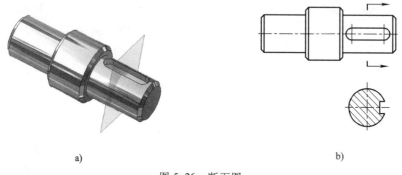

图 5-26　断面图
a）机件模型　b）断面图画法

按断面图配置位置的不同，断面图分为移出断面图和重合断面图两种。

二、移出断面图

画在视图外面的断面图称为移出断面图。

1. 移出断面图的画法

移出断面图的轮廓线用粗实线绘制。一般只画出断面的形状，如图5-26 所示。

画移出断面图时应注意以下几点：

1）当剖切面通过回转面形成的孔或凹坑的轴线时，这些结构应按剖视图绘制，如图

5-27所示。

2）当剖切面通过非圆孔会导致完全分离的两个断面时，这些结构应按剖视图绘制，如图 5-28 所示。

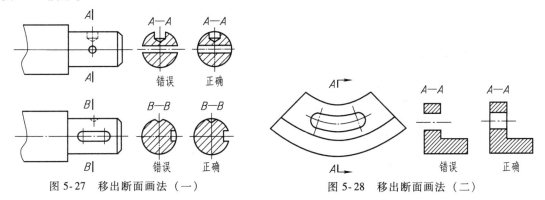

图 5-27　移出断面画法（一）　　　　　图 5-28　移出断面画法（二）

3）当移出断面图画在视图中断处时，视图应该用波浪线断开，如图 5-29 所示。

4）用两个或多个相交的剖切平面剖切获得的移出断面图，中间一般应断开，如图 5-30 所示，注意剖切平面应垂直于主要轮廓线。

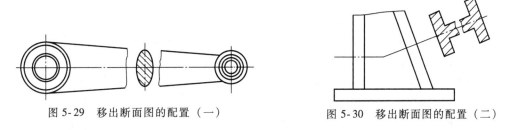

图 5-29　移出断面图的配置（一）　　　　图 5-30　移出断面图的配置（二）

2. 移出断面图的配置

1）移出断面图可以配置在剖切线的延长线上（图 5-26b、图 5-30）。

2）必要时可将移出断面图配置在其他适当位置。

3）在不致引起误解时，允许将断面图旋转。

3. 移出断面图的标注

一般应标注投射方向、剖切符号（表示剖切位置）和字母（名称）（图 5-31 B—B）。

1）配置在剖切符号延长线上的不对称的移出断面图，可省略字母（图 5-26）。按投影

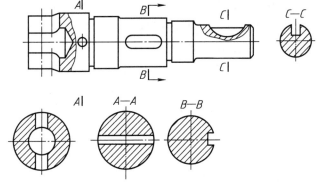

图 5-31　移出断面图的标注

关系配置的不对称的移出断面图，可省略箭头（图 5-31 *C—C*）。

2）配置在剖切线的延长线上的对称的移出断面图，可省略标注（图 5-31）。配置在其他位置的对称的移出断面图，可省略箭头（图 5-31 *A—A*）。

三、重合断面图

画在视图内的断面图称为重合断面图，如图 5-32 所示。

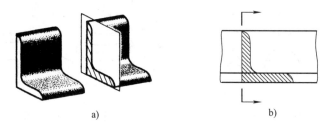

a)　　　　　　　　　　　b)

图 5-32　不对称的重合断面图

1. 重合断面图的画法

重合断面图的轮廓线用细实线绘制。当视图中的轮廓线与重合断面图的图形重合时，视图中的轮廓线仍应连续画出，不可间断（图 5-32）。

2. 重合断面图的标注

1）不对称的重合断面图可省略字母（图5-32）。

2）对称的重合断面图可不标注（图 5-33）。

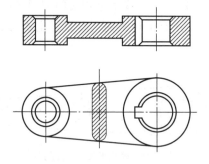

图 5-33　对称的重合断面图

第四节　规定画法和简化画法

1）对于机件上的肋、轮辐等，当剖切平面通过肋板厚度的对称平面或轮辐的轴线时，这些结构都不画剖面线，而是用粗实线将它与其邻接部分分开，如图 5-34 所示。但当剖切平面垂直肋板厚度的对称平面或轮辐的轴线时，肋和轮辐仍要画上剖面线。

2）当回转体机件上均匀分布的孔、肋板、轮辐等不处于剖切平面上时，可将这些结构旋转到剖切平面上画出，如图 5-35 所示。

3）在不致引起误解时，对称机件的视图可只画一半或 1/4，并在对称中心线的两端画出两条与其垂直的平行细实线，如图 5-36 所示。

4）对于一些较长的机件（轴、杆类），当沿其长度方向的形状相同且按一定规律变化时，允许断开画出，但标注尺寸时仍标注其实际长度（图 5-37）。

5）当机件上具有若干相同的结构要素（如孔、槽）并按一定规律分布时，只需画出几个完整的结构要素，其余的可用细实线连接或只画出它们的中心位置。但图中必须注明结构要素的总数，如图 5-35 和图 5-38 所示。

6）回转体零件上的平面可用两条相交的细实线表示（图 5-39）。

a)

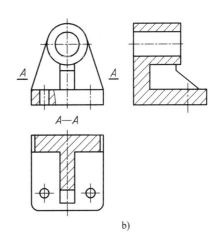

b)

图 5-34 肋板的剖切画法

a）机件模型 b）肋板在剖视图中的画法

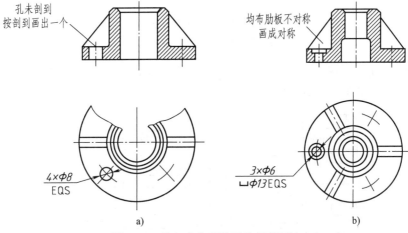

孔未剖到
按剖到画出一个

均布肋板不对称
画成对称

4×φ8
EQS

3×φ6
⊔φ13EQS

a)

b)

图 5-35 均匀分布的孔及肋板的画法

a）均布孔 b）均布肋板

图 5-36 对称机件的画法

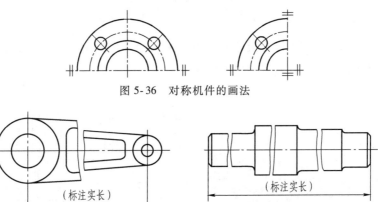

（标注实长）

（标注实长）

a)

b)

图 5-37 较长机件断开画法

a）连杆 b）轴

141

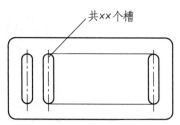

图 5-38 相同结构要素的画法

a)   b)

图 5-39 回转体零件上的平面表示法

a）模型图　b）平面简化画法

7）圆柱体上因钻小孔，铣键槽等出现的交线允许省略，如图 5-40 所示。但必须有一个视图已清楚地表示了孔、槽的形状。

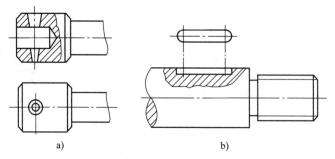

a)   b)

图 5-40 局部视图的简化画法

a）孔的简化画法　b）键槽的简化画法

8）当机件上部分结构的图形过小时，可以采用局部放大的方法画出，并在放大图上方标注相应的罗马数字和采用的比例（图 5-41）。

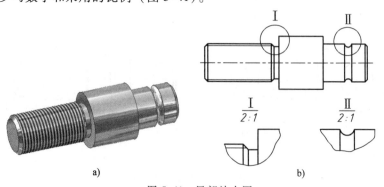

a)   b)

图 5-41 局部放大图

a）机件模型　b）局部放大

第五节　综 合 应 用

前面介绍了机件的各种表达方法。实际应用时，由于机件结构的复杂多变，需根据不同的结构特点，选用恰当的表达方法。以下列表举例说明（表 5-3）。学习时，先看读图示例，再看说明，待认真思考想象出机件形状后，再与表 5-4 中的立体图对照。

表 5-3　综合应用示例及说明

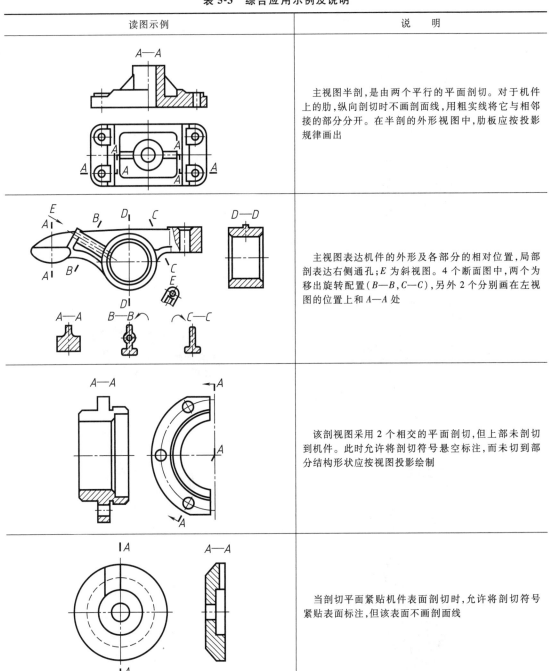

读图示例	说　明
	主视图半剖，是由两个平行的平面剖切。对于机件上的肋，纵向剖切时不画剖面线，用粗实线将它与相邻接的部分分开。在半剖的外形视图中，肋板应按投影规律画出
	主视图表达机件的外形及各部分的相对位置，局部剖表达右侧通孔；E 为斜视图。4 个断面图中，两个为移出旋转配置（$B—B$，$C—C$），另外 2 个分别画在左视图的位置上和 $A—A$ 处
	该剖视图采用 2 个相交的平面剖切，但上部未剖切到机件。此时允许将剖切符号悬空标注，而未切到部分结构形状应按视图投影绘制
	当剖切平面紧贴机件表面剖切时，允许将剖切符号紧贴表面标注，但该表面不画剖面线

（续）

读图示例	说　　明
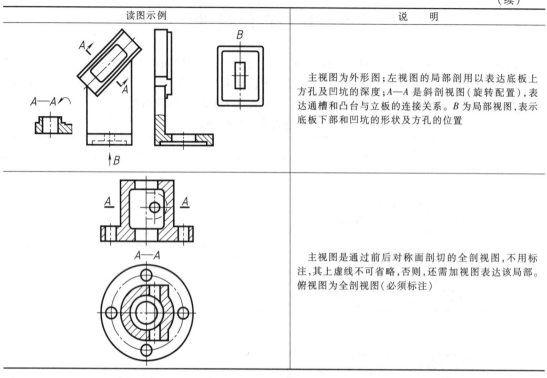	主视图为外形图；左视图的局部剖用以表达底板上方孔及凹坑的深度；A—A 是斜剖视图（旋转配置），表达通槽和凸台与立板的连接关系。B 为局部视图，表示底板下部和凹坑的形状及方孔的位置
	主视图是通过前后对称面剖切的全剖视图，不用标注，其上虚线不可省略，否则，还需加视图表达该局部。俯视图为全剖视图（必须标注）

表 5-4　表 5-4 图例的立体图

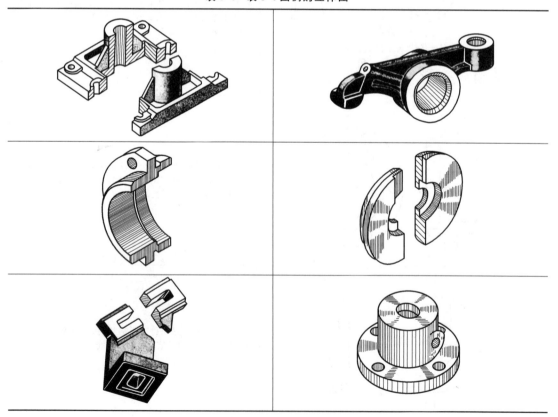

第六节　第三角画法简介

世界各国都采用正投影法来绘制技术图样。国际标准中规定，第一角画法和第三角画法在国际技术交流中都可以采用。中国、俄罗斯、英国、德国和法国等国家采用第一角画法，美国、日本、澳大利亚和加拿大等国家采用第三角画法。本节通过第三角画法与第一角画法的比较，对第三角画法的原理、特点及表达方法作简单介绍。

三个相互垂直的平面将空间划分为八个分角，分别称为第一角、第二角、第三角……，如图5-42所示。

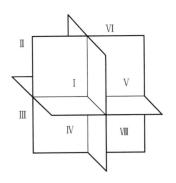

图5-42　八个分角

第一角画法是将机件置于第一角内，使之处于观察者与投影面之间，保持观察者-机件-投影面的相互关系，进而用正投影法来绘制机件的图样，如图5-43所示。

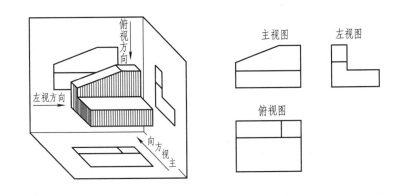

图5-43　第一角画法

第三角画法是将所画机件放在第三角内，并使投影面（假想为透明的）置于观察者与机件之间，保持观察者-投影面-机件的相互关系，也是用正投影法来绘制机件的图样，如图5-44所示。

第三角画法规定，展开投影面时前立面不动，顶面、底面、侧立面均向前旋转90°，与前立面摊平在一个平面上，背立面随右侧立面旋转180°，如图5-45所示。

第三角画法与第一角画法都是采用正投影法，各视图之间仍保持"长对正、高平齐、宽相等"的对应关系。两者的主要区别是视图的名称和配置不同，第三角画法视图名称和配置如图5-46所示。

采用第三角画法绘制的图样中，必须在标题栏的右下角画出第三角画法的投影识别符号，如图5-47所示。

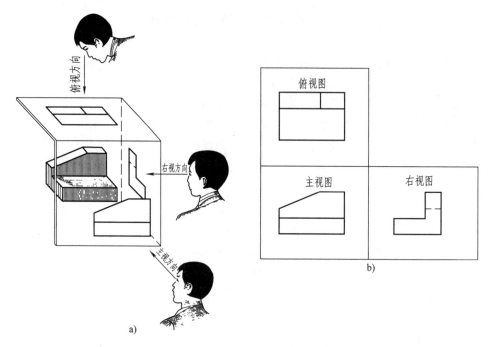

图 5-44　第三角画法

a）第三角画法示意图　b）第三角画法

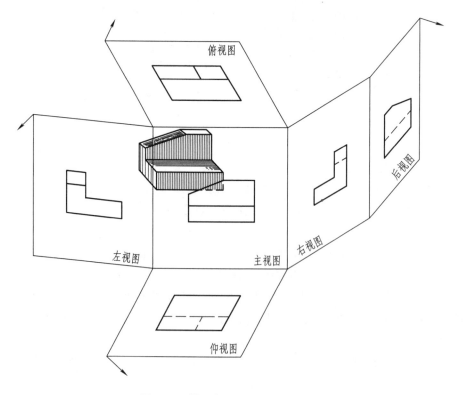

图 5-45　第三角画法投影面的展开

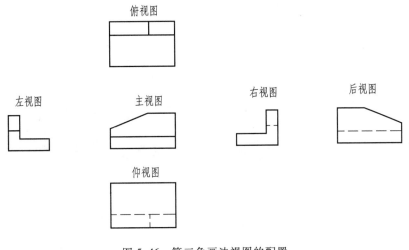

图 5-46　第三角画法视图的配置

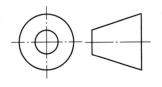

图 5-47　第三角画法的识别符号

本 章 小 结

1. 用视图、剖视图和断面图清晰地表达机件。
2. 介绍简化画法和规定画法。
3. 第三角画法简介。

第六章

标准件和齿轮、弹簧

在工程上，经常会遇到一些联接件、传动件和支承件，如螺钉、螺栓、螺母、键、销、轴承、齿轮和弹簧等。由于这些零件及组件应用广泛，使用量极大。为了减轻设计工作，降低生产成本，提高产品质量，国家标准对这些机件从结构、尺寸等方面全部或部分进行了标准化。凡全部符合标准规定的机件，称为标准件。有些重要参数已标准化的，称为常用件。国家标准规定了它们的画法，以利于绘图。

第一节 螺 纹

螺纹是指在圆柱或圆锥表面上，沿着螺旋线所形成的具有相同断面的连续凸起和沟槽。螺纹分外螺纹和内螺纹2种，成对使用。加工在圆柱或圆锥外表面上的螺纹称为外螺纹，加工在圆柱或圆锥内表面上的螺纹称为内螺纹。

一、螺纹的形成

各种螺纹都是根据螺旋线形成原理加工而成的。图6-1所示为车床上加工螺纹的方法。工件做等速旋转，车刀沿轴线方向等速移动，刀尖在工件表面车削出螺纹。图6-1a所示为在车床上加工外螺纹，图6-1b所示为在车床上加工内螺纹。

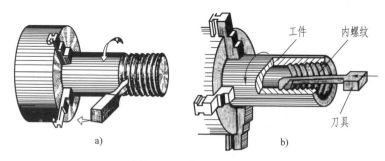

图 6-1 车床上加工螺纹
a) 加工外螺纹 b) 加工内螺纹

二、螺纹结构

1. 螺纹末端

为了防止螺纹起始圈损坏和便于装配，通常在螺纹起始处作出一定的末端，图6-2中列出了三种形式：直角、倒角和球面形式，最常见的是倒角形式。

2. 螺纹的收尾、退刀槽

车削螺纹的刀具将近螺纹末尾时要逐渐离开工件，因而螺纹末尾附近的螺纹牙型不完整，图 6-3a 中标有尺寸的一段称为螺纹收尾。有时为了避免产生螺尾，在该处预制出一个退刀槽，图 6-3b 左图为外螺纹退刀槽，图 6-3b 右图为内螺纹退刀槽。螺尾、退刀槽已标准化，其各部分尺寸可查阅附录。

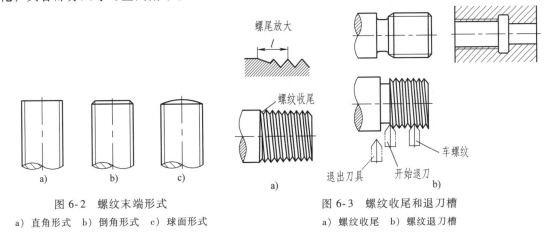

图 6-2 螺纹末端形式

a）直角形式 b）倒角形式 c）球面形式

图 6-3 螺纹收尾和退刀槽

a）螺纹收尾 b）螺纹退刀槽

三、圆柱螺纹的几何参数

1. 螺纹的牙型

在通过螺纹轴线的剖面上，螺纹轮廓形状称为牙型。常见的牙型有三角形、矩形、梯形、锯齿形等，牙型两侧边的夹角称为牙型角，如图 6-4 所示。

常用螺纹的类型、特点和应用见表 6-1。

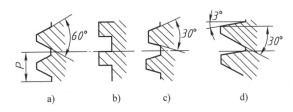

图 6-4 牙型和牙型角

a）三角形 b）矩形 c）梯形 d）锯齿形

表 6-1 常用螺纹的类型、特点和应用

螺纹类别		牙 型	特征代号	特点和应用
联接螺纹	普通螺纹		M	牙型角 $\alpha = 60°$。同一公称直径，按螺距 P 的大小分为粗牙和细牙。粗牙应用极广，主要用于联接；细牙用于薄壁零件或承受动载荷的联接，还可用于微调机构等

（续）

螺纹类别		牙　　型	特征代号	特点和应用
联接螺纹	55°非密封管螺纹		G	牙型角 $\alpha = 55°$。密封性好,公称直径近似为管子的孔径,以英寸为单位。多用于低压水、煤气管路的联接,要求联接密封时需添加密封物
传动螺纹	矩形螺纹		—	螺纹牙型为正方形,牙型角 $\alpha = 0°$。主要用于传动
	梯形螺纹		Tr	牙型角 $\alpha = 30°$。牙根强度较高,易于加工,对中性好,广泛用于传动
	锯齿形螺纹		B	工作面的牙型斜角 $\alpha_1 = 3°$,非工作面的牙型斜角 $\alpha_2 = 30°$。只能用于单向受力的传动

2. 螺纹的直径

（1）大径　与外螺纹牙顶或内螺纹牙底相切的假想圆柱面的直径。除管螺纹外,分别以 D（内螺纹）d（外螺纹）来表示,如图 6-5 所示。大径一般称为公称直径。管螺纹的公称直径是指外螺纹所在管子的近似孔径,而不是管螺纹的大径。

（2）小径　与外螺纹牙底或内螺纹牙顶相切的假想圆柱面的直径。分别以 D_1（内螺纹）、d_1（外螺纹）来表示,如图 6-5 所示。

（3）中径　一个假想的圆柱直径,该圆柱的素

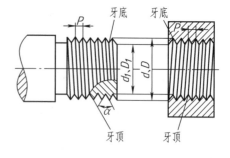

图 6-5　螺纹的直径

线通过牙型上沟槽和凸起部分宽度相等的地方,用 D_2（内螺纹）、d_2（外螺纹）来表示。

3. 螺纹的线数

沿着一根螺旋线形成的螺纹,称为单线螺纹;沿着 2 根或 2 根以上螺旋线形成的螺纹,称为多线螺纹,图 6-6 所示为 2 根螺旋线。线数用 n 表示,如 $n = 2$ 即为双线螺纹。

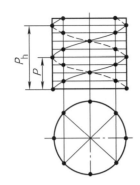
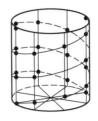

图 6-6　多线螺纹（双线）

4. 螺纹的螺距和导程

相邻两牙在中径线上对应两点间的轴向距离称为螺距，用 P 表示。同一根螺旋线上的相邻两牙在中径线上对应两点间轴向距离称为导程，用 P_h 表示。对单线螺纹，螺距＝导程；对多线螺纹，螺距＝导程/线数，如图 6-7 所示。

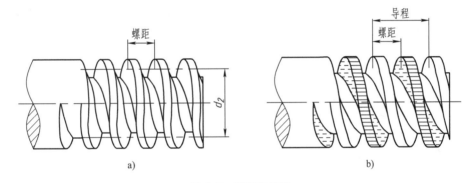

图 6-7　螺距和导程
a）单线螺纹　b）多线螺纹

5. 螺纹的旋向

顺时针旋转时旋入的螺纹，称为右旋螺纹；逆时针旋转时旋入的螺纹，称为左旋螺纹。用"左右手法则"判断螺纹的旋向，如图 6-8 所示。在工程上右旋螺纹用得较多。

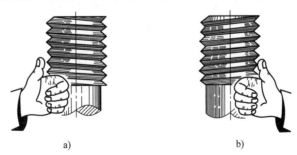

图 6-8　螺纹的旋向判断
a）左旋螺纹　b）右旋螺纹

螺纹由牙型、大径、导程（螺距）、线数、旋向 5 个要素确定，称为螺纹的五要素。只有五要素都相同的外螺纹和内螺纹才能旋合在一起。

在螺纹要素中牙型、大径、螺距是决定螺纹的最基本要素,国家标准对牙型、大径、螺距作了统一的规定。凡螺纹的牙型、大径、螺距符合标准的称为标准螺纹;若牙型符合标准,大径、螺距不符合标准的螺纹称为特殊螺纹;凡牙型不符合标准的,称为非标准螺纹。标准螺纹中包括普通螺纹(M)、55°非密封管螺纹(G)、梯形螺纹(Tr)、锯齿形螺纹(B)等;这些螺纹都有各自的特征代号。矩形螺纹是非标准螺纹,它没有特征代号。

四、螺纹的种类

螺纹按用途分为两大类:联接螺纹和传动螺纹,见表 6-1。

1. 联接螺纹

常用的联接螺纹有普通螺纹和管螺纹。普通螺纹又分为粗牙和细牙,粗牙和细牙的区别就是它们的大径相同,螺距不同,螺距最大的一种称为粗牙,其余的都称为细牙。细牙普通螺纹用于薄壁零件或精密零件的联接。管螺纹多用于水、油、煤气管道中的联接。

2. 传动螺纹

传动螺纹是用来传递运动和动力的,常用的传动螺纹有:梯形螺纹、锯齿形螺纹、矩形螺纹等。锯齿形螺纹是一种单向受力螺纹,千斤顶的丝杠采用的是锯齿形螺纹;各种机床上的丝杠常采用梯形螺纹;台虎钳上的丝杠采用的是矩形螺纹。

五、螺纹的规定画法

为了简化画图工作,国家标准对螺纹的表示法作了规定,螺纹的规定画法如下(表6-2):

1)不可见螺纹所有图线都用虚线表示。

2)螺纹为可见时,牙顶(d、D_1)用粗实线表示,牙底(d_1、D)用细实线表示。

3)螺纹终止线用粗实线表示;外螺纹被剖切时,螺纹终止线只画大径和小径之间表示牙高的一小段粗实线。

4)垂直于螺纹轴线投影面的视图中,表示牙底的细实线圆约画 3/4 圈,端部倒角圆不画。

5)剖视图或断面图上的剖面线都必须画到粗实线。

6)内、外螺纹的联接画法。剖切时,结合部分按外螺纹画,其余部分仍然按原画法。画图时,分别表示内、外螺纹大径、小径的粗、细实线必须分别对齐。

在画图中,螺纹小径通常采用近似画法,把螺纹小径画成螺纹大径的 0.85 倍。

表 6-2 螺纹的规定画法

（续）

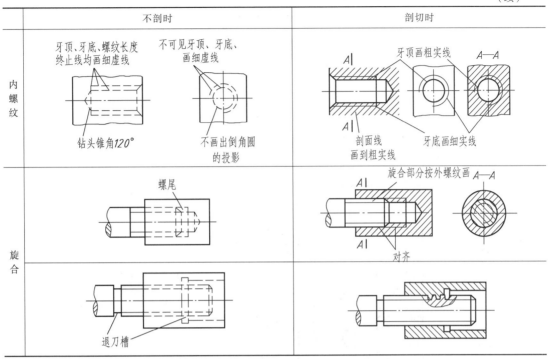

	不剖时	剖切时
内螺纹		
旋合		

不穿通的螺孔，加工时首先用钻头在工件上钻孔，再用丝锥攻螺纹得到内螺纹，因用钻头钻孔的缘故，在螺纹的底部出现了120°的圆锥，如图6-9所示。

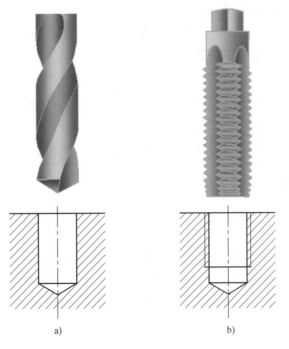

图6-9　不穿通的螺孔画法

a）钻孔　b）攻螺纹

螺纹画法正误对照见表 6-3。

表 6-3　螺纹画法正误对照

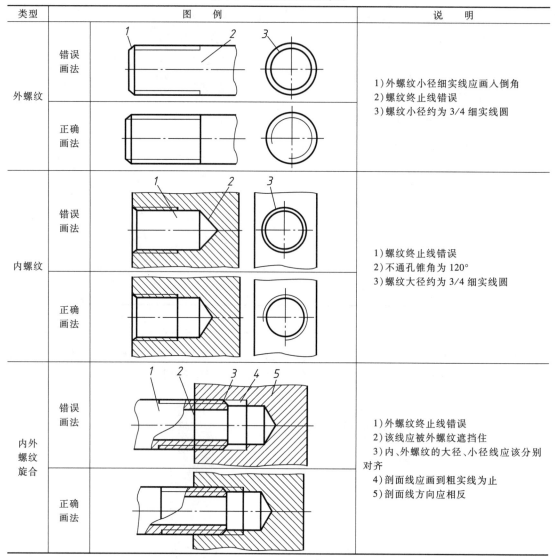

类型		图　　例	说　　明
外螺纹	错误画法		1)外螺纹小径细实线应画入倒角 2)螺纹终止线错误 3)螺纹小径约为3/4细实线圆
	正确画法		
内螺纹	错误画法		1)螺纹终止线错误 2)不通孔锥角为120° 3)螺纹大径约为3/4细实线圆
	正确画法		
内外螺纹旋合	错误画法		1)外螺纹终止线错误 2)该线应被外螺纹遮挡住 3)内、外螺纹的大径、小径线应该分别对齐 4)剖面线应画到粗实线为止 5)剖面线方向应相反
	正确画法		

六、螺纹结构画法

（1）螺纹局部结构的画法与标注　如图 6-10 所示，对于螺尾，只在有要求时才画出，不需要进行标注。

（2）螺纹牙型的表示　矩形螺纹是非标准螺纹，它没有特征代号，当需要表示螺纹牙型时，可以应用局部剖视图或局部放大图来表示几个牙型，如图6-11所示。

（3）螺纹相贯的画法　螺孔相贯时，只在钻孔与钻孔相交处画出相贯线，其余仍按螺纹画法，如图 6-12 所示。

七、螺纹的标记

螺纹的标记由螺纹特征代号、尺寸代号、公差带代号及其他有必要做进一步说明的个别信息组成（图6-13），标记内有必要说明的其他信息包括螺纹的旋合长度和旋向。

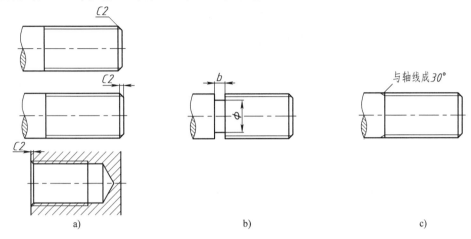

图 6-10 螺纹局部结构的画法与标注
a）倒角 b）退刀槽 c）螺尾

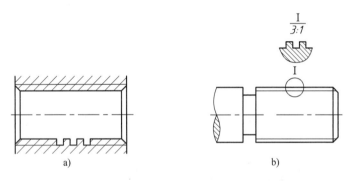

图 6-11 螺纹牙型的表示方法
a）重合画法 b）移出局部放大

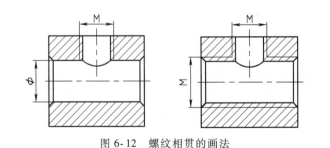

图 6-12 螺纹相贯的画法

图 6-13 螺纹的标记

1. 螺纹尺寸代号

普通螺纹的尺寸代号（多线螺纹）为"公称直径×Ph 导程 P 螺距"。对于普通粗牙螺纹不标注螺距，例如：公称直径为 24mm，螺距为 3mm 的右旋普通粗牙螺纹，其代号为"M24"。公称直径为 24mm，螺距为 2mm 的普通细牙螺纹，其代号为 M24×2。锯齿形螺纹的代号为"B 公称直径×导程（P 螺距）"。公称直径为 24mm，导程为 14mm，螺距为 7mm 的锯齿形螺纹，其代号为"B40×14（P7）"。

2. 公差带代号

普通螺纹的公差带代号包括螺纹中径公差带和顶径公差带代号。公差带代号由表示其大小的公差等级数字和表示其位置的基本偏差代号组成。如果螺纹中径和顶径的公差带代号不同，则分别注出，前者表示螺纹中径公差带代号，后者表示螺纹顶径公差带代号。内螺纹公差带代号用大写字母，外螺纹公差带代号用小写字母。例如：

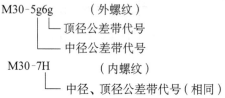

内外螺纹装配在一起，其公差带代号用斜线分开，左边表示内螺纹公差带代号，右边表示外螺纹公差带代号。例如：

$$M30\text{-}7H/5g6g$$

3. 螺纹的旋合长度代号

旋合长度分为3组，分别为短旋合长度（代号S），中等旋合长度（代号N），长旋合长度（代号L）。一般情况若不注旋合长度，按中等旋合长度考虑。必要时，在普通螺纹公差带代号后加注旋合长度代号S或L。

4. 旋向代号

对左旋普通螺纹，应在旋合长度代号之后标注"LH"代号。旋合长度代号与旋向代号间用"-"号分开。右旋普通螺纹不标注旋向代号。

所以完整的普通螺纹的标记是：

$$M30\text{-}7H\text{-}S，M30\text{-}5g6g\text{-}L$$

对于梯形螺纹，其左旋螺纹代号"LH"紧跟在其导程（螺距）代号之后；右旋螺纹不标注。

55°非密封管螺纹公称直径不是管螺纹的大径，是指外螺纹所在的管子近似孔径，单位为英寸。其公差等级代号，外螺纹为A、B两级，内螺纹仅一种公差等级，故不标注。

非标准螺纹没有特征代号，需要标出螺纹要素的全部尺寸，如图6-14所示。

常用标准螺纹的标记示例见表6-4。

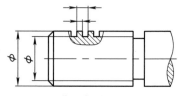

图6-14 非标准螺纹的标注方法

表6-4 常用标准螺纹的标记示例

螺纹类别	特征代号	公称直径	标注示例	附注
粗牙普通螺纹	M	10	M10-6g	6g为中径和顶径公差带代号，中等旋合长度N（不标注），右旋（不标注）
细牙普通螺纹	M	8	M8×1-6g-S-LH	1为螺距，6g为中径和顶径公差带代号，短旋合长度S，左旋

（续）

螺纹类别	特征代号	公称直径	标 注 示 例	附 注
梯形螺纹	Tr	32	Tr32×6-7e	6 为螺距,中径公差带为 7e,右旋（不标注）
梯形螺纹	Tr	40	Tr40×14(P7)LH-7H	14(P7)表示导程为 14,螺距为 7,中径公差带为 7H,LH 为左旋
锯齿形螺纹	B	32	B32×6-7e	6 为螺距,中径公差带为 7e,右旋（不标注）
55°非密封管螺纹	G	1	G1A-LH	1 表示 55°非密封管螺纹的尺寸代号,A 表示公差等级为 A 级外螺纹,LH 为左旋

5. 螺纹在图样中的标注方法

（1）普通注法 将规定的螺纹特征代号或标记注在大径的尺寸线处。通常多注在表示螺纹非圆的视图上，如图 6-15 所示。一般所注的螺纹长度指不包括螺尾的完整牙型螺纹长度。

（2）旁注法 图 6-16 所示的注法适用于 55°非密封管螺纹；表 6-5 为螺孔的旁注法和普通注法。

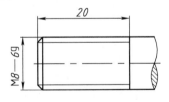

图 6-15 螺纹的普通注法

图 6-16 螺纹的旁注法

表 6-5 螺孔的旁注法和普通注法

旁 注 法		普 通 注 法
3×M6-7H	3×M6-7H	3×M6-7H
3×M6-7H▼10	3×M6-7H▼10	3×M6-7H

（续）

旁　注　法		普　通　注　法
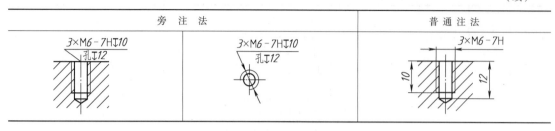		

第二节　螺纹紧固件及其联接的画法

工程上使用的螺纹紧固件种类很多，这些零件已标准化，具体选用时，可根据使用场合、空间大小、装拆和防松等要求，查阅手册或标准，酌情选用。

一、螺纹紧固件

螺纹紧固件包括螺栓、双头螺柱、螺钉、螺母和垫圈等。表6-6列举了一些常用的螺纹紧固件及其规定的标记。

表6-6　常用的螺纹紧固件及其规定的标记

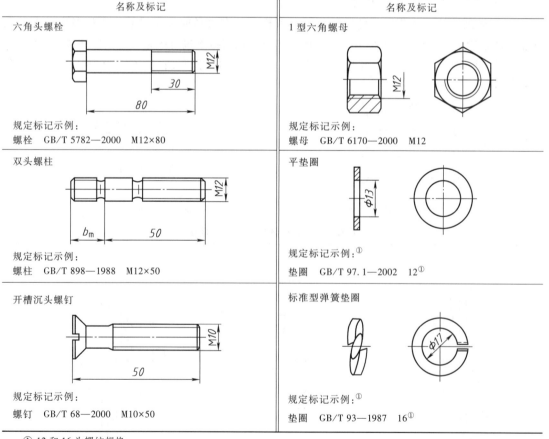

名称及标记	名称及标记
六角头螺栓 规定标记示例： 螺栓　GB/T 5782—2000　M12×80	1型六角螺母 规定标记示例： 螺母　GB/T 6170—2000　M12
双头螺柱 规定标记示例： 螺柱　GB/T 898—1988　M12×50	平垫圈 规定标记示例：[1] 垫圈　GB/T 97.1—2002　12[1]
开槽沉头螺钉 规定标记示例： 螺钉　GB/T 68—2000　M10×50	标准型弹簧垫圈 规定标记示例：[1] 垫圈　GB/T 93—1987　16[1]

① 12和16为螺纹规格。

二、螺纹紧固件联接画法

螺纹紧固件的基本联接形式主要有：螺栓联接、双头螺柱联接和螺钉联接。

1. 螺栓联接

螺栓联接由螺栓、螺母和垫圈组成，在被联接件上加工出通孔，装入螺栓与螺母旋合就实现了螺栓联接。它适用于被联接件不太厚或需要经常拆卸之处，其特点是制造简单、拆卸方便、可靠，应用较广。

绘制联接图时，螺栓、垫圈、螺母的尺寸可以从手册中查出，或按图 6-17 所示的尺寸比例关系绘制。六角头螺栓头部和螺母倒角所形成的曲线通常用圆弧近似绘出，如图 6-17 所示。

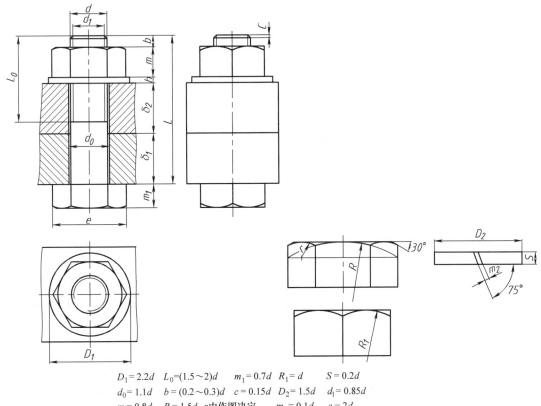

$D_1 = 2.2d$	$L_0 = (1.5 \sim 2)d$	$m_1 = 0.7d$	$R_1 = d$	$S = 0.2d$
$d_0 = 1.1d$	$b = (0.2 \sim 0.3)d$	$c = 0.15d$	$D_2 = 1.5d$	$d_1 = 0.85d$
$m = 0.8d$	$R = 1.5d$	r 由作图决定	$m_2 = 0.1d$	$e = 2d$
$h = 0.15d$				

图 6-17 螺栓联接的比例画法

画螺栓联接装配图时，需要注意以下几个问题：

1）已知尺寸是螺纹的大径 d 和被联接件的厚度 δ_1 和 δ_2。

螺栓的有效长度 L 应按照下式估算

$$L \approx \delta_1 + \delta_2 + h(\text{垫圈厚度}) + m(\text{螺母厚度}) + b(\text{取 } 0.2d \sim 0.3d)$$

然后根据估算长度在标准中查出螺栓长度相近的标准值。

2）为了保证装配工艺合理，被联接件的孔径应比螺纹大径 d 大一些，其孔径按 $1.1d$ 画或查阅手册。螺纹长度 L_0 应画得低于光孔顶面，以便螺母调整、拧紧。

3）当剖切平面通过螺杆的轴线时，螺栓、螺母和垫圈按不剖处理，仍画外形。两零件相邻时剖面线的方向相反，或方向一致，但间隔不等。同一零件在各视图中的剖面线方向必须一致，间隔相等。

4）接触面画一条线，凡不接触的表面，无论间隙多小，在图上应画出间隙，如螺栓与孔之间应画出间隙。

2. 双头螺柱联接

双头螺柱联接由双头螺柱、螺母和垫圈组成。双头螺柱没有头部，两端均有螺纹，联接时，一端直接旋入被联接件，称为旋入端，另一端用螺母拧紧。

双头螺柱联接多用于被联接件之一较厚，或不宜作成通孔的情况。

双头螺柱联接的比例画法，如图 6-18 所示。

画双头螺柱联接装配图时，需要注意以下几个问题：

1）双头螺柱旋入机件的一端的深度，称为旋入端深度 b_m，它与机件的材料有关，旋入后应保证联接可靠，钢的 $b_m = d$，铸铁的 $b_m = 1.25d$ 或 $b_m = 1.5d$，铝的 $b_m = 2d$。双头螺柱的有效长度 L 不包含旋入端 b_m 的长度。

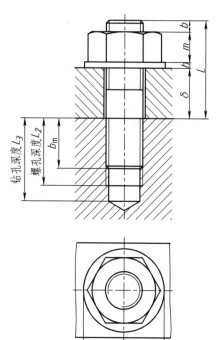

$L_2 = b_m + 0.5d$　$L_3 = b_m + d$

b_m 由材料块定

图 6-18　双头螺柱联接的比例画法

2）双头螺柱的有效长度 L 应按照下式估算
$$L \approx \delta + h(垫圈厚度) + m(螺母厚度) + b(取\ 0.2d \sim 0.3d)$$
然后根据估算长度在标准中查出相近的标准值。

3）旋入端应全部旋入螺孔内，所以螺纹终止线与机件的端面平齐。旋入端应按螺纹联接画法。

4）螺母、垫圈各部分尺寸与大径 d 的比例关系和画法与螺栓联接相同。

3. 螺钉联接

螺钉联接不用螺母。一般用于受力不大又不需要经常拆装的地方，被联接件中的一个加工为螺孔，另一个作成通孔。螺钉联接画法可查手册或按比例画法绘制，如图 6-19 所示。

画螺钉联接装配图时，需要注意以下几个问题：

1）螺钉的有效长度 L 应按照下式估算
$$L \approx \delta + b_m(b_m\ 根据旋入零件材料而定)$$
然后根据估算长度在标准中查出相近的标准值。

2）取螺纹长度为规定长度值，终止线应高于螺孔端面，以保证螺纹联接时能使螺钉旋入、压紧。

3）螺钉头部的开槽在俯视图上的投影画成与图形对称中心线成 45° 倾斜角，如图 6-19 所示。

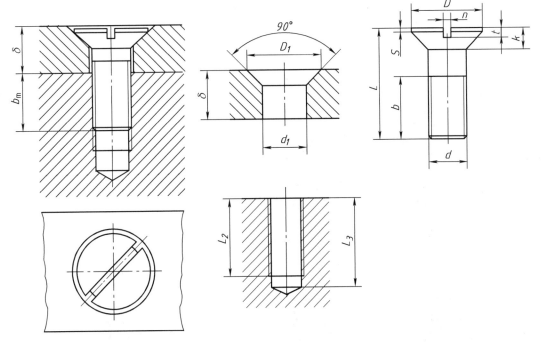

D 由作图确定 $n=0.25d$ $t=0.1d$ $S=0.25d$ $k=0.5d$ D_1=由手册中查出
d_1=1.1d 螺纹长度b大于螺孔深度 螺孔深度L_2和钻孔深度L_3参照双头螺柱

图 6-19 螺钉联接的比例画法

螺纹紧固件联接的装配画法正误对照见表6-7。

表 6-7 螺纹紧固件联接的装配画法正误对照

形式	错误画法	正确画法	说　　明
螺栓联接			1)标准件不按剖视图画,只画外形 2)此处应画两条线 3)不画被螺栓遮挡后的接触面投影线 4)水平投影上的螺纹小径应画 3/4 细实线圆 5)漏画普通垫圈的水平投影

（续）

形式	错误画法	正确画法	说　明
螺钉联接	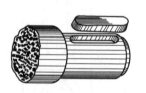		1）联接件上沉孔端面线不应与螺钉端面线平齐 2）螺纹终止线应高于两接触面形成的投影线 3）外螺纹大径应为粗实线 4）外螺纹小径线应画入倒角处 5）剖面线应画至粗实线 6）钻孔深度一般应大于螺纹深度 7）开槽应倾斜45°绘制
双头螺柱联接			1）漏画表示螺纹小径的细实线 2）弹簧垫圈开口线应由左上向右下倾斜75° 3）此处应为粗实线，且与大径线之间的区域无剖面线 4）旋入端的螺纹终止线应与两接触面形成的投影形开齐 5）内、外螺纹旋合时大径、小径线应分别对齐，外螺纹小径线应画入倒角 6）钻孔角度应为120° 7）螺纹小径应画3/4细实线圆

第三节　键　与　销

键与销都是标准件，它们的结构、尺寸和形式国家标准都有规定，使用时可查阅相关标准。

一、键

键主要用来实现轴上零件（如齿轮、带轮）的周向固定，以传递转矩，如图6-20所示。

1. 键的种类和标记

常用的键有普通平键、半圆键和楔键，它们的类型和标记见表6-8。键和轴槽、轮毂的尺寸可查阅标准。

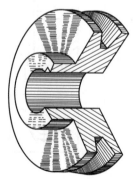

图6-20　平键联接

表 6-8　常用的键类型和标记

名称及标准号	图　例	标记和说明
普通平键 GB/T 1096—2003		GB/T 1096—2003　键 8×7×32 A 型圆头普通平键,键宽 $b=8$mm,高度 $h=7$mm,键长度 $L=32$mm
半圆键 GB/T 1099.1—2003		GB/T 1099.1—2003　键 6×10×25 半圆键,直径 $d_1=25$mm,键宽 $b=6$mm,高度 $h=10$mm
钩头型楔键 GB/T 1565—2003		GB/T 1565—2003　键 16×100 宽度 $b=16$m,高度 $h=10$mm、长度 $L=100$钩头型楔键

2. 键的联接

（1）普通平键联接　普通平键两侧面是工作面,其两侧面与键槽配合较紧,键的顶面与轮毂的底面之间有间隙。在剖视图中,当剖切平面通过键的纵向对称面时,键按不剖处理;当剖切平面垂直于轴线时,键仍然按剖切处理,如图 6-21 所示。键的长度 L,一般比轮毂长度短 5~10mm,再查表取键的标准长度。

（2）半圆键联接　半圆键的装配图与普通平键装配图类似,如图 6-22 所示。

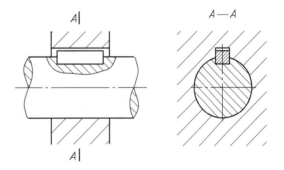

图 6-21　普通平键联接

（3）钩头楔键联接　楔键的上下两面是工作面,依靠键的顶面和底面与轮和轴之间挤压的摩擦力而联接,故画图时,上下接触面应画一条线,如图 6-23 所示。

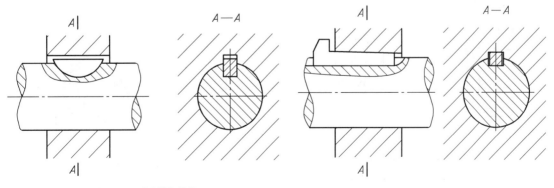

图 6-22　半圆键联接　　　　　　　　图 6-23　钩头楔键联接

二、销

工程上常用的销有圆柱销、圆锥销和开口销。圆柱销和圆锥销常用于固定零件间的相互位置，并可以传递不大的载荷。有时可以作为安全装置中的切断元件。常用的销类型及其标记见表6-9。

表 6-9 常用的销类型及其标记

名称及标准号	图 例	标记和说明
圆柱销 GB/T 119.1—2000	$\phi 6m6$ 30	销 GB/T 119.1 6m6×30 公称直径 $d=6$mm、公差为 m6、公称长度 $l=30$mm，材料为钢、不经淬火、不经表面处理的圆柱销
圆锥销 GB/T 117—2000	1:50 $\phi 6$ 30	销 GB/T 117 6×30 公称直径 $d=6$mm、公称长度 $l=30$mm、材料为 35 钢、热处理硬度 28~38HRC、表面氮化处理 A 型圆锥销
开口销 GB/T 91—2000	50 $\phi 10$	销 GB/T 91 10×50 公称规格 $d=10$mm、公称长度 $l=50$mm、材料为 Q215 或 Q235 不经表面处理的开口销

注：圆锥销标注销的小端尺寸。

图 6-24 所示为圆柱销和圆锥销联接的画法。在剖视图中，当剖切平面通过销的轴线时，销按不剖处理；当剖切平面垂直于轴线时，销仍应画出剖面线。图 6-25 所示为用开口销来防止螺母松脱的结构。

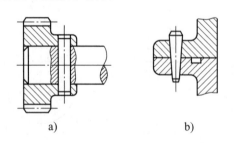

a)   b)

图 6-24 圆柱销和圆锥销的联接画法

a）圆柱销联接 b）圆锥销联接

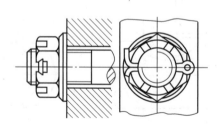

图 6-25 开口销联接

第四节 滚 动 轴 承

轴承的功用是支承轴并保持轴的旋转精度，减少轴与支承零件间的摩擦和磨损。滚动轴承摩擦阻力小，运动灵活，润滑方便，故应用广泛。

一、滚动轴承的结构

如图 6-26 所示，滚动轴承一般由外圈 1、内圈 2、滚动体 3 和保持架 4 组成。工作时滚动体在内外滚道上滚动，保持架将滚动体均匀隔开，以减小滚动体之间的相互摩擦和磨损。图 6-27 所示为几种常见的滚动体。

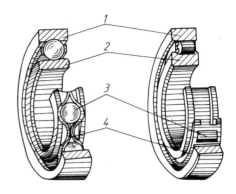

图 6-26 滚动轴承的结构
1—外圈 2—内圈 3—滚动体 4—保持架

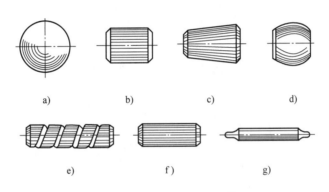

图 6-27 几种常见的滚动体

二、滚动轴承的画法

滚动轴承是专业工厂大批量生产的标准产品，其代号和尺寸可以从机械设计手册查出，本书附录表 A-15 摘录了部分深沟球轴承的代号及其尺寸。例如，轴承代号 6310 中，6 表示轴承类型为深沟球轴承，3 表示尺寸系列（直径系列为 3），10 表示轴承内径为 50mm。根据代号查附录表 A-15，可以得到轴承主要结构的尺寸，如轴承内径为 50mm，轴承外径为 110mm，轴承的宽度为 27mm，这些尺寸是与画图有关的。一旦查出这些尺寸，就可以按通用画法、规定画法和特征画法画出滚动轴承。

常用的几种滚动轴承的通用画法、规定画法和特征画法，见表 6-10。

滚动轴承的代号和标记：

滚动轴承是标准部件，滚动轴承的结构、尺寸等是用滚动轴承基本代号来描述的。其标记顺序：类型代号（多数用数字表示）、尺寸系列代号（包含宽度系列代号和直径系列代号，均由数字表示）和内径代号。内径代号表示轴承的内径尺寸。当轴承的内径在 20 ～ 480mm 范围内（22mm、28mm、32mm 除外），内径代号乘以 5 为轴承的内径，不在此范围内的内径代号另有规定。

表 6-10　常用滚动轴承的通用画法、规定画法和特征画法

名称、类型代号和主要尺寸	结构形式	规定画法、通用画法	特征画法
深沟球轴承 GB/T 276—1994 类型代号 6 主要尺寸： D d B			
圆锥滚子轴承 GB/T 297—1994 类型代号 3 主要尺寸： D d T C			
推力球轴承 GB/T 301—1995 类型代号 5 主要尺寸： D d T			

下面举例说明几种滚动轴承的标记示例。

6 3 12
　　　└── 内径代号($d=12×5=60mm$)
　　└──── 尺寸系列代号 (表示直径系列为3，宽度系列为 0，省略)
　└────── 轴承类型代号 (深沟球轴承)
　　　其规定标记：轴承 6312 GB/T 276—1994

3 03 16
　　　└── 内径代号 ($d=16×5=80mm$)
　　└──── 尺寸系列代号 (表示宽度系列为0，直径系列为3)
　└────── 轴承类型代号 (圆锥滚子轴承)
　　　其规定标记：轴承 30316 GB/T 297—1994

内径代号 (d=6×5=30mm)

尺寸系列代号 (表示高度系列为1,直径系列为3)

轴承类型代号 (推力球轴承)

其规定标记:轴承 51306 GB/T 301—1995

第五节 齿 轮

齿轮传动是机械传动中应用最广的一种传动,用来传递动力和运动,还可以改变运动方向和转动速度。一对齿轮啮合相当于一对圆柱或圆锥 (称为节圆柱或节圆锥) 作纯滚动。按轴线的相对位置,齿轮传动可分为圆柱齿轮、锥齿轮和蜗杆传动,如图 6-28 所示。本节主要介绍圆柱直齿齿轮的尺寸关系和规定画法。

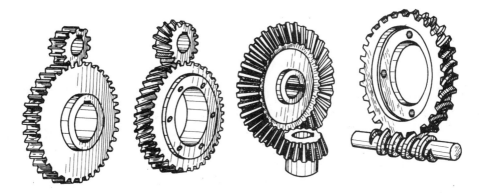

图 6-28 柱齿轮、锥齿轮和蜗杆传动

一、轮齿各部分名称和尺寸关系

图 6-29 所示为渐开线圆柱直齿齿轮的一部分,轮齿各部分名称如下。

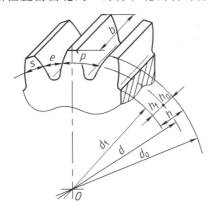

图 6-29 渐开线圆柱直齿齿轮的一部分

(1) 齿顶圆 齿轮轮齿顶所在的圆柱面与端面的交线称为齿顶圆,其直径以 d_a 表示。

(2) 齿根圆 齿轮轮齿根所在的圆柱面与端面的交线称为齿根圆,其直径以 d_f 表示。

（3）齿宽 沿齿轮轴线方向测量的轮齿宽度，以 b 表示。

（4）齿厚与齿槽宽 在齿轮任意圆周上，一个轮齿两侧间的弧长，称为齿厚 s_k；相邻两齿之间的空间称为齿槽，一个齿槽两侧的齿廓在该圆所截取的弧长，称为齿槽宽 e_k。

（5）分度圆 为了便于设计和制造，在齿顶圆和齿根圆之间，取一个直径为 d 的圆作为基准圆，称为分度圆。分度圆上的齿厚、齿槽宽分别用 s、e 表示，对于标准齿轮，分度圆上的齿厚与齿槽宽相等，即 $s=e$。

（6）齿距 分度圆上相邻两齿对应点之间的弧长，用 p 表示，$p=s+e$。

（7）全齿高 齿顶圆和齿根圆之间的径向齿高，称为全齿高，用 h 表示；分度圆和齿顶圆之间的径向齿高，称为齿顶高，用 h_a 表示；分度圆和齿根圆之间的径向齿高，称为齿根高，用 h_f 表示。全齿高 $h=h_a+h_f$。

（8）模数 如果齿轮的齿数为 z，则分度圆周长 $\pi d = zp$

所以

$$d = \frac{p}{\pi} z$$

令

$$m = \frac{p}{\pi} \qquad d = mz$$

式中 m——齿轮的模数，它是齿距与 π 的比值。

若齿轮的模数大，其齿距就大，齿厚也大，即齿轮的轮齿大，模数反映了轮齿的大小。为了便于齿轮设计和加工，模数已标准化，见表 6-11。

表 6-11 齿轮模数的标准系列 （单位：mm）

第一系列	1	1.25	1.5	2	2.5	3	4	5	6	8	10	12
	16		20		25	32		40		50		
第二系列	1.125		1.375		1.75		2.25		2.75	3.5		4.5	5.5
	(6.5)	7	9	11	14	18		22	28		35	45

（9）压力角 齿轮齿廓在分度圆上的压力角（齿轮运动方向与受力方向的夹角）称为齿轮压力角，用 α 表示，如图 6-30 所示。

一对齿轮相啮合，必须两轮的模数相等，压力角相等。

设计齿轮时，首先要确定模数 m 和齿数 z，其他的部分尺寸都可由模数和齿数计算出来。渐开线标准直齿圆柱齿轮几何尺寸计算公式见表 6-12。

二、直齿圆柱齿轮画法

1. 单个直齿圆柱齿轮画法

国家标准对齿轮的画法作了统一的规定，单个直齿圆柱齿轮画法如图 6-31 所示。

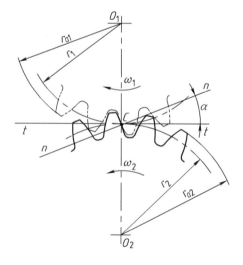

图 6-30 齿轮压力角

表 6-12　渐开线标准直齿圆柱齿轮几何尺寸计算公式

名　称	计算公式
齿顶高	$h_a = m$
齿根高	$h_f = 1.25m$
全齿高	$h = 2.25m$
分度圆直径	$d = mz$
齿顶圆直径	$d_a = d + 2h_a = m(z+2)$
齿根圆直径	$d_f = d - 2h_f = m(z-2.5)$
一对啮合齿轮中心距	$a = (d_1 + d_2)/2 = m(z_1 + z_2)/2$

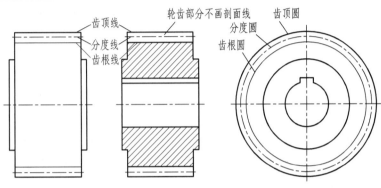

图 6-31　单个直齿圆柱齿轮画法

在反映圆的视图上，分度圆用细点画线绘制，齿顶圆用粗实线，齿根圆用细实线也可省略不画；在非圆的视图上，分度线用细点画线绘制，齿顶线用粗实线，齿根线用细实线也可省略不画，若画成剖视图时，轮齿部分按不剖处理，将齿根线画成粗实线，如图 6-31 所示。

2. 两啮合圆柱齿轮画法

对于标准齿轮，当两齿轮啮合时，两轮的分度圆相切，即它们与两齿轮的节圆重合。

在反映圆的视图上，用细点画线画出相切的两个节圆，啮合区内齿顶圆用粗实线绘制或省略不画；齿根圆用细实线也可省略不画。在非圆的视图上，啮合区内齿顶线不画，节线用粗实线绘制，齿根线不画，如图 6-32a 所示。

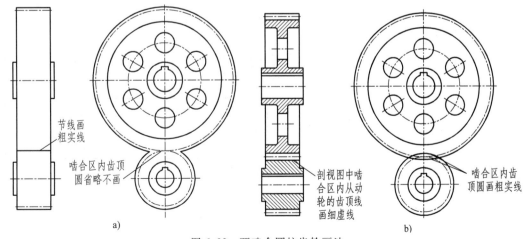

图 6-32　两啮合圆柱齿轮画法

a）未剖画法　b）剖开画法

若沿两轮的连心线剖切齿轮时，非圆的视图中（图 6-32b），轮齿部分按不剖处理，在啮合区，两轮的节线重合，用细点画线画出；齿根线均画粗实线，一轮轮齿挡住另一轮轮齿，故在啮合区剖视图中，一轮齿顶画成粗实线，另一轮齿顶被挡住部分用虚线画出，也可不画。其放大图如图 6-33 所示。

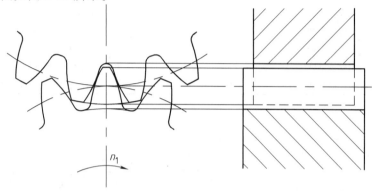

图 6-33　啮合区画法

图 6-34 所示为圆柱齿轮零件图。

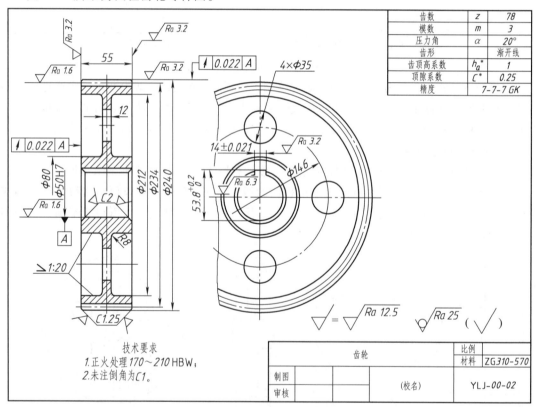

齿数	z	78
模数	m	3
压力角	α	20°
齿形		渐开线
齿顶高系数	h_a^*	1
顶隙系数	C^*	0.25
精度		7-7-7 GK

技术要求
1. 正火处理 170～210 HBW；
2. 未注倒角为 C1。

	齿轮			比例	
				材料	ZG310-570
制图					
审核			（校名）		YLJ-00-02

图 6-34　圆柱齿轮零件图

第六节　弹　簧

弹簧是现代工业中常用的一种弹性零件，主要用于缓冲和吸振、控制运动、储存能量和测力等。弹簧在外力作用下产生较大的弹性变形，吸收并储存能量，去掉外力后，弹簧能立即回复原状。

弹簧的种类很多。按其外形可分为螺旋弹簧、板弹簧、盘簧、碟形弹簧和环形弹簧等，其中最常用的是圆柱螺旋弹簧。按其受载类型的不同，圆柱螺旋弹簧可分为压缩弹簧、拉伸弹簧和扭转弹簧 3 种，如图 6-35 所示。

a)   b)   c)

图 6-35　常用的圆柱螺旋弹簧
a）压缩弹簧　b）拉伸弹簧　c）扭转弹簧

一、圆柱螺旋压缩弹簧的基本参数

图 6-36 所示为圆柱螺旋压缩弹簧的剖视图，其基本参数见表 6-13。

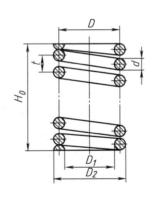

图 6-36　圆柱螺旋压缩弹簧剖视图

表 6-13　圆柱螺旋压缩弹簧的基本参数

名称	代号	说　　明
弹簧丝直径	d	制造弹簧的材料直径,根据强度计算确定,应符合标准系列值
弹簧外径	D_2	弹簧的最大直径
弹簧内径	D_1	弹簧的最小直径
弹簧中径	D	弹簧内、外径的平均值 $D = D_2 - d = D_1 + d$,应符合标准系列值
支承圈数	n_2	弹簧两端并紧磨平,只起支承作用,不参与工作变形的圈称为支承圈,一般取 2.5 圈

（续）

名称	代号	说　明
有效圈数	n	在工作时承受外力作用,参与工作变形的圈,圈数由计算确定,应符合系列值
总圈数	n_1	$n_1 = n + n_2$
节距	t	相邻两个有效圈对应点间的轴向距离
自由高度	H_0	未受负荷时弹簧轴向尺寸,$H_0 = nt + (n_2 - 0.5)d$,应符合系列值
螺纹升角	α	压缩弹簧一般取 $5° \sim 9°$
展开长度	L	弹簧展开后的钢丝长度 $L \approx \pi D n_1$

二、圆柱螺旋压缩弹簧的规定画法和作图步骤

国家标准中对弹簧的画法作了规定。

1. 单个弹簧的画法

圆柱螺旋压缩弹簧的规定画法如图 6-37 所示。

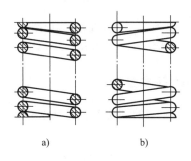

图 6-37　圆柱螺旋压缩弹簧的规定画法

a）剖视图　b）视图

1）螺旋弹簧在平行于轴线的投影面的视图中，其各圈的轮廓线应画成直线。

2）有效圈数为 4 圈以上的螺旋弹簧可以只画出两端的 1~2 圈（支承圈除外），中间各圈可省略不画，用通过弹簧钢丝中心的两条点画线表示，并可适当地缩短图形的长度。

3）右旋弹簧一定要画成右旋；左旋或旋向不作规定的螺旋弹簧也可画成右旋，但左旋弹簧不论是画成左旋或右旋，必须在技术要求中注明左旋。

2. 装配图中弹簧的画法

在装配图中，被弹簧挡住的结构一般不画出，可见部分的轮廓线只画到弹簧钢丝断面的外轮廓线或中心线上，如图 6-38a 所示。当弹簧丝断面直径在图形上等于或小于 2mm 时，可以涂黑表示，如图 6-38b 所示，也可以用示意图绘制，如图 6-38c 所示。

3. 圆柱螺旋压缩弹簧的作图步骤

已知螺旋压缩弹簧中径 D，弹簧丝直径 d，自由高度 H_0，节距 t，总圈数 n_1，旋向为右旋。其作图步骤如下：

1）根据弹簧中径 D 和自由高度 H_0 作出矩形 $ABCD$，如图 6-39a 所示。

2）画支承圈部分，画出与弹簧丝直径相等的圆和半圆，如图 6-39b 所示。

3）画有效圈部分，根据 t 和 d，按图中数字顺序画弹簧丝断面，如图 6-39c 所示。

　　4）按右旋方向作弹簧丝断面相应圆的公切线和画剖面线，即可完成作图，如图 6-39d 所示。如果不画成剖视图，可按右旋方向作相应圆的公切线，完成弹簧外形图，如图 6-39e 所示。

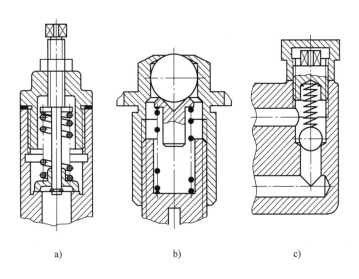

图 6-38　装配图中弹簧的画法

a）被弹簧挡住的零件结构的画法　b）涂黑画法　c）示意画法

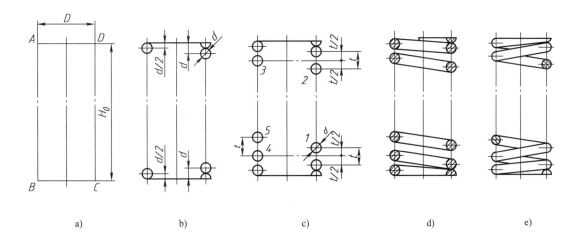

图 6-39　圆柱螺旋压缩弹簧的作图步骤

三、圆柱螺旋压缩弹簧的工作图

　　图 6-40 所示为一圆柱螺旋压缩弹簧的零件工作图。弹簧的参数应直接标注在图形上，难以直接标注的尺寸可在技术要求中说明。在主视图上方，应画出弹簧的工作特性曲线，标出最小工作载荷 F_1、最大工作载荷 F_2 和工作极限载荷 F_j 以及各载荷下相应的弹簧长度。

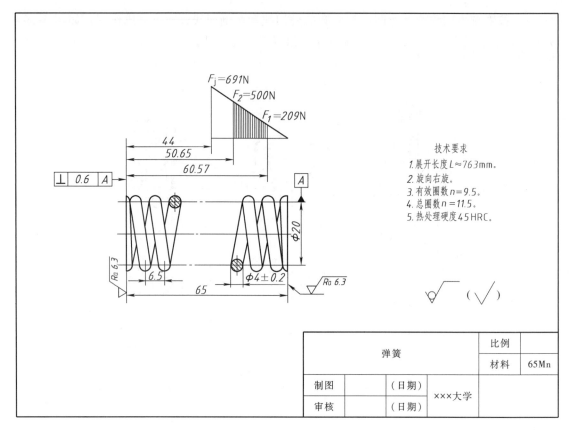

图 6-40 圆柱螺旋压缩弹簧的零件图

本 章 小 结

1. 掌握螺纹、螺纹紧固件的规定画法、标记，会查阅有关标准。
2. 了解齿轮、滚动轴承、弹簧的规定画法。

第七章

零件图与典型零件的建模

第一节　零件图的内容

机器由若干部件和零件装配而成。表示单个零件的结构形状、大小和技术要求的图样，称为零件图。它是制造和检验零件的依据，是设计和生产部门的主要技术文件之一。根据零件在机器或部件上的作用，一般可将零件分为3种：

1. 一般零件

专门为某台机器或部件的需要而设计的零件。按照零件表达上的特点，机器上的一般零件可以分成：轴套类、盘盖类、叉架类和箱体类等。一般零件都要画出零件图以供制造。

2. 标准件

国家标准将其形式、结构、材料、尺寸、精度及画法等均已标准化的零件，如紧固件（螺栓、螺母、垫圈……）、滚动轴承等。标准件通常由专门工厂进行生产，在产品设计中可查阅有关标准手册进行选用，不必画出零件图。

3. 常用件

齿轮、弹簧等都是机器或部件中常用的零件。国家标准只对其部分结构及尺寸参数进行了标准化，通常需要采用规定画法绘制其零件图。

图7-1所示为下端透盖的零件图。由图可知，零件图应包括以下4个方面的内容：

（1）一组视图　一组能完整、清晰地表达出零件结构形状的视图。

（2）一组尺寸　用于确定零件各部分的形状大小及其相对位置。

（3）技术要求　说明零件在加工和检验时应达到的技术指标，如零件的表面粗糙度、尺寸公差、几何公差、材料的热处理等。

（4）标题栏　说明零件的名称、材料、数量、绘图比例和必要的签署等。

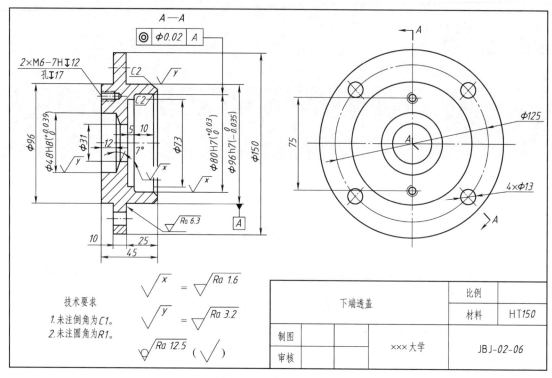

图 7-1　下端透盖零件图

第二节　零件图的视图选择与尺寸标注

一、零件图的视图选择

（一）视图选择的要求

零件图的视图选择，就是要选择一组视图（视图、剖视图、断面图等），将零件的结构形状表达完全、正确和清楚，符合生产的实际要求。视图选择的要求如下：

（1）完全　零件各组成部分的结构形状及其相对位置，要表达完全，使结构形状唯一确定。

（2）正确　各视图之间的投影关系及所采用的视图、剖视图、断面图等表达方法要正确。

（3）清楚　视图表达应清晰易懂，便于读图。

（二）视图选择的方法和步骤

1. 分析零件的形体及功用

选择零件视图之前，首先应对零件进行形体分析和功用分析。分析零件的整体功能和在部件中的安放状态，零件各组成部分的形状及作用，进而确定零件的主要结构。

2. 选择零件主视图

主视图是一组视图的核心。从易于读图这一基本要求出发，主视图的选择应考虑以下两个方面：

（1）确定零件的安放位置 其原则是尽量符合零件的主要加工位置或工作（安装）位置，这样便于加工和安装。通常对轴、套、盘等回转体零件，主要是在车床、磨床上加工，为了加工时读图方便，主视图应将其主要轴线水平放置，符合其加工位置；支座、箱体等类零件，多按工作位置安放，因为这类零件结构形状一般比较复杂，在加工不同的表面时往往其加工位置也不同。

（2）确定零件主视图的投射方向 其原则是能明显地反映零件的形状特征和各部分之间的相对位置关系。从构形观点分析，零件的工作部分是最基本的结构组成部分，为此，零件主视图应清晰地表达工作部分的结构以及与其他部分的联系。

3. 确定其他视图

根据对零件的构形分析，为了表达清楚每个组成部分的形状和相互位置，先选择一些基本视图或在基本视图上采取剖视表达零件的主要结构，再用一些辅助视图，如局部视图、斜视图、断面图等，作为基本视图的补充，以表达次要结构、细部或局部形状。但是，注意采用的视图数目不宜过多，以免烦琐、重复，导致表达零乱，主次不分。

（三）典型零件的视图选择

1. 轴类零件

（1）结构特点 轴是用来支承轴上零件（齿轮、带轮等）传递运动和动力的，轴类零件包括各种轴、丝杠等。由于轴上零件固定定位和装拆工艺的要求，轴类零件往往由若干段直径不等的同轴圆柱组成，形成阶梯状，为使轴上零件周向固定，轴上常有键槽、销孔、凹坑等结构。

（2）表达方法 轴类零件一般在车床上加工，如图7-2所示，其主视图按加工状态将轴线水平放置。

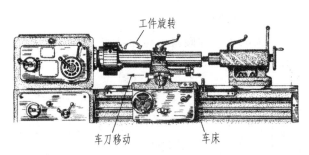

图7-2 轴的加工

轴上的孔、槽常用断面图表达，某些细部结构如退刀槽、砂轮越程槽等，必要时可采用局部放大图，以便确切表达其形状和标注尺寸。对形状简单且较长的轴段，常采用折断的方法表示，如图7-3所示。

2. 盘盖类零件

（1）结构特点 盘盖类零件主要包括端盖、法兰盘、各种轮子等。这类零件的主体部分一般为同轴线不同直径的回转体且径向尺寸远大于轴向尺寸的扁平状形体，如图7-4所示下端透盖立体图。这类零件上常有肋、轮辐、孔及键槽等结构。

（2）表达方法 大多数盘盖类零件主要在车床上加工，所以应按其形状特征和加工位置来选择主视图，将轴线水平放置。通常用主、左（或右）两个视图表示。主视图采用全剖视，左视（或右视）图则用以表示其外形和盘上孔的分布情况，如图 7-5 所示。

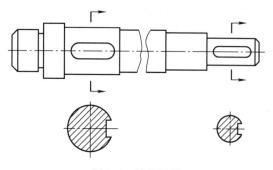

图 7-3　轴的视图

图 7-4　下端透盖立体图

3. 叉架类零件

（1）结构特点　叉架类零件一般由支承部分、工作部分和连接部分组成。连接部分多是断面有变化的肋板结构，形状弯曲、扭斜的较多。支承部分和工作部分也有较多的细小结构，如油槽、油孔、螺孔等。

（2）表达方法　由于叉架类零件的结构形状较为复杂，各道加工往往在不同机床上进行，因此，主视图应按工作位置和结构形状特征来选定。若工作位置处于倾斜状态，可将其位置放正。一般需用 2 个

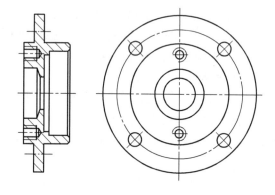

图 7-5　下端透盖零件视图

以上的基本视图表达。由于叉架类零件倾斜、扭曲结构较多，还常选择斜视图、局部视图、局部剖视图及断面图等表达，如图 7-6 所示。

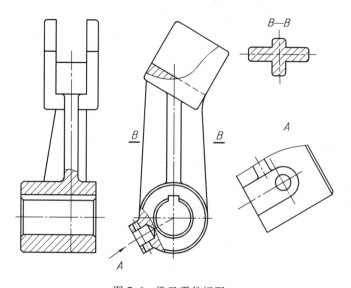

图 7-6　拨叉零件视图

4. 箱体类零件

（1）结构特点　箱体类零件是用来支承、包容和保护运动零件或其他零件的，其结构形状一般比较复杂，常有内腔、轴承孔、凸台或凹坑、肋板、螺孔、通孔等结构。毛坯多为铸件，部分结构要经机械加工而成。图 7-7 所示为手压润滑油泵泵体立体图。

（2）表达方法　箱体类零件加工位置较多，但箱体在机器中的工作位置是固定的，所以一般以零件工作位置和能较多反映形状特征及各部分相对位置的视图作为主视图。一般需用 3 个或 3 个以上的视图，并常取剖视，表示其内、外结构形状。对细小的结构可采用局部视图、局部剖视图和断面图来表示。此外，由于铸件上圆角较多，还应注意过渡线的画法。图 7-8 所示为泵体的表达方案一。零件的表达方案可以多种多样，图 7-9 所示为泵体的表达方案二。

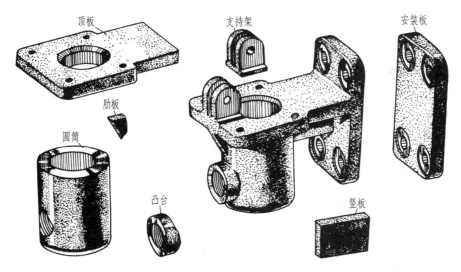

图 7-7　手压润滑油泵泵体立体图

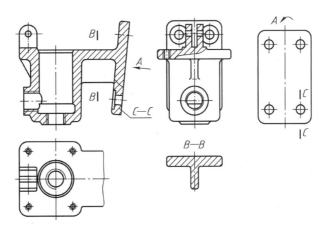

图 7-8　泵体的表达方案一

主视图方案二与方案一基本是相同的，只是沉孔在主视图上没有再作一次剖切，而另作 E—E 局部剖视。方案二俯视图画成完整的，没有将安装板部分折断。方案二没取左视图，而是分别取 C 向局部视图表示支持架缺口实形和三角板肋板的宽度，另外取 D—D 断面图，表示顶板上的螺孔是通孔。A 向视图和 B—B 移出断面表达的目的与方案一相同。

以上2种方案对零件形状结构的表达都是完全的，但方案二表达内容分散，方案一表达目的明确、清晰、易于读图。

5. 确定零件的视图表达方案应注意以下几个问题：

1) 每个视图的选择要有明确的目的性，避免不必要的重复表达。

2) 在零件结构形状表达清楚的基础上，以较少视图数量的表达方案为好。

3) 充分利用剖视图、断面图等各种图样画法，而不再只是主、俯、左三视图和"可见轮廓线画实线、不可见轮廓线画虚线"的简单处理方法。

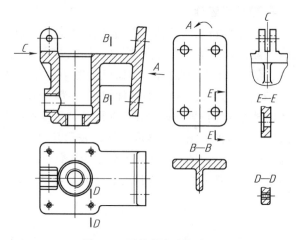

图 7-9　泵体的表达方案二

4) 视图表达还应与尺寸标注相联系，既要注意有利于尺寸标注，又应考虑可借助尺寸标注表达形体的形状。

5) 视图选择是灵活多样的，最好拟定几个表达方案，从中选取一个最优方案。

二、零件图的尺寸标注

零件图上标注的尺寸是加工和检验的重要依据。在第四章中已介绍了用形体分析法完整、清晰地标注尺寸的问题，这里主要介绍合理标注尺寸的初步知识。

所谓尺寸标注合理，就是所注尺寸必须：①满足设计要求，以保证机器的质量。②满足工艺要求，以便于加工制造和检验。

尺寸基准就是标注尺寸的起点。零件的长、宽、高三个方向都至少要有一个尺寸基准，当同一方向有几个基准时，其中之一为主要基准，其余为辅助基准。

1. 设计基准

设计基准是根据零件在机器中的作用和结构特点，为保证零件的设计要求而选定的一些基准。设计基准一般是用来确定零件在机器中位置的接触面、对称面、回转面的轴线等。例如，图 7-10a 所示的轴承架，在机器中是用接触面 Ⅰ、Ⅲ 和对称面 Ⅱ（图 7-10b）来定位

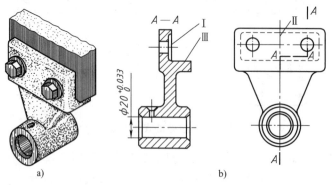

图 7-10　轴承架的设计基准

a) 轴承架安装方法　b) 轴承架的设计基准

的,以保证下面 $\phi20^{+0.033}_{0}$ 轴孔的轴线与对面另一个轴承架(或其他零件)上轴孔的轴线在同一直线上,并使相对的两个轴孔的端面间的距离达到必要的精确度。因此,上述 3 个平面是轴承架的设计基准。

2. 工艺基准

工艺基准是确定零件在机床上加工时的装夹位置,以及测量零件尺寸时所利用的点、线、面。图 7-11 所示的套在车床上加工时,用其左端的大圆柱面来定位;而测量有关轴向尺寸 a、b、c 时,则以右端面为起点,因此,这两个面是工艺基准。

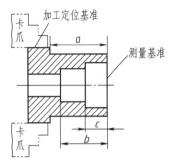

图 7-11 套的工艺基准

从设计基准出发标注尺寸,能保证设计要求;从工艺基准出发标注尺寸,则便于加工和测量。因此,最好使工艺基准和设计基准重合。当设计基准和工艺基准不重合时,所注尺寸应在保证设计要求的前提下,满足工艺要求。

3. 合理标注尺寸时应注意的一些问题

(1)重要尺寸应直接注出 保证零件工作性能或保证零件与其他零件正确装配关系的尺寸为零件的重要尺寸。由于零件在加工制造时总会产生尺寸误差,为了保证零件质量,而又避免不必要地增加产品成本,在加工时,图样中所标注的尺寸都必须保证其精确度要求,没有注出的尺寸则不检测。因此,重要尺寸必须直接注出。

图 7-12a 所示为从设计基准出发标注轴承架的重要尺寸,图 7-12b 所示的注法是错误的。

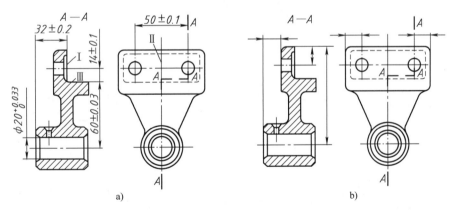

图 7-12 轴承架的重要尺寸

(2)避免出现封闭的尺寸链 一组首尾相连的链状尺寸称为尺寸链,如图7-13a所示,组成尺寸链的各个尺寸称为尺寸链的环。从加工的角度分析,在一个尺寸链中,总有一个尺寸是在加工完其他尺寸后自然形成的尺寸,这个尺寸称为封闭环,其他尺寸称为组成环。显然,所有组成环的加工误差最终都会累积在封闭环上。所

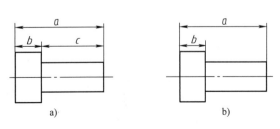

图 7-13 尺寸链的封闭与开口

a)尺寸链封闭 b)尺寸链开口

以在标注尺寸时，应避免标注成封闭的尺寸链，如图7-13b所示。

（3）非重要尺寸要符合加工顺序和便于测量 图7-14所示为一根阶梯轴的尺寸标注，其轴向主体尺寸按加工顺序标注的过程见表7-1。

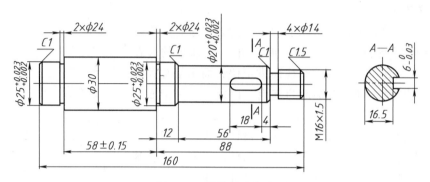

图7-14 轴的尺寸注法

表7-1 轴的加工顺序和尺寸标注 （单位：mm）

序号	说明	加工简图	序号	说明	加工简图
1	车 ϕ30，长164（比总长多4，是考虑到切断时的需要）再车 ϕ25，长88		5	车螺纹 M16×1.5	
2	车 ϕ20，留长12		6	按总长160切断	
3	车 ϕ16，留长56		7	调头，车 ϕ25，留长58±0.15再车槽2×ϕ24和倒角C1	
4	车槽2×ϕ24，车槽4×ϕ14，车倒角C1、C1.5		8	铣键槽	

阶梯轴及套类零件，常加工有退刀槽（或砂轮越程槽）和倒角，在标注有关孔或轴的分段长度尺寸时，必须把这些工艺结构包括在内，才符合工艺要求，如图 7-15a 所示。图 7-15b 的注法是错误的。

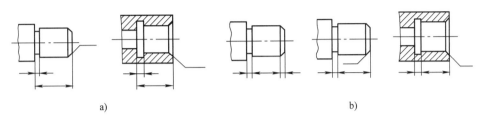

a)   b)

图 7-15 退刀槽和倒角尺寸标注
a）正确注法 b）错误注法

4. 加工面与非加工面的尺寸标注

加工面和非加工面应按两组尺寸标注，加工基准面与非加工基准面间用一个尺寸相联系。

图 7-16 所示的铸件，它们的非加工面间由一组尺寸（用 M 加下角标）表示，加工面间用另一组尺寸（用 L 加下角标）表示。非加工基准面和加工基准面间用一个尺寸 A 相联系。

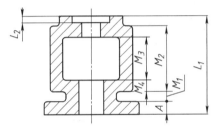

图 7-16 非加工面与加工面的尺寸标注

第三节 零件图的技术要求

零件图的技术要求一般包括表面结构要求、极限与配合、几何公差、热处理及表面镀涂层、零件制造检验要求等项目。这些项目中有技术标准规定的应按规定的代号或符号注写在图样上，没有规定的可用文字简明地注写在标题栏附近。

本节主要介绍表面结构要求、极限与配合、几何公差等的标注。

一、表面结构要求

在机械图样上，为保证零件装配后的使用要求，应根据功能需要对零件的表面质量——表面结构提出要求。国家标准 GB/T 131—2006《产品几何技术规范（GPS）技术产品文件中表面结构的表示法》中规定，表面结构是表面粗糙度、表面波纹度、表面缺陷、表面纹理和表面几何形状的总称。下面仅介绍常用的表面粗糙度表示法。

（一）基本概念

1. 表面粗糙度

零件表面上具有的较小间距和峰谷所组成的微观几何形状特性，称为表面粗糙度。零件的表面粗糙度与零件的加工方法等因素有关，是评定零件表面质量的一项重要技术指标，它的大小会直接影响零件的配合性质、耐磨性、耐蚀性、密封性和外观等。

2. 评定表面结构常用的轮廓参数

对于零件表面结构的状况，可由 3 组参数评定：①轮廓参数（GB/T 3505—2009）、

②图形参数（GB/T 18618—2009）、③支承率曲线参数（GB/T 18778.2—2003 和 GB/T 18778.3—2006）。其中轮廓参数是我国机械图样中目前最常用的评定参数。下面仅介绍评定粗糙度轮廓（R 轮廓）中的两个高度参数 Ra 和 Rz，使用时优先选用 Ra（单位：μm）。

（1）轮廓算术平均偏差 Ra 在一个取样长度（用于判别被评定轮廓不规则特征的 X 轴上的长度）内，纵坐标 Z（x）绝对值的算术平均值（图 7-17）。

可近似表示为

$$Ra = \frac{1}{l}\int_0^1 |Z(x)|\mathrm{d}x$$

注意：

1）在每一个取样长度内的测量值通常是不等的，为了取得表面粗糙度最可靠的值，一般取几个连续的取样长度进行测量，并以各取样长度内测量值的平均值作为测得的参数值。这段在 X 轴方向上用于评定轮廓的、包含一个或几个取样长度的测量段称为评定长度。当参数代号后未注明时，评定长度默认为 5 个取样长度，否则应注明个数。例如，Ra 0.8 和 $Ra3$ 3.2 分别表示评定长度为 5 个和 3 个取样长度。

2）中线。在取样长度内，将轮廓分成上、下面积相等的两部分的基准线，如图 7-17 所示的 X 轴。

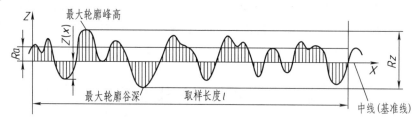

图 7-17 轮廓算术平均偏差 Ra 和轮廓最大高度 Rz

国家标准规定的轮廓算术平均偏差 Ra 的数值见表 7-2。

表 7-2 Ra 的数值 （单位：μm）

Ra	0.012	0.2	3.2	50
	0.025	0.4	6.3	100
	0.05	0.8	12.5	
	0.1	1.6	25	

（2）轮廓的最大高度 Rz 在一个取样长度内，最大轮廓峰高和最大轮廓谷深之和的高度（图 7-17）。

（二）表面结构图形符号

1. 标注表面结构要求

标注表面结构要求时的图形符号、名称及说明见表 7-3。

表 7-3 表面结构图形符号

名称	图形符号	意义及说明
基本图形符号	√	基本图形符号仅用于简化代号标注,没有补充说明时不能单独使用。如果基本图形符号与补充的或辅助的说明一起使用,则不需要进一步说明为了获得指定的表面是否应去除材料或不去除材料

（续）

名　称	图形符号	意义及说明
扩展图形符号	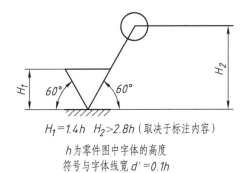	表示指定表面是用去除材料的方法获得，如通过机械加工获得的表面
		表示指定表面是用不去除材料方法获得
完整图形符号		允许任何工艺 在报告和合同的文本中用文字表达该符号时，使用 APA
		去除材料 在报告和合同的文本中用文字表达该符号时，使用 MRR
		不去除材料 在报告和合同的文本中用文字表达该符号时，使用 NMR
构成封闭轮廓的各表面有相同表面结构要求的图形符号	 a)　　　　　　b)	当在图样某个视图上构成封闭轮廓的各表面有相同的表面结构要求时，应在完整图形符号上加一圆圈，标注在图样中工件的封闭轮廓线上，如图所示。如果标注会引起歧义时，各表面应分别标注 图 a 视图中的表面结构符号是指对立体图 b 中封闭轮廓的 1~6 的 6 个面的共同要求（不包括前后面）

2. 图形符号的画法（图 7-18）

$H_1=1.4h$　$H_2>2.8h$（取决于标注内容）

h 为零件图中字体的高度
符号与字体线宽 $d'=0.1h$

图 7-18　图形符号的画法

3. 表面结构完整图形符号的组成

在完整符号中，对表面结构的单一要求和补充要求应注写在如图 7-19 所示的位置。

图 7-19　补充要求的注写位置

图 7-19 中 a~e 注写内容见表 7-4。

表 7-4　表面结构补充要求的注写位置

位置	注 写 内 容
a	注写表面结构的单一要求
b	注写第 2 个表面结构要求。还可以注写第 3 个或更多个表面结构要求,此时,图形符号应在垂直方向扩大,以空出足够的空间。扩大图形符号时,a 和 b 的位置随之上移
c	注写加工方法、表面处理、涂层或其他加工工艺要求等,如车、磨、镀等加工表面
d	注写所要求的表面纹理和纹理的方向
e	注写所要求的加工余量,以毫米为单位给出数值

（三）表面结构符号、代号在图样上的标注

表面结构代号是由完整图形符号、参数代号（Ra、Rz）和参数值组成，必要时应标注补充要求。表 7-5 是默认定义时的表面结构代号及其含义。

表 7-5　默认定义时的表面结构代号及其含义

代号示例 （GB/T 131—2006）	说　　明
$\sqrt{}$ Ra 3.2	用不去除材料方法获得的表面粗糙度,Ra 上限值为 3.2μm
$\sqrt{}$ Ra 3.2	用去除材料方法获得的表面粗糙度,Ra 上限值为 3.2μm
$\sqrt{}$ U Ra 3.2 L Ra 1.6	用去除材料方法获得的表面粗糙度,Ra 上限值为 3.2μm,Ra 下限值为 1.6μm
$\sqrt{}$ Rz 3.2	用去除材料方法获得的表面粗糙度,Rz 的上限值为 3.2μm

注：参数代号（Ra、Rz）为大小写斜体，旧标准为下角标，且参数代号和参数值之间应插入空格。

国家标准（GB/T 131—2006）规定了表面结构要求在图样上的注法，见表 7-6。

表 7-6　表面结构要求在图样上的注法

标 注 示 例	说　　明
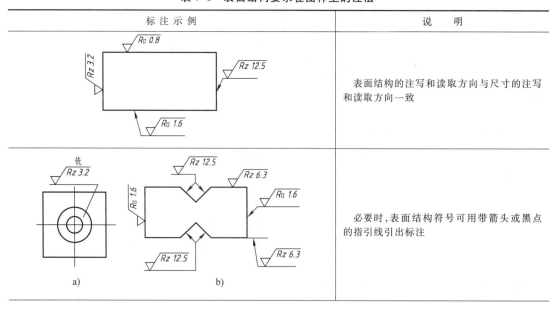	表面结构的注写和读取方向与尺寸的注写和读取方向一致
	必要时,表面结构符号可用带箭头或黑点的指引线引出标注

（续）

标 注 示 例	说　　明
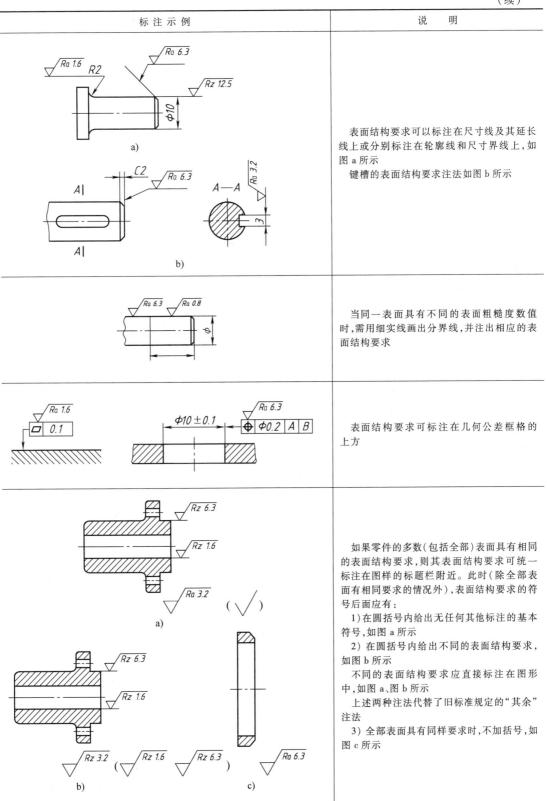	表面结构要求可以标注在尺寸线及其延长线上或分别标注在轮廓线和尺寸界线上，如图 a 所示 键槽的表面结构要求注法如图 b 所示
	当同一表面具有不同的表面粗糙度数值时，需用细实线画出分界线，并注出相应的表面结构要求
	表面结构要求可标注在几何公差框格的上方
	如果零件的多数（包括全部）表面具有相同的表面结构要求，则其表面结构要求可统一标注在图样的标题栏附近。此时（除全部表面有相同要求的情况外），表面结构要求的符号后面应有： 1）在圆括号内给出无任何其他标注的基本符号，如图 a 所示 2）在圆括号内给出不同的表面结构要求，如图 b 所示 不同的表面结构要求应直接标注在图形中，如图 a、图 b 所示 上述两种注法代替了旧标准规定的"其余"注法 3）全部表面具有同样要求时，不加括号，如图 c 所示

（续）

标 注 示 例	说 明
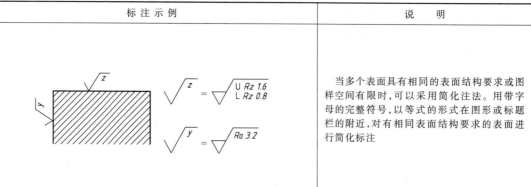	当多个表面具有相同的表面结构要求或图样空间有限时，可以采用简化注法。用带字母的完整符号，以等式的形式在图形或标题栏的附近，对有相同表面结构要求的表面进行简化标注

注：1. 新国标规定的 Ra 的写法是斜体字母，a 不是下角标。
　　2. 符号的尖端必须从材料外指向材料表面，既不准脱开，也不准超越，必要时也可标注在用带箭头或黑点的指引线引出的基准线上，所以如在底面、右侧面上标注，需利用带箭头的指引线。

（四）表面粗糙度参数的选用

Ra 值越小，零件的已加工表面越光滑，但加工成本越高。因此，在满足零件使用要求的前提下，Ra 值应合理选用。表 7-7 列出了 Ra 值与相应的加工方法、表面特征以及应用实例。一般机械中常用的 Ra 值为 $25\mu m$、$12.5\mu m$、$6.3\mu m$、$3.2\mu m$、$1.6\mu m$ 和 $0.8\mu m$ 等。

表 7-7　常用切削加工表面的 Ra 值与相应的加工方法、表面特征以及应用实例

$Ra/\mu m$	表面特征	加工方法	应 用 举 例
50	明显可见刀痕	粗加工面（粗车粗刨粗铣钻孔等）	一般很少使用
25	可见刀痕		钻孔表面,倒角、端面,穿螺栓用的光孔、沉孔、要求较低的非接触面
12.5	微见刀痕		
6.3	可见加工痕迹	半精加工面（精车精刨精铣精镗铰孔刮研粗磨等）	要求较低的静止接触面,如轴肩、螺栓头的支承面、一般盖板的结合面;要求较高的非接触表面,如支架、箱体、离合器、带轮、凸轮的非接触面
3.2	微见加工痕迹		要求紧贴的静止结合面以及有较低配合要求的内孔表面,如支架、箱体上的结合面
1.6	看不见加工痕迹		一般转速的轴孔,低速转动的轴颈;一般配合用的内孔,如衬套的压入孔,一般箱体的滚动轴承孔;齿轮的齿廓表面,轴与齿轮、带轮的配合表面等
0.8	可见加工痕迹的方向	精加工面（精磨精铰抛光研磨金刚石车刀精车精拉等）	一般转速的轴颈;定位销、孔的配合面;要求保证较高定心与配合的表面;一般精度的刻度盘;需镀铬抛光的表面
0.4	微辨加工痕迹的方向		要求保证规定的配合特性的表面,如滑动导轨面,高速工作的滑动轴承;凸轮的工作表面
0.2	不可辨加工痕迹的方向		精密机床的主轴锥孔;活塞销和活塞孔;要求气密的表面和支承面

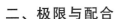

二、极限与配合

在现代化的大规模生产条件下，在不同工厂、不同车间、由不同工人制造出的同一规格的零件，不经选择、修配或调整就能顺利地装配成符合要求的部件或机器，这种性质称为互换性。为了使零件具有互换性，必须限制零件尺寸的误差范围。下面简单介绍它们的基本概念和在图样上的标注方法。

（一）公差的有关术语

1）公称尺寸：设计给定的尺寸。一般应尽量选用标准直径或标准长度。

2）实际尺寸：通过测量获得的尺寸。

3）极限尺寸：允许实际尺寸变化的两个极限值。其中较大的一个尺寸，称为上极限尺寸；较小的一个称为下极限尺寸。零件的实际尺寸只要在这两个尺寸之间即为合格。

4）尺寸偏差和极限偏差：某一尺寸（实际尺寸、极限尺寸）减去公称尺寸所得的代数差。其中上极限偏差和下极限偏差称为极限偏差。

上极限偏差＝上极限尺寸−公称尺寸

下极限偏差＝下极限尺寸−公称尺寸

国家标准规定：孔和轴的上极限偏差分别以 ES 和 es 表示；孔和轴的下极限偏差分别以 EI 和 ei 表示。

注意：上、下极限偏差可以是正值、负值或零。

5）尺寸公差（简称公差）：允许尺寸的变动量。

公差 ＝上极限尺寸−下极限尺寸＝上极限偏差−下极限偏差

注意：尺寸公差是一个绝对值。

图 7-20 所示为极限与配合术语图解，其中用零线表示公称尺寸。

6）公差带和公差带图：公差带是表示公差大小和相对于零线位置的一个区域。为了表达的需要，将尺寸公差与公称尺寸的关系，按一定比例放大画成简图，称为公差带图，如图 7-21所示。在公差带图中，方框的上边代表上极限偏差，下边代表下极限偏差；方框的左右长度可根据需要任意确定。

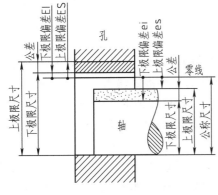

图 7-20 极限与配合术语图解

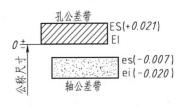

图 7-21 公差带图

（二）标准公差与基本偏差

在国家标准《极限与配合》中，公差带是由"公差带大小"和"公差带位置"两个要素组成的。国标对这两个独立要素分别进行了标准化，即为标准公差系列和基本偏差系列。

1. 标准公差

标准公差是用来决定公差带大小的，用代号 IT 表示。标准公差分为 20 级，依次用 IT01、IT0、IT1、IT2、IT3、…、IT18 表示。其中数字 01、0、1、2、…、18 表示公差等级，从 IT01 至 IT18 等级依次降低，相应的标准公差依次加大。

2. 基本偏差

基本偏差是用来确定公差带位置的。所谓基本偏差是指用以确定公差带相对于零线位置的上极限偏差或下极限偏差，一般是指靠近零线的那个极限偏差。

基本偏差系列：根据实验统计资料，国标按一定规律规定了包含 28 个基本偏差的轴、孔基本偏差系列，用拉丁字母按其顺序表示，大写字母表示孔，小写字母表示轴，图 7-22 所示为某一公称尺寸段的基本偏差系列。

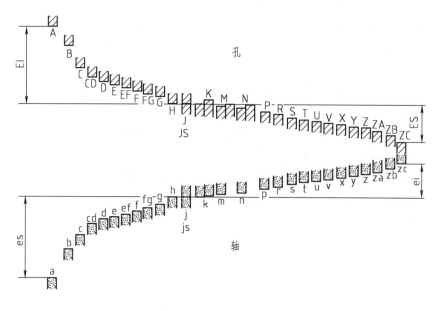

图 7-22　基本偏差系列

在图 7-22 中仅画出公差带的一端，此端即为基本偏差，而另一端开口则表示公差带的延伸方向，它将由标准公差来决定。若要计算轴和孔的另一端极限偏差，计算公式为

轴的另一极限偏差（上极限偏差或下极限偏差）：$es = ei + IT$ 或 $ei = es - IT$

孔的另一极限偏差（上极限偏差或下极限偏差）：$ES = EI + IT$ 或 $EI = ES - IT$

例 7-1　说明 $\phi 50H7$ 的含义。

解　$\phi 50$ 表示公称尺寸；H7 称为孔的公差带代号（由基本偏差代号中的拉丁字母和表示公差等级的数字组成），其中 H 指孔的基本偏差代号（位置要素），7 是公差等级代号（大小要素）。

（三）配合与配合制

1. 配合

公称尺寸相同的孔和轴（泛指一切的内、外表面，包括非圆表面）的公差带之间的关系，称为配合。通俗地讲，配合就是孔和轴结合时的松紧程度。

配合中可能会有间隙或过盈。孔的尺寸减去相配合的轴的尺寸所得的代数差称为间隙或过盈。当孔的尺寸大于轴的尺寸时，此差值为正，成为间隙，二者形成可动结合；当孔的尺寸小于轴的尺寸时，此差值为负，成为过盈，二者形成刚性结合。

根据孔、轴公差带的关系，或者说按形成间隙或过盈的情况，国标规定配合分为3类，即：间隙配合、过盈配合和过渡配合。

（1）间隙配合　保证具有间隙（包括最小间隙为零）的配合。此时孔的公差带位于轴的公差带之上，如图7-23所示。当相互配合的两零件有相对运动时，采用间隙配合。

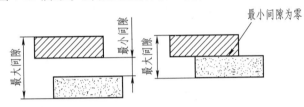

图 7-23　间隙配合

（2）过盈配合　保证具有过盈（包括最小过盈为零）的配合。此时孔的公差带位于轴的公差带之下，如图7-24所示。当相互配合的两零件需要牢固连接时，采用过盈配合。

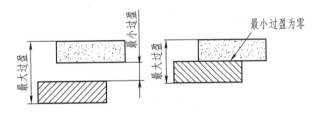

图 7-24　过盈配合

（3）过渡配合　可能具有间隙或过盈的配合。此时，孔的公差带与轴的公差带有部分或全部相互重叠，如图7-25所示。对于不允许有相对运动，轴与孔的对中性要求比较高，且又需要拆卸的两零件的配合，采用过渡配合。

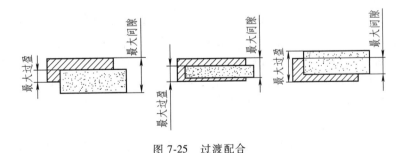

图 7-25　过渡配合

2. 配合制

在制造相配合的零件时，如果孔和轴二者的尺寸都可以任意变动，则情况变化很多，不便于零件的设计与制造。为此，国家标准规定了两种配合制度，即基孔制与基轴制配合。

（1）基孔制配合 基本偏差为一定的孔的公差带，与基本偏差不同的轴的公差带形成各种配合的一种制度。基孔制配合的孔为基准孔。国标规定基准孔的下极限偏差为零，基准孔的基本偏差代号为 H。

（2）基轴制配合 基本偏差为一定的轴的公差带，与基本偏差不同的孔的公差带形成各种配合的一种制度。基轴制配合的轴为基准轴。国标规定，基准轴的上极限偏差为零，基准轴的基本偏差代号为 h。

基孔制配合和基轴制配合都有 3 种类型，其公差带间的关系如图 7-26 所示。

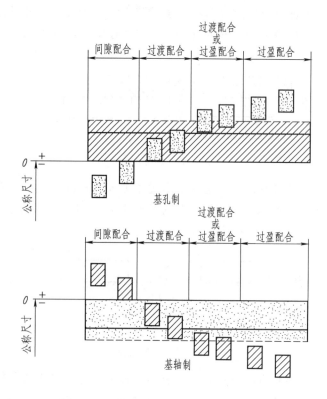

图 7-26　基孔制和基轴制公差带间的关系

3. 常用及优先配合

从理论上讲，标准所规定的 20 个等级的标准公差和 28 种基本偏差，能够组合成大量的公差带。由孔、轴公差带任意组合，又能组合更大量的配合。如果同时应用如此大量的配合，不仅经济上难以实现，而且发挥不了标准化应有的作用，不利于生产的发展。

为了最大限度地满足生产的需要，并在此前提下尽可能地简化零件、定值刀具、定值量具和工艺装备的品种规格，制定国家标准时，对公差带进行了筛选和限制，规定了一般用途的、常用的和优先选用的轴、孔公差带。同时还规定了基孔制和基轴制的常用、优先配合。基孔制常用的配合 59 种，其中优先配合 13 种；基轴制常用配合 47 种，其中优先配合 13 种。对于一般的机械设备，这些推荐的配合已基本能满足要求。

表 7-8 为尺寸小于等于 500mm 的优先配合及其选用说明。

表 7-8　尺寸小于等于 500mm 的优先配合及其选用说明

优先配合		选用说明
基孔制配合	基轴制配合	
$\dfrac{H11}{c11}$	$\dfrac{C11}{h11}$	间隙极大。用于转速很高,轴、孔温差很大的滑动轴承;要求大公差、大间隙的外露部分,要求装配极方便的场合
$\dfrac{H9}{d9}$	$\dfrac{D9}{h9}$	间隙很大。用于转速较高,轴颈压力较大,精度要求不高的滑动轴承
$\dfrac{H8}{f7}$	$\dfrac{F8}{h7}$	间隙不大。用于中等转速,中等轴颈压力,有一定精度要求的一般滑动轴承;要求装配方便的中等定位精度配合
$\dfrac{H7}{g6}$	$\dfrac{G7}{h6}$	间隙很小。用于低速转动或轴向移动的精密定位配合;需要精密定位又经常装拆的不动配合
$\dfrac{H7}{h6}\ \dfrac{H8}{h7}$ $\dfrac{H9}{h9}\ \dfrac{H11}{h11}$	$\dfrac{H7}{h6}\ \dfrac{H8}{h7}$ $\dfrac{H9}{h9}\ \dfrac{H11}{h11}$	最小间隙为零。用于间隙定位配合,工作时一般无相对运动;也用于高精度低转速轴向移动的配合。公差等级由定位精度决定
$\dfrac{H7}{k6}$	$\dfrac{K7}{h6}$	平均间隙接近于零。用于要求装拆的定位配合。用于受不大的冲击载荷处,转矩及冲击很大时应加紧固件
$\dfrac{H7}{n6}$	$\dfrac{N7}{h6}$	较紧的过度配合。用于一般不拆卸的更精密的定位配合。可承受很大的转矩及冲击,但需附加紧固件
$\dfrac{H7}{p6}$	$\dfrac{P7}{h6}$	过盈很小。用于要求定位精度高,配合刚性好的配合;不能只靠过盈传递载荷
$\dfrac{H7}{s6}$	$\dfrac{S7}{h6}$	过盈适中。用于靠过盈传递中等载荷的配合
$\dfrac{H7}{u6}$	$\dfrac{U7}{h6}$	过盈较大。用于靠过盈传递较大载荷的配合。装配时需加热孔或冷却轴

(四) 极限与配合在图样上的标注

1. 装配图中配合代号的标注

在装配图中标注的配合代号,是在公称尺寸右边以分式的形式注出。分子是孔的公差带代号 (大写字母),分母为轴的公差带代号 (小写字母),其标注格式为

$$公称尺寸\dfrac{孔的公差带代号}{轴的公差带代号}$$

也可用 "/" 代替分号,将孔和轴的公差带代号写在同一水平线上,如图 7-27 所示。

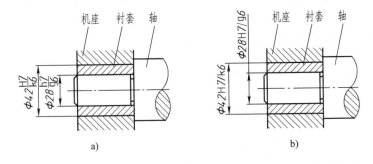

图 7-27　配合代号在装配图中的一般标注

2. 零件图中的标注

现以图 7-27 中轴与衬套的配合尺寸 $\phi28H7/g6$ 为例,说明在零件图上标注的 3 种形式。

（1）标注公称尺寸和公差带代号　如图7-28a所示，这种注法和采用专用量具检验零件统一起来，适合大批量生产。

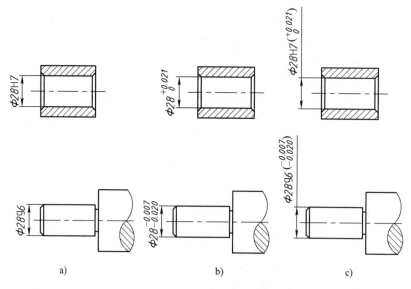

图 7-28　零件图中极限偏差数值的注法

（2）标注公称尺寸和极限偏差数值　如图7-28b所示，这种标注方法的标注规则为

1）极限偏差数值字高比公称尺寸字高小一号。上、下极限偏差数值以 mm 为单位分别写在公称尺寸的右上、右下角。

2）上、下极限偏差数值中的小数点要对齐，其后面的位数也应相同。

3）上、下极限偏差数值中若有一个为零，仍应注出，并与另一个偏差小数点左面的个位数对齐（极限偏差为正时，"+"号也必须写出）。

4）上、下极限偏差数值相等时，可填写一个极限偏差数值，且极限偏差数值字高与公称尺寸字高相同，如 $\phi40\pm0.25$。

这种注法用于少量或单件生产。

（3）混合标注　在零件图上同时注出公称尺寸、公差带代号和上、下极限偏差数值，如图7-28c所示。偏差数值要写在公差带代号后面的括号内，这种注法在设计过程中因便于审图，故使用较多。

（五）极限偏差数值的查表方法

例 7-2　查表写出 $\phi18\dfrac{H8}{f7}$ 的极限偏差。

解　$\phi18\dfrac{H8}{f7}$ 中的 H8 是基准孔的公差带代号；f7 是轴的公差带代号。它表示的是公称尺寸为 $\phi18$mm 的基孔制的优先间隙配合。

1）$\phi18$H8 基准孔的极限偏差，由附录表 A-17 查得：由公称尺寸大于 10~18mm 的行和公差带 H8 的列相交处查得其上极限偏差为 $+27\mu$m，下极限偏差为 0μm。所以 $\phi18$H8 可写成 $\phi18^{+0.027}_{0}$。

2）$\phi18$f7 的极限偏差，由附录表 A-16 查得：由公称尺寸大于 10~18mm 的行和公差带

f7 的列相交处查得其上极限偏差为 $-16\mu m$，下极限偏差为 $-34\mu m$。所以 $\phi 18f7$ 可写成 $\phi 18_{-0.034}^{-0.016}$。

图 7-29 所示为 $\phi 18$ H8/f7 的公差带图，据该图可算出其最大间隙 X_{max} 为 +0.061mm，最小间隙 X_{min} 为 +0.016mm。

三、几何公差

零件在加工制造过程中除了尺寸会产生误差，它的表面几何形状、各组成部分的相对位置也会产生误差。对于这类形状和位置误差所允许的最大变动量，分别称作形状公差和位置公差（简称几何公差）。

几何公差对机器、仪器等各种产品的性能（如工作精度、连接强度、密封性、运动平稳性、耐磨性、噪声等）都有一定的影响，尤其在高速、高温、高压、重载条件下工作的精密机器与仪器更为重要，因此它与表面粗糙度、极限与配合等一样，是评定产品质量（品质）的重要技术指标。

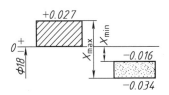

图 7-29 $\phi 18$H8/f7 的公差带图

1. 几何公差的基本概念

（1）要素　它是指构成零件几何特征的点、线、面。

（2）被测要素　它是指被测零件上给出了形状或（和）位置公差的要素，如轮廓线、轴线、面及中心平面等。

（3）基准要素　它是用来确定被测要素方向或（和）位置的要素。理想基准要素简称基准。

（4）形状公差　它是指被测零件实际要素的几何形状相对于理想要素的几何形状所允许的变动量，如图 7-30 所示。

图 7-30　形状公差

（5）位置与方向公差　它是指被测零件实际要素的位置相对于基准要素的位置和方向所允许的变动量，如图 7-31 所示。

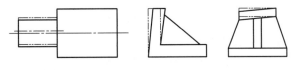

图 7-31　位置与方向公差

（6）公差带　公差带是指限制实际要素变动的区域。公差带的主要形式有：圆内、球内、圆柱面内的区域，两平行直线之间、两等距曲线之间的区域，两平行平面之间、两等距曲面之间的区域，两同心圆之间、两同轴圆柱面之间的区域等。

2. 几何公差的分类和符号

几何公差分为 4 类：形状公差、方向公差、位置公差和跳动公差。每类几何公差包含的几何特征和符号见表 7-9。

表 7-9 几何公差的几何特征及符号

公差类型	几何特征	符号	公差类型	几何特征	符号
形状公差	直线度	—	位置公差	位置度	⊕
	平面度	▱		同心度（用于中心点）	◎
	圆度	○			
	圆柱度	⌭		同轴度（用于轴线）	◎
	线轮廓度	⌒			
	面轮廓度	⌓		对称度	═
方向公差	平行度	∥		线轮廓度	⌒
	垂直度	⊥		面轮廓度	⌓
	倾斜度	∠	跳动公差	圆跳动	↗
	线轮廓度	⌒		全跳动	⌰
	面轮廓度	⌓			

3. 几何公差标注

在图样中标注几何公差，用公差框格表示被测要素的公差要求；用带箭头的指引线将公差框格与被测要素相连；相对于被测要素的基准，用基准符号表示，如图 7-32 所示。

a)   b)
图 7-32 几何公差代号与基准符号
a）几何公差代号 b）基准符号
h—尺寸数字的高度

部分几何公差标注示例见表 7-10。

表 7-10 部分几何公差标注示例   （单位：mm）

分类	项目符号	公差带定义	标注示例及说明
形状公差	— 直线度	若公差值前加 φ，则公差带是直径等于公差值 ϕt 的圆柱面内的区域	指引线与尺寸线对齐，表示被测圆柱面的轴线必须位于直径为 $\phi 0.01$ mm 的圆柱面内

（续）

分类	项目符号	公差带定义	标注示例及说明
形状公差	━ 直线度	在给定方向上公差带是距离等于公差值 t 的两平行平面之间的区域	b) 指引线与尺寸线错开,表示被测圆柱面的任一素线必须位于距离为 0.01mm 的两平行平面内
	▱ 平面度	公差带是距离为公差值 t 的两平行平面之间的区域	被测表面必须位于距离为 0.08mm 的两平行平面内
	○ 圆度	公差带是在同一正截面上,半径为公差值 t 的两同心圆之间的区域	被测圆柱面任一正截面的圆周,必须位于半径差为 0.03mm 的两同心圆之间
	⌭ 圆柱度	公差带是半径差为公差值 t 的两同轴圆柱面之间的区域	被测圆柱面必须位于半径差为 0.1mm 的两同轴圆柱面之间
方向公差	∥ 平行度	公差带是距离为公差值 t 且平行于基准平面的两平行平面之间的区域	被测面必须位于距离为 0.01mm 且平行于基准平面 A 的两平行平面之间

（续）

分类	项目符号	公差带定义	标注示例及说明
方向公差	⊥ 垂直度	若公差值前加 φ，则公差带是直径等于公差值 φt 且垂直于基准平面的圆柱面内的区域	线对面垂直 被测轴线必须位于直径为 φ0.01mm 且垂直于基准平面 A 的圆柱面内
		公差带是距离为公差值 t 且垂直于基准平面的两平行平面之间的区域	面对面垂直 被测面必须位于距离为 0.08mm 且垂直于基准平面 A 的两平行平面之间的区域
位置公差	◎ 同轴度	公差带在直径为公差值 φt 的圆柱面区域内，该圆柱面的轴线与基准轴线同轴	被测圆柱面中的轴线必须位于直径为 φ0.04mm 且与公共基准线 A—B 同轴的圆柱面内
标注说明		1) 当被测要素的公差涉及轴线、中心平面时，则带箭头的指引线应与该要素尺寸线的延长线重合，如直线度公差标注示例图 a、垂直度（线对面垂直）、同轴度等 2) 当被测要素的公差涉及轮廓线或表面时（如直线度公差标注示例图 b、平面度、圆度、平行度等），将箭头置于该要素的轮廓线或轮廓线的延长线上（但必须与尺寸线明显地错开） 3) 当基准要素是轮廓线或表面时（如平行度、垂直度等），基准符号应放置在该要素的轮廓线上或它的延长线上（但必须与尺寸线明显地错开） 4) 当基准要素是轴线、中心平面时，则基准符号必须与该要素的尺寸线对齐（如同轴度）	

图 7-33 所示为几何公差代号标注的实例，供标注时参考。

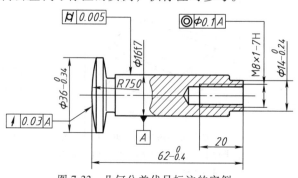

图 7-33　几何公差代号标注的实例

第四节　零件结构工艺性介绍

零件的结构形状，不仅要满足设计要求，而且要满足加工工艺对零件结构的要求。

一、铸造工艺对零件构形的要求

1. 起模斜度与铸造圆角

在铸造零件毛坯时，为了便于将模样从砂型中取出，零件的内、外壁沿起模方向应有一定的斜度，称为起模斜度，如图 7-34 所示。起模斜度在零件图中可不画出。

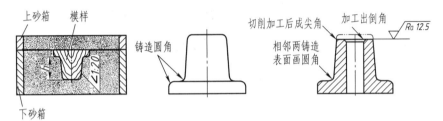

图 7-34　起模斜度与铸造圆角

为了防止铸件冷却时产生裂纹或缩孔，防止浇注时冲坏砂型，在铸件各表面的相交处都应作出圆角，称为铸造圆角，如图 7-34 所示。相交的两铸造表面中有一个表面经过切割加工后，相交处变成尖角，如图 7-34 所示。

2. 铸件壁厚

为防止浇注零件时，由于冷却速度不同而产生缩孔和裂纹，在铸件设计时，壁厚应尽量均匀或逐渐过渡，如图 7-35 所示。

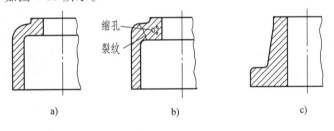

图 7-35　铸件壁厚

a）壁厚均匀　b）壁厚不均匀　c）逐渐过渡

3. 过渡线

零件的铸造、锻造表面相交处，常有小圆角过渡，使两表面的交线变得不明显，但为了区分不同表面，在图样上，仍画出表面的理论交线，但在交线两端或一端留出空白，这种线称为过渡线，过渡线用细实线表示，如图 7-36 所示。

二、机械加工对零件构形的要求

1. 倒角

零件经切削加工后，在表面的相交处出现了尖角。为了操作安全和便于装配，常在该处

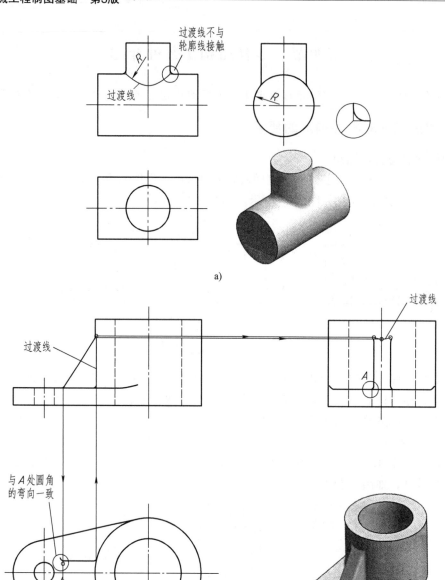

图 7-36 过渡线

制成倒角。常见的倒角是 45°，也有 30° 和 60° 的。倒角为 45° 时代号为 C，倒角的尺寸标注如图 7-37 所示。倒角不是 45° 时，要分开标注。

2. 退刀槽和砂轮越程槽

对车、刨、磨等加工面，为了使刀具或砂轮顺利退出，常在待加工表面的末端留出退刀槽或砂轮越程槽，如图 7-38 所示。

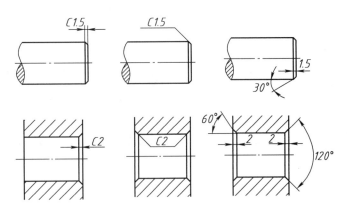

图 7-37　倒角的尺寸标注

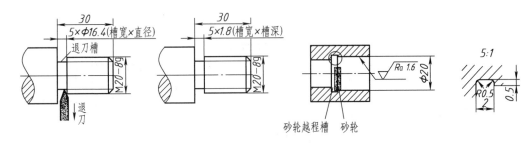

图 7-38　退刀槽和砂轮越程槽

3. 钻孔结构

用钻头钻孔时，要求钻头尽量垂直于被钻孔的表面，以保证钻孔准确和避免钻头折断，如遇有斜面或曲面，应预先作出凸台和凹坑，如图 7-39 所示。

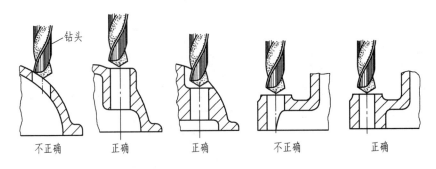

图 7-39　钻头要尽量垂直于被钻孔的端面

钻头的端部是一个接近 120° 的顶角（图 7-40a），但不用标注尺寸，如图 7-40b 所示。对于直径不同的两级钻孔，在直径变化的过渡处也应画出 120° 的钻头角（图 7-40c），120° 的钻头角纯属工艺结构，钻孔深度不包括这部分，如图 7-40d 所示。

4. 凸台和凹坑

为了保证零件表面间的良好接触和减少机械加工面积，可在铸件表面作出凸台和凹坑，如图 7-41 所示，或加工成沉孔，其结构和尺寸注法见表 7-11。

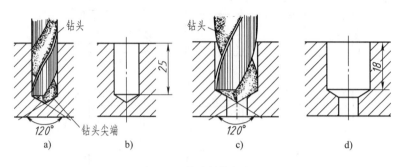

图 7-40　钻孔结构与标注

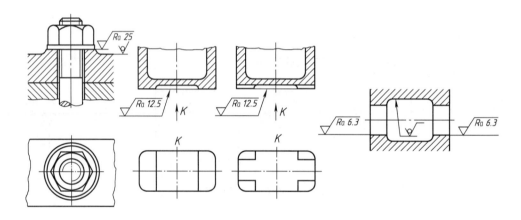

图 7-41　凸台和凹坑

表 7-11　沉孔的结构和尺寸注法

旁 注 法		普 通 注 法	说 明
6×φ7 ∨φ13×90°	6×φ7 ∨φ13×90°	90° φ13 6×φ7	埋头孔的符号、锥形孔的直径 φ13mm 及锥角 90° 均需注出
4×φ6.4 ⊔φ12↧4.5	4×φ6.4 ⊔φ12↧4.5	φ12 4.5 4×φ6.4	沉孔及锪平孔的符号、沉孔的直径 φ12mm 及深度 4.5mm 均需注出

（续）

旁　注　法		普通注法	说　明
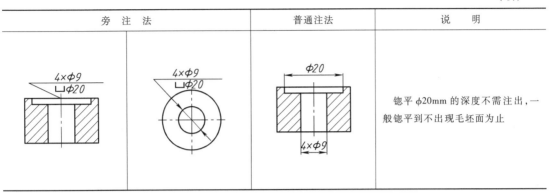			锪平 $\phi20$mm 的深度不需注出，一般锪平到不出现毛坯面为止

第五节　典型零件的建模

用手工绘制或用二维 CAD 软件绘制的零件图是传统的设计表达方法。若采用先进的三维 CAD 软件，则是首先建立零件的实体模型，再转化为二维工程图，其设计表达手段较传统的表达方法快速直观，大大提高了设计质量和设计效率。由于采用了参数化特征建模，零件的结构、大小在建模过程中可随时修改。本节介绍用 Inventor 软件创建零件模型的方法。

一、轴套、盘盖类零件

从构形的角度分析，此类零件的主要结构是同轴回转体，如图 7-42 所示。建模方法常用旋转、拉伸、阵列、圆角、倒角、螺纹或打孔等方式生成。

图 7-42　轴套、盘盖类零件

现以叶轮（图 7-43）为例，介绍建模过程。

1. 主体心轴成形

在 YZ 平面上定义草图平面，过坐标原点作轴线，画草图截面，作旋转，如图 7-44 所示。

2. 单叶片成形

在心轴端面定义草图平面，画矩形草图截面，退出此草图。再创建距 YZ 平面 40mm 的工作平面，并在此工作平面上重新定义草图平面，画 R100mm 的圆弧作为路径，退出此草图，进行扫掠，扫掠斜角为$-3°$，如图 7-45 所示。

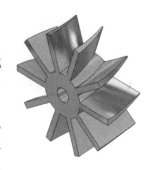

图 7-43　叶轮

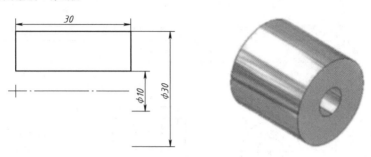

图 7-44 主体心轴成形

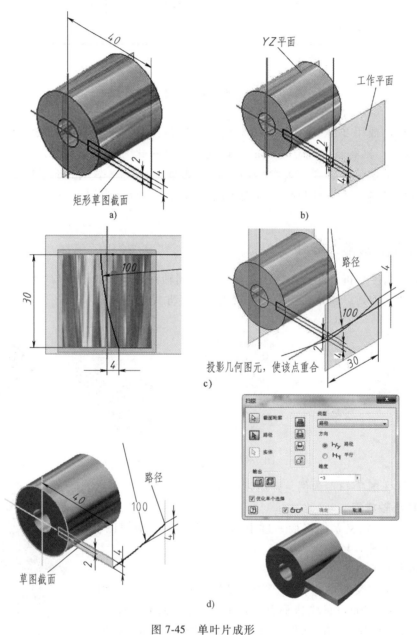

a) b)

c)

d)

图 7-45 单叶片成形

a) 画矩形草图截面 b) 作距 YZ 平面 40mm 的工作平面 c) 画路径草图 d) 作扫掠

3. 叶片环形阵列

以 Y 轴为旋转轴，对单叶片特征进行环形阵列，如图 7-46 所示。至此，叶轮三维建模完成。

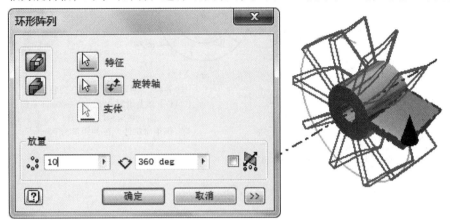

图 7-46　叶片环形阵列

二、叉架、箱体类零件

此类零件结构形状一般比较复杂，常有弯曲、歪斜构形，因此在使用三维设计软件建模时，应特别注意工作平面、工作轴、投影几何图元、几何与尺寸约束的灵活应用，下面举例说明。

例 7-3　叉架类零件建模，零件图如图 7-47 所示。

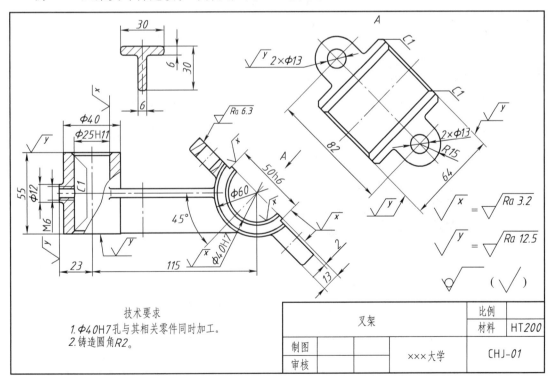

图 7-47　叉架零件图

解　进行形体分析，将叉架分解为三个基本组成部分（左侧圆柱体及其上依附结构、中间 T 形连接板、右侧带固定板的半圆柱体及其上依附结构），分别进行建模。步骤如下：

（1）主要结构建模

1）利用拉伸造型，创建左侧外径 $\phi40$mm，内孔为 $\phi25$mm 的空心圆柱体，如图 7-48 所示。

2）创建右侧半圆柱体，如图 7-49 所示。

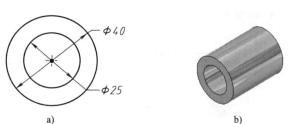

图 7-48　创建左侧空心圆柱体
a) 在 XY 平面上绘制 $\phi25$mm、$\phi40$mm 草图，圆心与坐标原点重合
b) 作单向拉伸，拉伸距离为 55mm

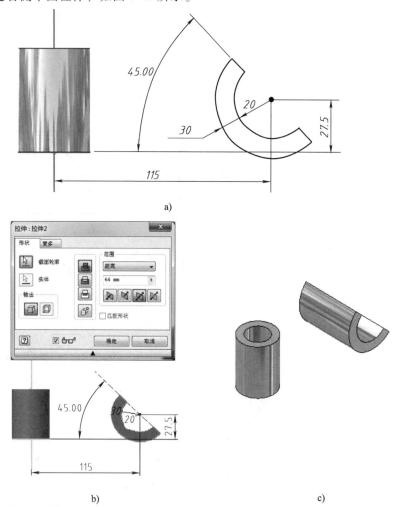

图 7-49　创建右侧半圆柱体
a) 在 YZ 平面上绘制 $R30$mm、$R20$mm 的半圆草图　b) 双向拉伸，距离为 64mm　c) 创建结果

3）创建 T 形连接板。平行 XZ 平面，创建工作平面 1，使其距离 XZ 平面为 115/2（图 7-47），并将其定义为草图平面，绘制 T 形断面，投影 Z 轴，对 T 形断面作与 Z 轴投影的对

称约束。创建工作平面 2，使其距离 XY 平面为 55/2（图 7-47），并投影该工作平面，约束 A、B 两直线与之对称，如图 7-50 所示。

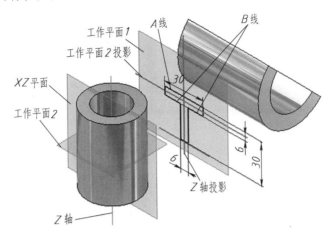

图 7-50　创建 T 形断面草图

　　拉伸 T 形断面为实体，终止方式为到表面，如图 7-51a 所示，然后，再将 T 形断面设定为共享草图，作二次拉伸，创建如图 7-51b 所示的 T 形连接板实体。

图 7-51　创建 T 形连接板实体

a）拉伸 T 形断面为实体　b）二次拉伸

（2）各依附结构建模

1）首先创建右侧半圆柱的轴线，再垂直于半圆柱表面 A 并过半圆柱的轴线创建工作平面 3，在表面 A 上定义草图平面，画草图，投影半圆柱的轴线，进行尺寸约束，拉伸创建半圆柱单侧固定板基本体，如图 7-52a 所示。再在 YZ 平面上定义草图平面，画矩形草图，投影工作平面 3，进行尺寸约束，利用拉伸（切削方式）去除固定板上表面一部分，如图 7-52b 所示。

2）用打孔特征生成固定板上 $\phi13$mm 小孔。再利用工作平面 3 作为对称面，选取需进行镜像处理的特征，镜像生成另一侧固定板，如图 7-53 所示。

3）凸台及其上螺孔结构建模，平行 XZ 平面，距离为 23mm，建立工作平面 4，在其上定义草图平面，绘制 $\phi12$mm 的草图，投影 Z 轴及工作平面 2，将 $\phi12$mm 的圆心约束在这两根投影线上，如图 7-54a 所示。拉伸 $\phi12$mm 草图截面终止到左侧 $\phi40$mm 的外圆柱面，

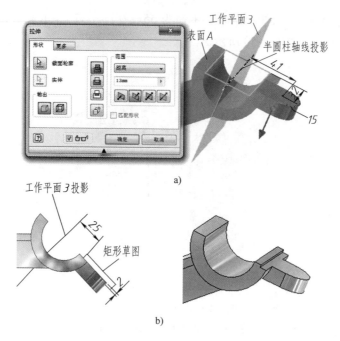

a)

b)

图 7-52 拉伸创建半圆柱单侧固定板

a）拉伸创建单侧固定板基本体 b）拉伸（切削方式）去除固定板上表面一部分

图 7-53 镜像生成另一侧固定板

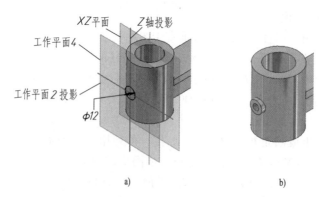

a)   b)

图 7-54 凸台及其上螺孔结构建模

a）创建凸台的草图截面并约束圆心 b）打孔作螺纹

并在其上打孔，作螺纹，如图 7-54b 所示。

（3）完成叉架上其他结构建模 利用圆角、倒角特征，按零件图要求，对图 7-47 中叉架零件图中表示有倒角、圆角的局部，制作倒角、圆角结构，如图 7-55 所示。至此，完成叉架的三维建模，保存为"叉架.ipt"文件。

图 7-55 制作倒角及圆角

第六节 创建零件工程图简介

利用计算机三维实体设计软件可建立 CAD/CAM 一体化所需的数据源，最终可实现无图加工。但根据目前企业的设计制造实际情况，由三维实体模型生成规范的二维工程图仍是必需的。绘制传统的二维工程图，要求设计者熟练掌握工程制图基础知识、具有较强的空间结构想象力和一定的实际设计经验，利用三维设计软件生成工程图是三维实体模型自动投影为各种平面视图，且生成的二维工程图和三维实体模型之间的数据是相互关联的，因此利用三维设计软件生成工程图既提高了绘图效率又便于修改。但应注意，零件的视图表达方案确定，尺寸标注的完整、正确、合理性等仍取决于设计者的设计表达能力。下面以上节中已建立的叉架实体模型为例，说明该零件工程图的创建过程。

例 7-4 根据叉架的三维实体模型，创建其二维工程图。

解

1）进入"工程图"工作环境，打开叉架实体模型文件"叉架.ipt"，用"基础视图"命令 ▥ 创建主视图，如图 7-56 所示。主视图的投影方向可用"改变视图方向"命令 ▧ 进行重新设置。

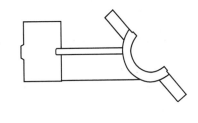

图 7-56 创建主视图

2）用"投影视图"命令 ▤ 创建俯视图、左视图和轴测图，如图 7-57 所示。

3）利用"斜视图"命令 ◈ 创建斜视图，隐藏其中多余线，如图 7-58 所示（删除了图 7-57 中的俯视图、左视图）。

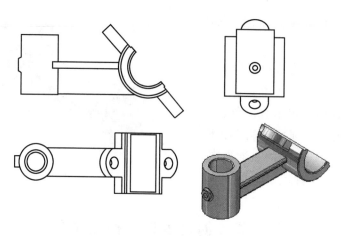

图 7-57　创建俯视图、左视图、轴测图

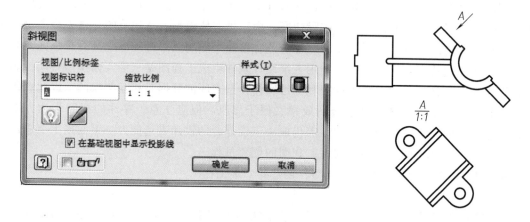

图 7-58　创建斜视图

4）利用"剖视图"命令 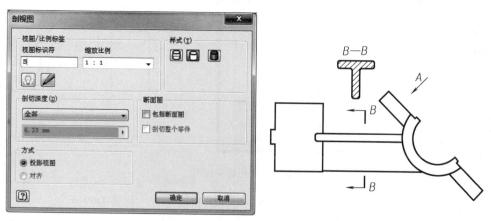 可创建全剖视图、移出断面图。本例用此命令，创建 *B—B* 移出断面图，隐藏其中多余线，如图 7-59 所示。

图 7-59　创建 *B—B* 移出断面图

5）创建局部剖视图。为作与主视图关联的草图，首先选定主视图（主视图周围出现红色虚线表示选中），在标准工具栏中单击"草图"，此时进入到草图编辑状态，再用样条曲线画局部剖的边界草图线（一般为封闭曲线）如图 7-60a 所示，结束草图。启用"局部剖视图"命令 ，选定主视图，系统弹出如图 7-60b 所示的对话框，在其中设置参数。"深度"选项常用的有 3 种方式：①自点，即定位剖切平面的"经过点"，应在另一视图（如轴测图）中指定，结果如图 7-60c 所示。②至草图，即定位剖切平面的"经过线"，应在局部视图之外的另一视图中创建一草图。③至孔，即定位剖切平面经过指定孔的中心，可感应孔特征。

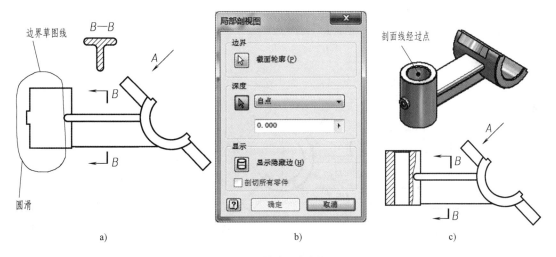

图 7-60　创建局部剖视图

注意，Inventor 中没有直接创建半剖视图的功能，目前的解决方案是利用局部剖视图，在图 7-61a 的主视图右侧绘制一个矩形草图，单击主视图最上面的边线，右键单击，选择快

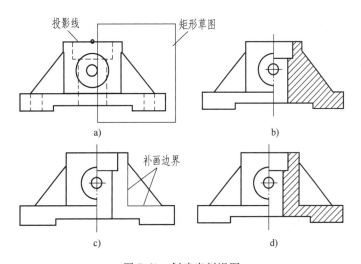

图 7-61　创建半剖视图

a）作符合要求的矩形草图　b）自动生成的半剖视图　c）隐藏剖面线重新构造填充边界　d）填充剖面线

捷菜单"投影边"选项，将图 7-61a 所示的直线投影到当前草图，使用"重合"约束命令 ，将矩形草图的左边线重合到该投影线的中点上。启用"局部剖视图"命令 ，可创建如图 7-61b 所示的半剖视图，但不符合机械制图关于肋板剖切画法的要求，对此可右键单击，利用快捷菜单选择"隐藏剖面线"选项，再投影所需边界并补画缺少的剖面线区域边界，作与边界投影线之间必要的几何约束，如图 7-61c 所示。用工程图草图面板中的"填充"命令，填充剖面线，如图 7-61d 所示。

6）在"工程图标注面板"中，使用"中心标记"命令 、"尺寸"命令 ，添加所有中心线、轴线、尺寸。再插入适当的图框及标题栏，本例采用的是自定义标题栏，如图 7-62 所示。

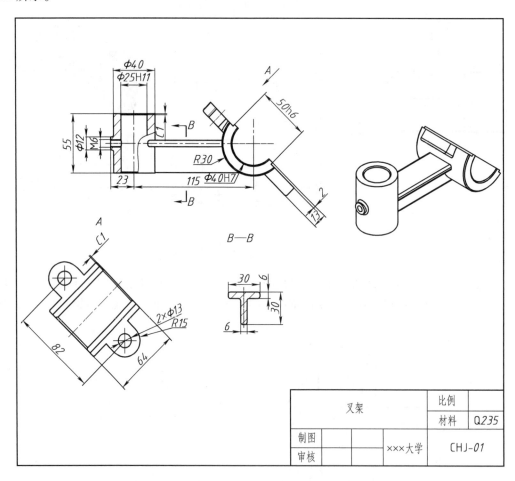

图 7-62 添加中心线、轴线、尺寸并插入图框及标题栏

7）启用"工程图标注面板"，使用"表面粗糙度符号"命令 、"文本"命令 **A**，标注表面粗糙度等技术要求，如图 7-63 所示，保存文件名为"叉架.idw"。因目前三维设计软件对二维工程图的自动处理，仍达不到人们期待的水准，对图中不符合国家制图标准及工程图实际需求的局部可利用 AutoCAD 软件进行修饰处理（参见第九章），修饰后的工程图如图 7-47 所示。

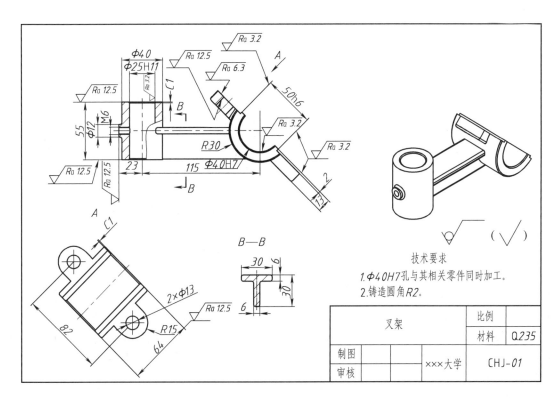

图 7-63 添加技术要求

第七节 阅读零件图

在进行零件设计、制造、检验时不仅要有绘制零件图的能力，还应具备读零件图的能力。本节结合具体图例介绍看零件图的方法和步骤。图 7-64 所示为蜗杆减速器箱体的零件图，其看图的步骤如下。

1. 看标题栏

从标题栏中可了解零件的名称为蜗杆减速器箱体，材料牌号为 HT150 的铸铁，画图比例是 1∶1，由图形的总体尺寸可估计这个零件的实际大小。

2. 分析视图，确定零件的结构形状

这一步的主要目的是要弄清零件图上采用的视图表达方案，想象出零件的形状。首先应按视图的配置情况找出主视图，相应地确定其他各视图，再分析剖视、断面的剖切位置。最后，对照投影关系，综合起来想象出零件的结构形状。

（1）视图的配置 从视图的配置情况可看出箱体用了主视图、俯视图、左视图和仰视图 4 个基本视图。另外还用了 B 向局部视图和 C 向局部视图。主视图采用全剖视图，重点表达了箱体内部的主要结构形状。在主视图的右下方有一个重合断面，是表示肋板的形状。俯视图采用半剖视，剖切位置在主视图 A—A 处，由此可知箱体前后对称。左视图大部分表达箱体的外形，采用局部剖视是用于表达支承蜗杆轴的支承孔处的结构。

（2）形体分析 分析形体，对其组成部分逐个地利用投影关系进行分析。现将零件分

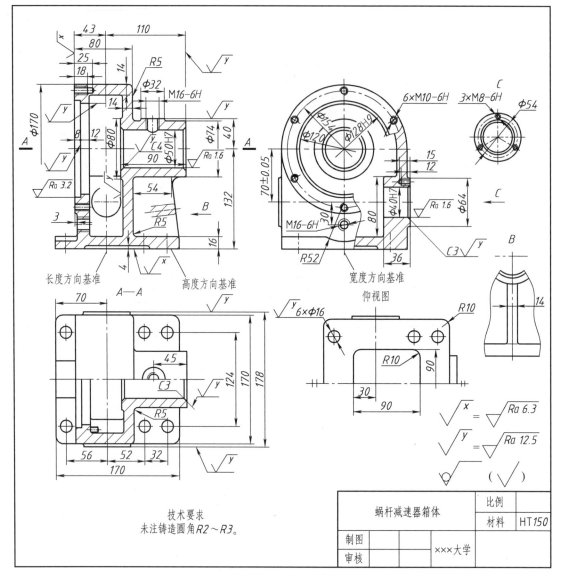

图 7-64　蜗杆减速器箱体的零件图

为 3 个部分, 分别弄清楚每一部分的形状。

1) 底板部分。由主视图和俯视图可知, 它是长 170mm, 宽 170mm, 厚 16mm, 且四角有 R10mm 圆角的一块方板。其上有 6 个 φ16mm 的通孔, 用于安装地脚螺钉。由主视图、仰视图可知, 底板的下表面上有一个 90mm×90mm 深 4mm 的凹坑, 目的是为了减少底面的加工面和接触面。由主、左视图可看出底板的上表面左端中间, 有一个 R52mm 的凹坑, 这是为了装卸放油塞而留出的扳手空间。

2) 蜗轮轴的支承部分。由主视图可知这部分主要是内径 φ50H7、外径 φ74mm, 长 90mm 的空心圆柱。为了便于安装, 在 φ50H7 孔的两端有 C4 和 C3 的倒角。空心圆柱上面有 φ32mm 的油杯凸缘。M16 是安装油杯用的螺孔, 由俯视图可找到它的水平投影。由 B 向视图和主视图可知, 在空心圆柱下面有厚度 14mm 的肋板, 用它将空心圆柱与底板连接起来。

　　3）主体部分。由主、左视图和俯视图可知，它由以下几部分组成：箱体左上方的半个大空心圆柱，其外径为 ϕ170mm，长 80mm，内径为 ϕ142mm＝ϕ（170−28）mm；前、后、右均为平板形状并和底板连接的壁厚为 14mm 的箱壁；在蜗杆轴线上的 2 个支承部分（对照左视图和俯视图：内孔 ϕ40H7，宽 36mm，高 80mm 的方形凸缘）所组成的壳体。它们里面是安装蜗轮和蜗杆的空腔。为了与箱盖连接和对中，由主、左视图可看出在左端有 6 个 M10 深 18mm 的螺孔和止口（ϕ128H9）。C 向视图表示安装蜗杆轴的凸缘形状和 3 个安装轴承盖的螺孔 M8。由左、主视图还可看出箱体的下部有一个装放油塞的放油孔 M16。

　　（3）综合想象　　根据上述分析，综合起来可想象出蜗轮箱箱体主要结构形状如图 7-65 所示，再进一步阅读分析零件图上的细部，可确定它的内部形状和各部分的详细结构，如图 7-66 所示。

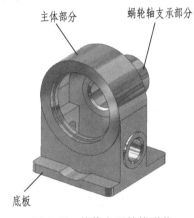

图 7-65　箱体主要结构形状

图 7-66　箱体的详细结构

3. 尺寸分析

　　（1）尺寸基准　　从主视图和俯视图中可看出长度方向的主要基准是过蜗杆轴线的直立平面，箱体的左、右端面是辅助基准；宽度方向的基准是箱体的前后对称平面；高度方向的主要基准是底板底面。

　　（2）精确尺寸的分析　　ϕ50H7 和 ϕ40H7 是配合尺寸；（70±0.05）mm 是为了保证蜗轮、蜗杆在轴上安装后能正常啮合所要求的。

　　对零件各部分形体结构尺寸应按定形尺寸和定位尺寸全面分析清楚。

4. 看技术要求

　　零件图上标注的技术要求，是对零件在加工、检验和安装的过程中的质量要求，如表面粗糙度、热处理等内容。

本 章 小 结

1. 零件表达方案的选择。
2. 零件图尺寸标注合理性要求。
3. 零件图上的技术要求，包括表面粗糙度、极限与配合、几何公差。
4. 零件结构工艺性要求。
5. 典型零件三维建模方法。

第八章

装配图与三维装配

第一节　装配图的用途与内容

用来表达机器或部件的图样称为装配图。它是进行设计、安装、检测、使用和维修等工作的重要技术文件。在进行机器或部件的设计时，一般先画出装配图，然后再根据装配图拆画零件图。

图 8-1 所示为球阀的装配图，从图中看出，球阀装配图应包括以下内容：

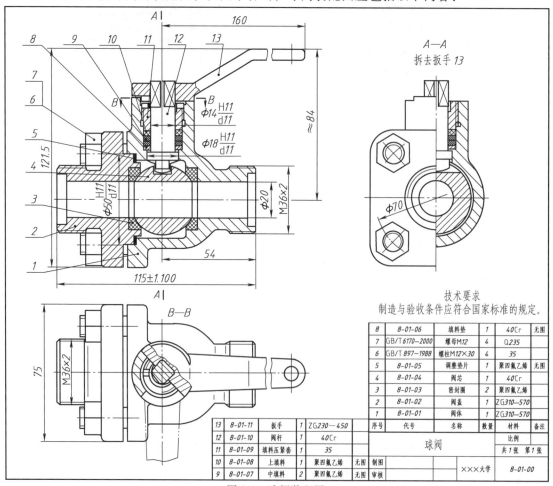

8	8-01-06	填料垫	1	40Cr	无图
7	GB/T 6170—2000	螺母M12	4	Q235	
6	GB/T 897—1988	螺柱M12×30	4	35	
5	8-01-05	调整垫片	1	聚四氟乙烯	无图
4	8-01-04	阀芯	1	40Cr	
3	8-01-03	密封圈	2	聚四氟乙烯	
2	8-01-02	阀盖	1	ZG310—570	
1	8-01-01	阀体	1	ZG310—570	
序号	代号	名称	数量	材料	备注

13	8-01-11	扳手	1	ZG230—450	比例
12	8-01-10	阀杆	1	40Cr	共1张 第1张
11	8-01-09	填料压紧套	1	35	
10	8-01-08	上填料	1	聚四氟乙烯	无图　制图
9	8-01-07	中填料	2	聚四氟乙烯	无图　审核

球阀　×××大学　8-01-00

图 8-1　球阀装配图

1）一组视图：以表达机器或部件的工作原理、零件之间的连接和装配关系。

2）必要的尺寸：装配图中只要求注出机器或部件的规格（性能）尺寸、装配关系尺寸、安装尺寸、总体尺寸等。

3）技术要求：说明机器或部件在装配、安装、调试和检验等方面应达到的技术指标。

4）零件序号、明细栏和标题栏：注明机器或部件的名称及装配图中全部零件或部件的序号、名称、材料、数量、规格等。标题栏包括机器或部件的名称、图号、比例及必要的签署等内容。

第二节　装配图的规定画法和特殊画法

前面所述的表达零件的各种方法（视图、剖视图、断面图）同样适用于表达机器或部件。但由于表达对象与目的不同，装配图还有规定的画法和特殊画法。

一、规定画法

1）两相邻零件的配合面和接触面只画一条线。当两相互结合的零件公称尺寸不同时，即使间隙很小，也必须画成两条线，如图8-2、图8-3所示。

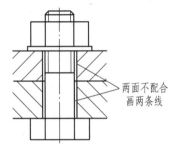

图8-2　规定画法（一）

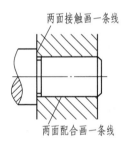

图8-3　规定画法（二）

2）为区分零件，在剖视图中两个相邻零件的剖面线的倾斜方向应相反，或方向一致间隔不同。同一零件在各个视图上的剖面线的倾斜方向和间隔必须一致。当零件厚度小于2mm时，剖切后允许用涂黑代替剖面符号，如图8-4所示。

3）为了简化作图，对标准件（如螺栓、垫圈、螺母等）和实心件（如轴、手柄、球等），若按纵向剖切，且剖切平面通过其对称中心线或基本轴线时，则这些零件按不剖绘制，如图8-4所示的螺钉轴等。当剖切平面垂直于这些零件的轴线时，则应画出剖面线，如图8-5所示。

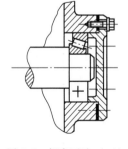

图8-4　规定画法（三）

二、特殊画法

1. 沿结合面剖切与拆卸画法

为了清楚地表达部件的内部构造，可假想沿某些零件的结合面剖切，这时，零件的结合面不画剖面线，如图8-5所示俯视图的右半部。

当需要表达部件中被遮盖部分的结构，或者为了减少不必要的画图工作时，有的视图可以假想将某一个或几个零件拆卸后绘制，如图 8-1 所示的左视图就是为了减少画图工作而假想把扳手拆去画出的，这种画法称为拆卸画法。

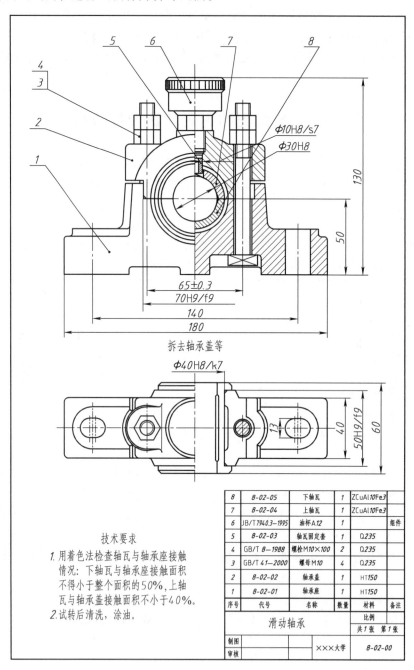

8	8-02-05	下轴瓦	1	ZCuAl10Fe3	
7	8-02-04	上轴瓦	1	ZCuAl10Fe3	
6	JB/T 7940.3-1995	油杯A12	1		组件
5	8-02-03	轴瓦固定套	1	Q.235	
4	GB/T 8-1988	螺栓M10×100	2	Q.235	
3	GB/T 41-2000	螺母M10	4	Q.235	
2	8-02-02	轴承盖	1	HT150	
1	8-02-01	轴承座	1	HT150	
序号	代号	名称	数量	材料	备注

技术要求
1. 用着色法检查轴瓦与轴承座接触情况：下轴瓦与轴承座接触面积不得小于整个面积的50%，上轴瓦与轴承盖接触面积不小于40%。
2. 试转后清洗、涂油。

滑动轴承

比例
共 1 张　第 1 张

制图
审核
×××大学
8-02-00

图 8-5　滑动轴承装配图

2. 假想画法

在装配图中，如果要表达运动零件的极限位置，可用双点画线画出其轮廓。另外，若要表达与相邻辅助零件的安装连接关系时，也可采用双点画线画出其轮廓，如图 8-6 所示。

3. 夸大画法

在装配图中，为了清楚地表达薄的垫片或较小的间隙，允许将其夸大画出，如图 8-7 所示。

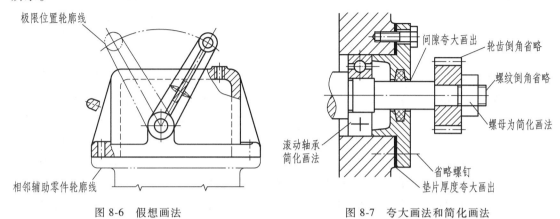

图 8-6 假想画法　　　　　　　　　　图 8-7 夸大画法和简化画法

4. 简化画法

对于装配图中若干相同的零件组，如螺栓联接等，可详细地画出一处或几处，其余的则以细点画线表示其中心位置。对装配图中零件的工艺结构，如倒角、圆角、退刀槽等可不画出，如图 8-7 所示。

第三节　装配图的尺寸标注、技术要求和零部件序号及明细栏

一、装配图的尺寸标注、技术要求

1. 装配图的尺寸标注

装配图和零件图的作用不同，对尺寸标注的要求也不同，在装配图中，只需标注以下几类尺寸。

（1）规格（性能）尺寸　它是表示机器或部件性能与规格的参数。这些尺寸在拟定设计任务时就已确定，一般数量很少，如图 8-5 中的 ϕ30H8。

（2）外形尺寸　表示机器或部件外形轮廓的尺寸，即总长、总宽、总高。它是机器或部件在包装、运输、安装以及厂房设计等工作过程中必需的尺寸，如图 8-5 所示的 180mm、130mm、60mm。

（3）装配尺寸

1）配合尺寸。表示零件间有配合要求的配合尺寸，如图 8-5 所示的 50H9/f9、ϕ40H8/k7 等。

2）相对位置尺寸。零件在装配时，需要保证的相对位置尺寸，如图 8-5 所示的两个螺栓间的距离（65±0.3）mm。

（4）安装尺寸　将机器安装在基础上或部件装配在机器上所使用的尺寸，如图 8-5 所示的 140mm、13mm。

（5）其他重要尺寸　包括设计时经计算确定的尺寸或根据某种需要而确定，但又不属

于上述几类尺寸的一些重要尺寸，如图8-5所示的滑动轴承轴孔中心高度50mm。

2. 技术要求

装配图中的技术要求，主要包括部件的装配、调试方法，应达到的技术指标以及验收条件和使用规则等。这些要求一般是参阅同类产品的图样，结合具体要求制定。

二、装配图的零、部件序号和明细栏

1. 序号的编排方法

1）装配图中所有的零、部件都必须编写序号。相同零件或部件只编写一个序号。

2）序号应按水平或垂直方向排列整齐，按顺时针或逆时针方向顺序编号。序号注写在指引线的水平线上或圆内。序号的字高比图中的尺寸数字高度大一号或二号，指引线或圆均为细实线。指引线应由零件的可见轮廓线内引出，并在末端画一小圆点，若所指零件很薄或为涂黑的剖面，在指引线的末端可画出指向轮廓的箭头，如图8-8所示。

3）一组紧固件或装配关系清楚的零件组，可采用公共的指引线进行编号，如图8-9所示。

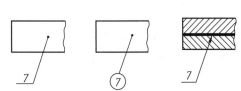

图8-8　零件的编号形式

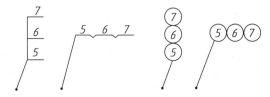

图8-9　公共指引线

4）指引线不能相交，当通过有剖面线的区域时，指引线不能与剖面线平行，必要时指引线可画成折线，但只能曲折一次。

2. 明细栏和标题栏

明细栏在紧靠标题栏的上方，其内容和格式可查阅 GB/T 10609.2—2009，本书推荐用明细栏如图8-10所示。明细栏中的序号应与图中零件序号

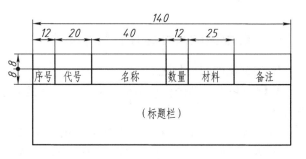

图8-10　本书推荐用明细栏

号一致，并按由下而上的顺序填写。当由下而上延伸不够时，可将其分段并紧靠标题栏的左边。

第四节　部件测绘与装配图的画法

一、部件测绘的方法与步骤

根据现有部件进行测绘，画出零件草图，再整理绘制成装配图和零件图的过程称为部件测绘。下面以滑动轴承为例，说明部件测绘的一般步骤与方法。

1. 了解、分析测绘对象

通过对实物观察、查阅产品说明书、同类产品图样等资料，初步了解装配体的用途、性能、工作原理、结构特点及装配关系等。

滑动轴承是支承轴及轴上转动零件的一种装置。中间的轴孔直径代表其规格尺寸。滑动轴承本身由轴承座、轴承盖、上轴瓦、下轴瓦、螺栓、螺母、油杯和轴瓦固定套组成，如图8-11所示。其中螺栓、螺母、油杯是标准件。轴瓦两端的凸缘卡在轴承座与轴承盖两边的端面上，防止其轴向移动。为了避免轴承座与轴承盖在左右方向上有配合误差，它们之间利用止口配合。为了不使轴瓦在轴承座和轴承盖孔中出现转动，用一个固定套在轴承盖与上轴瓦顶部的孔中定位。用螺栓联接整个轴承，每个螺栓上采用双螺母防松。在油杯中填满油脂，拧动杯盖，便可将油脂挤入轴瓦内。轴承底板两边的通孔用于安装滑动轴承。

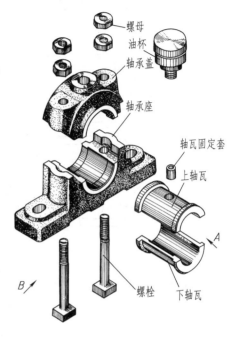

图 8-11　滑动轴承

2. 拆卸零件并绘制装配示意图

在了解部件的基础上，将部件按一般零件、常用件和标准件进行分类，以便于拆卸后重装和为画装配图提供参考。在拆卸过程中应同时画出装配示意图，并在图上标出各零件的名称、数量和需要记录的数据。滑动轴承的装配示意图如图8-12所示。

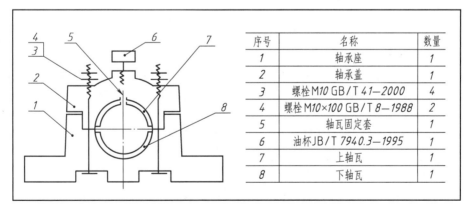

序号	名称	数量
1	轴承座	1
2	轴承盖	1
3	螺栓 M10 GB/T 41—2000	4
4	螺栓 M10×100 GB/T 8—1988	2
5	轴瓦固定套	1
6	油杯 JB/T 7940.3—1995	1
7	上轴瓦	1
8	下轴瓦	1

图 8-12　滑动轴承的装配示意图及零件编号

3. 画零件草图

组成部件的每一个零件，除标准件外，都应画出草图，草图应具备零件图的所有内容，但测绘工作由于受工作现场条件的制约，一般是以目测估计图形与实物的比例，徒手绘制再测量并标注尺寸和技术要求。标准件应测量后与标准手册核对，记录下规格尺寸。图8-13所示为轴承盖零件草图。

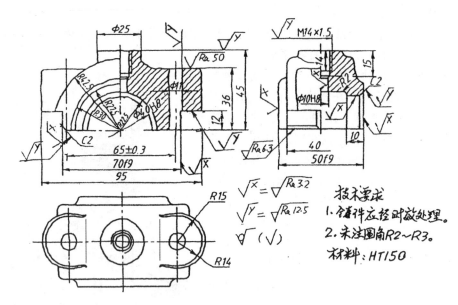

图 8-13 轴承盖零件草图

4. 绘制装配图和零件图

根据绘制的零件草图绘制正式的部件装配图，装配图要画得准确，如采用计算机绘图应1：1绘制。画装配图的过程，是一次检验、校对和协调零件形状、尺寸的过程。在画装配图过程中，如发现有问题的零件草图必须作出修改。有了正式的装配图后，再根据它和零件草图画出正式的零件图，如图8-14所示。

二、装配图的画法和步骤

现仍以图8-11所示的滑动轴承为例，说明装配图的画法和步骤。

1. 确定表达方案

画装配图时，首先要确定表达方案，主要考虑如何更好地表达机器或部件的装配关系、工作原理和主要零件的结构形状。表达方案包括主视图的选择、其他视图的选择和表达方法。

（1）主视图的选择　选择视图时，应首先选择主视图，选择原则是：

1）符合部件的工作状态和安装状态。

2）能较清楚地表达部件的工作原理、装配关系及结构特征。

图8-11所示的滑动轴承位置固定后，有A、B两个方向的视图可选作主视图。主视图的投射方向若选B向，经剖切后主要的装配关系比较清楚，也能说明一部分功用，但对滑动轴承的结构特征反映欠佳，特别是俯视图很宽；若选A向，则其主视图如图8-15所示。通过螺栓轴线剖切，因滑动轴承是对称的，主视图采用半剖视。

（2）其他视图的选择和表达方法　主视图确定之后，还要选择其他视图，补充表达主视图没有表达清楚的内容。

如滑动轴承主视图确定之后，为了表明一些零件的对称配置，同时将主要零件的结构形式表示清楚，再增加一个俯视图。俯视图上沿结合面剖切，取半剖视。

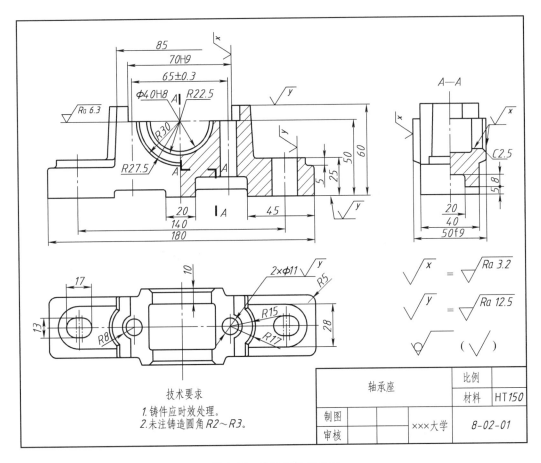

图 8-14　轴承座的零件图

这样，由主、俯视图就确定了滑动轴承的视图表达方案。

2. 确定比例和图幅

按照选定的表达方案，根据部件的大小及复杂程度来确定图形的比例。

确定图幅时，除了要考虑图形所占的面积外，还要留出注写尺寸和技术要求、明细栏和标题栏等的位置，并选用标准图幅。

3. 画装配图的步骤

（1）布置视图　布图是根据视图的数量及其轮廓尺寸，画出各视图的中心线、

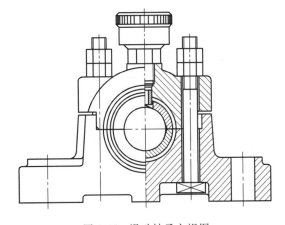

图 8-15　滑动轴承主视图

轴线或基准线，同时，各视图之间要留出适当的位置，以便标注尺寸和编写零件序号，并将明细栏和标题栏的位置定好，如图 8-16a 所示。

（2）画部件的主要结构　一般可有两种方法：

1）由内向外画，按装配干线进行，先画干线上主要零件的主要结构，再画和它有装配

关系的零件，逐步扩展到壳体。

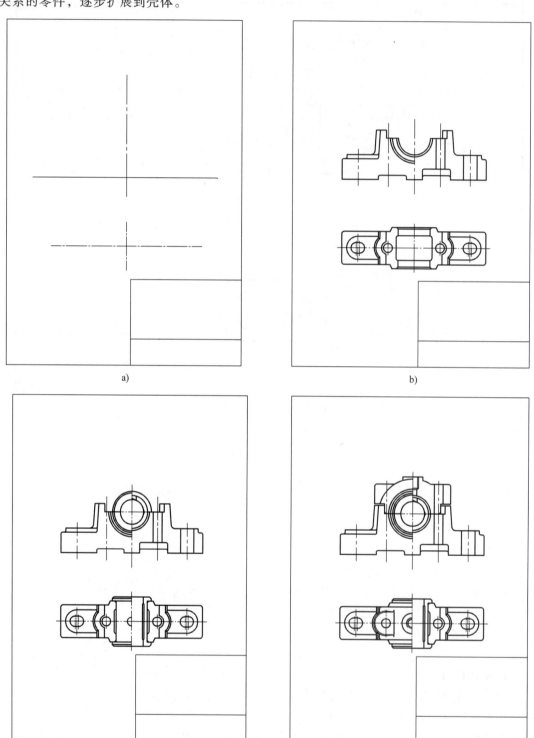

图 8-16　滑动轴承装配图的画图步骤

a) 布图　b) 画轴承座　c) 画上、下轴瓦　d) 画轴承盖

2）由外向内画，从壳体或机座画起，将其他零件按次序逐个装上去。

一般从主视图开始，再到其他视图，逐个地进行，但对某些零件必须在其他视图画出后才能画出主视图，也要及时地联系几个视图来画。滑动轴承采用由底座画起的方法，先画底座，再把下轴瓦、上轴瓦装上，最后装轴承盖，其步骤如图 8-16b～d 所示。

（3）画部件次要结构　画出各零件的细节，如固定套、螺纹紧固件、轴承盖上的螺纹等。

（4）完成装配图　画剖面线、标注尺寸、加深图线。然后，对零件进行编号、填写明细栏、标题栏、技术要求。最后检查、修饰，完成装配图。滑动轴承完整的装配图如图 8-5 所示。

第五节　与装配有关的构形

一、零件的配合关系与构形

1）为了保证设计要求，在同一方向，两零件一般只允许有一对接触面，如图 8-17 所示。圆锥的配合，其轴向相对位置即被确定，因此，不应要求圆锥面和端面同时接触，如图 8-18 所示。

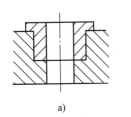
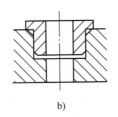

a)　　　　　　　　b)

图 8-17　同方向接触面只有一对
a）错误　b）正确

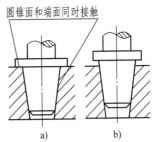

圆锥面和端面同时接触

a)　　　　　　　b)

图 8-18　圆锥面配合
a）不合理　b）合理

2）为了保证轴肩与孔端面接触，孔口或轴根应作出相应的圆角、切槽或倒角，如图 8-19所示。

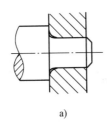
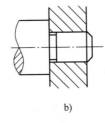
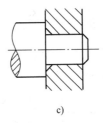

a)　　　　　　　　b)　　　　　　　　c)

图 8-19　轴肩与孔端面接触处的结构
a）轴根作出圆角　b）轴根切槽　c）轴套倒角

二、零件的联接与构形

1）零件间的联接分为可拆联接（如螺纹联接、键联接）、不可拆连接（如焊接、铆接）。考虑装拆的可能性，对于螺纹联接装置，一是要保证有足够的装拆空间，如图 8-20 所示。二是要留出扳手的转动空间，如图 8-21 所示。

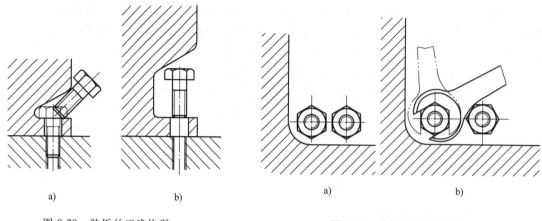

图 8-20　装拆的正确构形一
a）错误　b）正确

图 8-21　装拆的正确构形二
a）错误　b）正确

2）采用铆接方法的合理构形。构形要求在零件上加工一个较深较窄的槽，这样的形状工艺性差，不符合加工要求，因此构形不合理。改用铆接方法，将零件分成两个极简单的零件，然后再铆接起来，如图 8-22 所示。

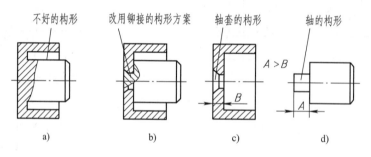

图 8-22　铆接构形
a）不好　b）好　c）轴套　d）轴

三、零件的定位与构形

最常见的零件定位是轴系中每个零件的定位。

1）用轴肩或孔的凸缘定位滚动轴承时，应注意到维修时轴承的拆卸方便，如图 8-23 所示。

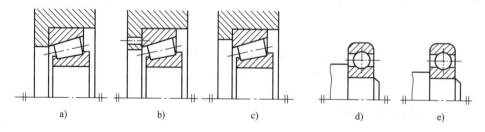

图 8-23　用轴肩或孔的凸缘定位滚动轴承的结构
a）、d）不合理　b）、c）、e）合理

2）为了保证定位可靠，轮毂、轴套和轴颈的长度需协调好。如图 8-24 所示，为了保证轴套压住滚动轴承内圈，轴的台阶尺寸 L_2 应小于齿轮的宽度 L_3、轴套长度 L_4 和滚动轴承宽度 L_5 三尺寸之和，即 $L_2 < (L_3 + L_4 + L_5)$。为保证齿轮的定位，应 $L_1 < L_3$。

四、与装配可能性有关的构形

图 8-25 所示为轴系装配错误构形。从图中可看出，这些零件无法装进箱体零件中，因此，应将箱体沿轴线剖分为上、下两部分进行构形设计。

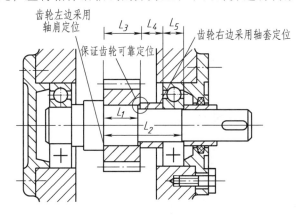

图 8-24　轴系零件轴向定位

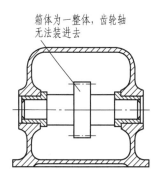

图 8-25　轴系装配错误构形

第六节　读装配图和拆画零件图

在设计、装配、安装、调试及进行技术交流时，都会碰到看装配图的问题。因此，读装配图是工程技术人员必备的基本技能之一。

一、读装配图的要求

1）了解部件的功用、使用性能和工作原理。
2）弄清各零件的作用、零件之间的相对位置、装配关系及连接固定方式等。
3）读懂各零件的结构形状。
4）了解尺寸和技术要求等。

二、看装配图方法和步骤

下面以图 8-1 所示球阀装配图为例说明读装配图的方法。

1. 概括了解

通过看标题栏、明细栏可知球阀共有 13 种零件装配而成。球阀是阀的一种，安装在管道系统中，用于开启关闭管路和调节管路中流体的流量。

2. 了解装配关系、工作原理

图 8-1 中反映装配关系的主要视图是主视图，从中可看出有两条主要装配干线，一条是以阀杆的垂直轴线为主的装配干线，另一条是以阀体的水平轴线为基准的装配干线，如图

8-26 所示。

球阀的工作原理是：当球阀处于图 8-1 所示位置时，阀门为打开状态，此时流量最大，当扳手以顺时针方向旋转时，阀门逐渐关闭，转至俯视图中双点画线所示位置时，阀芯便将通孔全部挡住，阀门完全关闭。

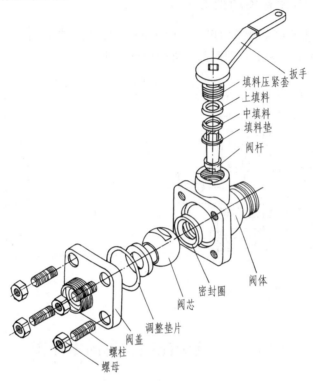

图 8-26　球阀的两条主装配干线

3. 分析零件，想象各零件的结构形状

零件的结构形状主要由零件的作用、与其他零件的关系以及制造工艺等因素决定。分析比较复杂的非标准零件时，关键是要能从装配图中将零件的投影轮廓从各个视图中分离出来。确定零件结构形状的方法是：

1）看明细栏，由序号从装配图中找到该零件所在位置。

2）根据同一零件的剖面线方向和间隔在各个视图中一致的规定画法，对照投影关系确定阀体在各个视图中的轮廓范围，并可大致了解该零件的主要结构形状，如图8-27所示。

3）根据视图中配对连接结构相同或类似的特点、尺寸符号及箱体（壳体）类零

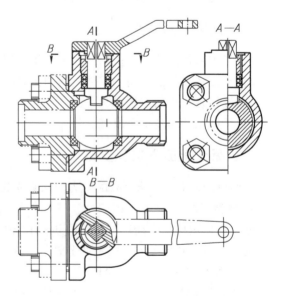

图 8-27　阀体在各个视图中的轮廓范围

件由内定外的构形原则，确定零件的相关结构形状。如阀盖与阀体连接部分均应为四角带圆角的四方板，其上连接孔的定位尺寸均为 $\phi70mm$。由阀盖与阀体的配合尺寸 $\phi50H11/h11$ 可确定阀体这部分为圆柱构形。

4）利用投影分析，借助绘图工具（三角板、分规等），根据线、面、体的投影特点，确定装配图中某个零件被其他零件遮挡部分的结构形状，将所缺的投影补画出来，如图 8-28 所示。

4. 拆画零件图

在设计过程中，还需要根据装配图画出零件图，通常称之为拆图。它是设计工作中的一个重要环节。

（1）关于零件的分类　拆图中，需要拆画哪些零件的零件图，还需将零件分类：

1）标准件。标准件属外购件，一般不需画出零件图，只需按照标准件的规定标记代号列出标准件的汇总表即可。

2）借用零件。借用零件是指借用其他定型产品的零件。对这些零件，可利用已有的图样，而不必另行画图。只需要在装配图的备注栏中填写借用图样的图号，供查找。

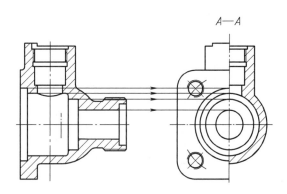
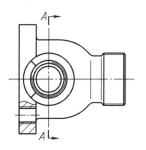

图 8-28　投影分析

3）一般零件。这类零件是拆画零件图的重点。对这类零件要根据装配图中已确定的形状、大小和相关技术要求来设计零件图。

（2）关于零件的视图表达方案　在拆图时，一般不能简单地抄袭装配图中零件的表达方法。因为装配图的视图选择主要从整体部件考虑，不一定符合每个零件视图选择的要求，因此零件的视图表达方案必须根据零件的类别、形状特征、工作位置或加工位置等重新考虑最佳的表达方案。这部分内容已在零件图一章中介绍过。此外，装配图上未画出的工艺结构（圆角、倒角、退刀槽等），在零件图上都必须详细画出。对零件上某些不定形结构，应根据装配关系和工艺性要求，进行定形设计。图 8-29 所示为球阀中阀体的零件图。

（3）关于尺寸标注　零件图上的尺寸应按"正确、完整、清晰、合理"的要求标注。拆图时，对零件图上的尺寸可按下列方法确定：

1）装配图上已标注的尺寸。在零件图中可以照抄过来。如图 8-29 所示的 $\phi50H11$、$\phi18H11$、$\phi20mm$、$M36\times2$ 等。

2）计算尺寸。例如，齿轮的分度圆、齿顶圆直径等，要根据装配图所给的齿数、模数，经过计算，然后标注在零件图上。

3）查表尺寸。对于零件图上的标准结构，如螺栓通孔直径、螺孔深度、倒角、退刀槽、键槽等尺寸，都应从有关手册或标准中查表获得。

4）关联尺寸。相邻零件接触面的相关尺寸及连接件的定位尺寸要协调一致。如阀体上

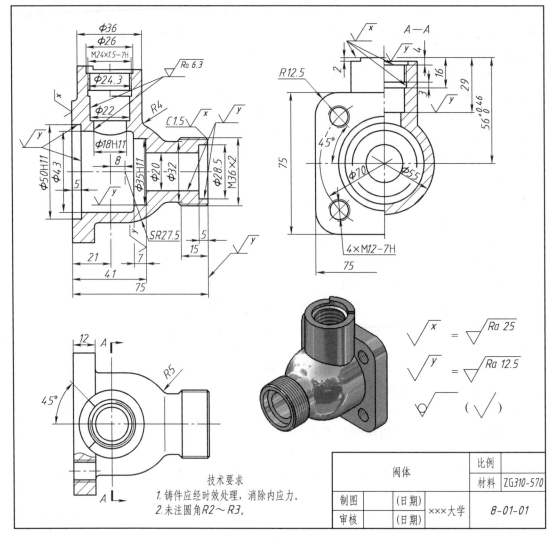

图 8-29　阀体的零件图

左视图上 $\phi70$mm 应与阀盖上安装螺栓的光孔的定位尺寸协调一致。

　　5）装配图上未标注的尺寸需在装配图上按比例直接量取，量得的数值注意圆整和符合标准化数据。

　　（4）关于零件图的技术要求　　技术要求在零件图中占有重要的地位，它直接影响零件的加工质量。正确制定技术要求涉及许多专业知识，本书不作进一步介绍。注写时，可查阅有关机械设计手册或参照同类产品的图样来加以比较确定。

第七节　三维装配体的设计

　　在三维设计环境下，以直观的方式直接装配三维零件，使装配关系更易于理解，便于发现错误与不合理之处，这种设计过程被称为"三维实体装配设计"。

　　在实际的产品设计过程中，有两种较为常用的设计方法：一种是从最低一级的零件开始进行组合，最后形成完整的装配体来描述整个产品，称为自下而上的设计，如图 8-30 所示。另一种是从产品的装配体开始向最低一级的零件进行划分，完成产品设计，称为自上而下的设计，如图 8-31 所示。

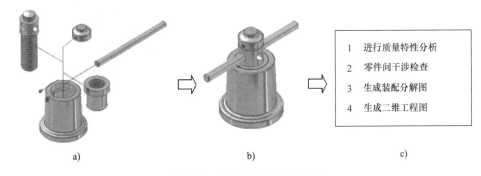

图 8-30　自下而上的设计过程

a) 在装配环境中装入所有零件　b) 添加装配约束　c) 进行装配分析

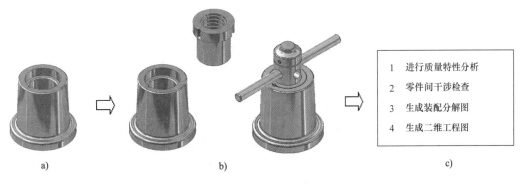

图 8-31　自上而下的设计过程

a) 装入一个或多个基础零件　b) 在位创建新的零件，生成三维装配模型　c) 进行装配分析

一、自下而上的设计

自下而上的装配设计是先设计好装配体中的零部件几何模型，再将零部件的几何模型按装配约束条件装配起来，从而获得装配体。设计过程如下：

1）在零件环境下创建构成部件的所有零件或子部件。

2）在装配环境下装入所有零件或子部件。

3）按一定约束条件完成零件和子部件的装配。

例 8-1　千斤顶零件及装配体如图 8-32 所示，按"自下而上"的设计方法设计千斤顶。

解　装配体设计分析：先创建千斤顶的各零件（底座、螺套、螺旋杆和顶垫等）→在装配环境中调入各零件→添加装配约束，装配各个零件。

设计步骤：

1）进入装配工作环境。

2）在装配环境中，依次单击部件面板中的"放置"按钮 ，从"打开"对话框中选择已创建的底座、螺套、螺旋杆、顶垫及铰杠零件；对于螺钉标准件，可通过单击"放置"

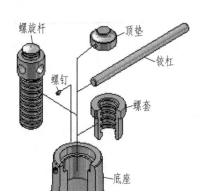

图 8-32 千斤顶零件及装配体

图标的下箭头，选择 ![icon] 从资源中心装入。从标准件库中选择螺钉。装入的零件及模型树结构如图 8-33 所示。

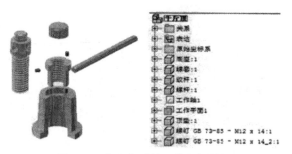

图 8-33 装入的零件及模型树结构

3）添加装配约束。单击部件面板中的"约束"命令 ![icon]，打开"放置约束"对话框，在底座和螺套之间添加"配合""插入"装配约束，如图 8-34 所示。再对螺旋杆和螺套、螺钉和底座等零件之间添加适当的装配约束。

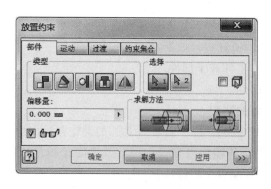

图 8-34 添加"配合""插入"装配约束

4）在操作过程中，可通过"自由移动零部件"命令 ![icon] 和"自由旋转零部件"命令 ![icon] 调整零件的位置，以便于操作。完成的千斤顶装配及其模型树如图 8-35 所示。

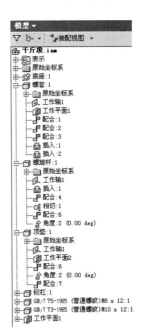

图 8-35　千斤顶装配及其模型树

二、自上而下的设计

自上而下的设计首先考虑的是产品的功能及装配体中零部件的关联性，然后才对组成装配体的零部件进行详细设计。在这一过程中，需要考虑零部件在装配、功能及制造等方面的设计要求，即零部件的设计是以一个主要零件或部件为参考，在未完成的装配体中在位创建的。因此，自上而下的设计方法也称为"在位设计"。

自上而下的设计过程如下：

1）在零件环境下创建构成装配体的主要零件或子部件。

2）在装配环境下装入主要零件或子部件。

3）按照装配关系和设计关系设计生成其他零件。

例 8-2　按"自上而下"的设计方法设计千斤顶。

解　装配体设计分析：在零件环境下创建底座→在装配环境中调入底座→以底座为参照，"在位设计"生成螺套，然后再根据螺套、生成螺旋杆等零件。

设计步骤（以"在位设计"螺套为例（图 8-36），其他从略）：

1）进入装配工作环境，装入基础零件，本例中为底座。

2）在装配工作环境中，通过单击部件面板中的"创建零部件"命令 ，进入二维草图设计环境，基于底座，利用"投影几何图元"命令 获得螺套草图轮廓，并通过"拉伸"特征创建螺套。

图 8-36　"在位设计"螺套

3）以同样方式基于螺套创建螺旋杆等其他相关零件，并添加适当的约束即可获得千斤顶装配体。

第八节 装 配 约 束

装配体中的零件是通过装配约束组合在一起的。在零件之间应用装配约束，即删除其自由度，以限制其移动或转动的方式。

自由度：零件具有的独立运动的数目，决定了零件的运动。空间中没有施加任何约束的每个零部件都有 6 个自由度，即沿 X、Y、Z 轴作轴向移动的 3 个自由度和绕 X、Y、Z 轴转动的 3 个旋转自由度，如图 8-37 所示。

约束：决定部件中的零件之间如何进行配合。为零件添加约束即删除了零件的自由度，从而限制零件与零件之间的运动。如果零件的 6 个自由度都被删除，即零件被完全约束，相对于其他零部件，它就不能向任何方向移动或转动。

在两个零部件之间添加一个约束，就会删除零件的一个或几个自由度，使零部件只能在未约束的方向上运动。在图 8-38 所示螺栓和螺母的配合中，为螺母添加了轴线对齐约束，则螺母失去了 4 个自由度，螺母只剩下沿螺栓轴线方向移动和绕轴线转动 2 个自由度。

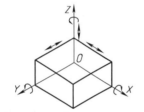

图 8-37　零件在空间的 6 个自由度

图 8-38　螺栓和螺母配合

Inventor 提供了 3 种约束类型：装配约束、运动约束和过渡约束。在装配环境中进行装配时，可通过单击"部件面板"中的"约束"命令 ⌸，打开"放置约束"对话框，如图 8-34所示。通过此对话框，设置所需的装配约束。表 8-1 概述了常用装配约束类型。

表 8-1　常用装配约束类型

约束类型	约束形式	说　　明	图　　例
装配约束	配合	将所选的一个实体元素（点、线、面）放置到另一个选定的实体元素上，使它们重合，例如，面与面对齐、线与线对齐、点与点对齐等	面配合 线配合 点配合

（续）

约束类型	约束形式	说　　　明	图　　　例
装配约束	对准角度	确定两个实体元素（线、面）之间的夹角	
	相切	使两个实体元素（平面、曲面）在切点或切线处接触	
	插入	是面与面配合约束和线与线配合约束的组合，即添加实体上圆所在平面与另一实体上圆所在平面对齐，同时添加两圆轴线对齐约束	
运动约束	转动	给两个转动零件指定传动比的运动关系，如两个齿轮之间的传动	
	转动-平动	指定转动零件和移动零件之间的运动关系，如齿轮和齿条之间的传动	

第九节　创建表达视图

表达视图是展示部件装配关系的一种特定视图。它将部件中的零件沿装配路线分解开来，以清楚地展示部件中零件之间的相互关系和装配顺序。

表达视图既可以生成动态演示装配过程的 avi 文件，也可以是静态展示装配体结构的分解装配视图。

一、创建表达视图

表达视图是基于装配模型分解生成的，下面以实例说明创建表达视图的步骤。

例 8-3　创建千斤顶的表达视图。

解 操作步骤：

1）进入"表达视图"工作环境，在"表达视图面板"中，单击"创建视图"按钮，打开"选择部件"对话框，如图 8-39 所示。单击，找到要分解表达的装配图，单击"确定"按钮，装入千斤顶装配图。

2）在"表达视图面板"中，单击"调整零部件位置"按钮，打开"调整零部件位置"对话框，指定移动方向，选择要分解移动的顶垫、螺旋杆及铰杠，在"分解距离"文本框中输入移动距离，然后单击，顶垫即按指定的方向移动所设的距离，如图 8-40 所示。

图 8-39 "选择部件"对话框

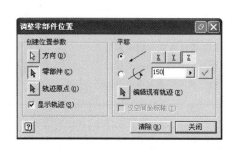

图 8-40 移动顶垫、螺旋杆及铰杆

3）重复步骤 2），设定其他零件的移动方向及距离，分解移动各装配零件，最后得到千斤顶分解表达视图及模型树如图 8-41 所示。

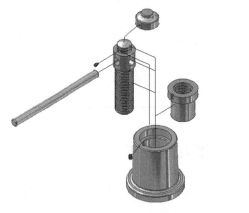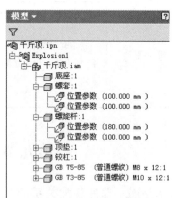

图 8-41 千斤顶分解表达视图及模型树

二、制作分解动画

创建的表达视图还可以生成通用的动画文件格式，便于在脱离 Inventor 的环境下演示部件中零件的位置和拆、装顺序。

下面以分解的千斤顶为例，说明动画的制作过程。

1) 在"表达视图面板"中，单击"动画"按钮 ，打开"动画"对话框，如图 8-42 所示，单击 ，预览动态演示效果。

2) 单击 ，在"另存为"对话框中指定文件名和保存的位置，录制完成后，将生成 ".avi"文件。在"另存为"对话框中单击"保存"，将出现"视频压缩"对话框，如图 8-43 所示，在此对话框中选择".avi"文件的压缩程序和压缩质量。

3) 单击"动画"对话框中的 ，即可开始录制，生成".avi"文件。

图 8-42　"动画"对话框

图 8-43　"视频压缩"对话框

第十节　创建工程图中的装配表达视图

在二维工程图文件中应用表达视图以创建轴测分解装配视图，从而展示部件中的所有零件。

创建部件分解图的步骤如下：

1) 创建要生成分解图的部件的表达视图，如上例中的千斤顶表达视图文件。

2) 进入工程图环境，在"工程图视图面板"上，单击"基础视图"按钮 ，打开"工程视图"对话框，如图 8-44 所示。

3) 在"工程视图"对话框中，单击"文件"下拉列表框右侧的"路径"按钮 ，从"打开"对话框中，找到已创建的表达视图文件，单击"打开"按钮，装入千斤顶分解图。

4) 在"工程图标注面板"中，单击"自动引出序号"按钮 ，为分解图中的各零件添加序号。根据需要，调整序号的位置和箭头形状。

5) 在"工程图标注面板"中，单击"明细表"按钮 ，在图形区域中单击分解视图，然后选择放置明细表的位置并单击，即可自动创建明细表。右键单击明细表，从快捷菜单中选择"编辑明细栏"（图 8-45）和"编辑明细表样式..."选项可编辑明细表的内容和样式。

图 8-44　"工程视图"对话框

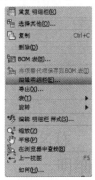
图 8-45　编辑明细表快捷菜单

图 8-46 所示为在工程图中创建的千斤顶分解图。

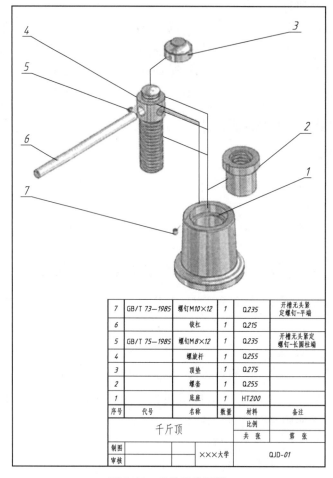

7	GB/T 73—1985	螺钉M10×12	1	Q235	开槽无头紧定螺钉-平端
6		铰杠	1	Q215	
5	GB/T 75—1985	螺钉M8×12	1	Q235	开槽无头紧定螺钉-长圆柱端
4		螺旋杆	1	Q255	
3		顶垫	1	Q275	
2		螺套	1	Q255	
1		底座	1	HT200	
序号	代号	名称	数量	材料	备注

千斤顶	比例	
	共 张	第 张

制图			×××大学	QJD-01
审核				

图 8-46　千斤顶分解图

本 章 小 结

1. 装配图的规定画法和特殊画法。
2. 装配图的尺寸标注、零部件序号及明细栏。
3. 装配图的测绘方法和画装配图的步骤。
4. 以球阀为例,介绍了读装配图和拆画零件图的方法。
5. 常见装配工艺结构介绍。
6. 三维装配体设计方法和装配约束。
7. 创建装配体的表达视图。

第九章

在AutoCAD中修饰Inventor工程图

第一节 Inventor 的工程图转化为 AutoCAD 图

目前的三维设计软件很难完全满足各种专业工程图的设计需要，所以，将 Inventor 中所创建的二维工程图转变为 AutoCAD 图形，再利用本章介绍的 AutoCAD 常用命令，就可以将专业工程图修饰得完美和规范。需要指出的是，Inventor 中设计数据的关联性在 AutoCAD 图中都不存在了。

下面以图 9-1 所示零件为例，介绍将 Inventor 创建的二维图转化为 AutoCAD 图的方法和步骤。

1) 用 Inventor 生成的二维工程图如图 9-2 所示，图中的尺寸标注是用 Inventor "检索尺寸" 功能自动标注的，不合适和不完整的尺寸可以在 AutoCAD 图中再做调整。利用 Inventor 来标注表面粗糙度方便快捷，而在 AutoCAD 中创建表面粗糙度图块比较麻烦。用 Inventor 生成零件的轴测图也很

图 9-1 零件模型

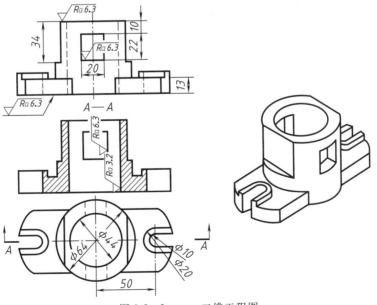

图 9-2 Inventor 二维工程图

方便，便于想象零件形状。

2）用"保存副本为"命令将 Inventor 二维图另存为 DWG 格式的图形文件，出现"副本另存为"对话框如图 9-3 所示。

3）另存单击"保存副本为"对话框的"选项"按钮，在出现的"DWG 文件输出选项"对话框中，做如图 9-4 所示设置，注意不要将"打包"框选中。单击"下一步"按钮，在图 9-5 所示的"输出目标"对话框中选择将图形输出到模型空间。单击"完成"按钮保存图形文件。

图 9-3 "副本另存为"对话框

图 9-4 "DWG 文件输出选项"对话框

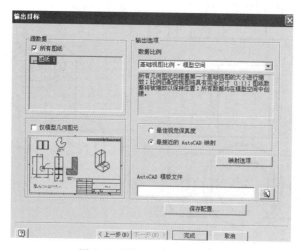

图 9-5 "输出目标"对话框

4）在 AutoCAD 中打开这个 DWG 格式文件，可见到图形已输出到模型空间。进一步的修饰处理包括：调整尺寸标注的位置和样式。将主视图合并成半剖视图，当然也可以用 Inventor 直接生成半剖视图，见第七章第六节。用 Inventor 生成轴测图有一些多余的切线，应该删掉，结果如图 9-6 所示。

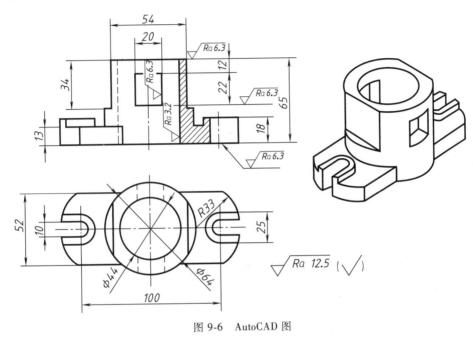

图 9-6　AutoCAD 图

第二节　AutoCAD 简介

AutoCAD 是一种功能强大的交互式二维绘图软件，可以使用它准确地绘制图形。它具有强大的编辑功能，能够容易地对图形进行修改。

AutoCAD 的主要功能包括：

（1）绘图功能　绘制二维图形、标注尺寸、填充剖面线、构造三维实体和三维曲面、写文字以及渲染模型等。

（2）编辑功能　对所绘制图形进行移动、旋转、复制、擦除、修剪、镜像以及倒角等修改。

（3）辅助功能　包括图层控制、显示控制和对象捕捉等。

（4）输入输出功能　包括图形的导入和输出、对象链接等。

本章将着重介绍 AutoCAD 的二维图形的绘制和编辑功能。

一、AutoCAD 的工作界面

启动 AutoCAD 后，即可进入绘图环境，屏幕上出现工作界面，如图 9-7 所示。

1. 标题栏和菜单栏

AutoCAD 工作界面中的标题栏显示出当前打开的图形文件名。菜单栏主要用来提供许

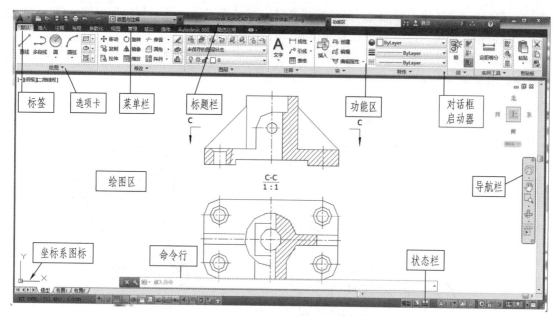

图 9-7　AutoCAD 的工作界面

多菜单，包括：默认、插入、注释、布局、参数化、视图、管理、输出、插件等。用光标左键单击各个菜单项，就会显示不同的选项卡集合。

2. 功能区

功能区提供了一个简洁紧凑的选项板，其中包括创建或修改图形所需的所有工具。功能区由一系列标签组成，这些标签被组织到面板上，其中包含很多工具栏中可用的工具和控件。一些功能区面板提供了与该面板相关的对话框的访问。要显示相关的对话框，请单击面板右下角处由箭头图标 表示的对话框启动器。

3. 绘图区和命令行

绘图区和命令行是使用 AutoCAD 绘图时的主要区域。绘图区相当于手工绘图时的图纸，所有的绘图操作和编辑工作都在这个区域中进行。

当命令行窗口的提示为"键入命令"时，可以在这个提示下输入 AutoCAD 的命令。如果命令行的最后一行不是"键入命令:"时，必须先按"Esc"键 1~2 下，使命令行的最后一行出现"键入命令:"后，才可以输入新命令。

命令开始执行后，命令行窗口将显示相应的提示，可以根据提示进行操作。同时，AutoCAD 正在执行的命令及其运行过程也在此显示。

绘图命令可以通过两种方式执行：

1）由键盘直接输入命令并回车。

2）用光标左键单击功能区的各个选项卡中的图标按钮。

4. 状态栏

状态栏位于 AutoCAD 工作界面的最底部，显示了光标位置、绘图工具以及会影响绘图环境的工具。状态栏提供对某些最常用的绘图工具的快速访问。可以切换设置，例如捕捉、栅格、极轴追踪、对象捕捉和正交模式，或从快捷菜单中访问其他设置，它们的操作方法详见相关单元。显示在左侧的坐标表示光标的当前位置。

二、图层、线型和颜色的设定

每一个图形对象都有颜色、线型、线宽等特征属性。在绘制较为复杂的图形时，为了使图形的结构更加清晰，通常可以将图形分布在不同的层上。比如，图形实体在一层，尺寸标注在一层，而文字说明又在另一个层上，这些不同的层就叫图层。我们可以把图层想象为没有厚度的透明纸，将不同性质的图形内容绘制在不同的透明纸上，然后将这些透明纸重叠在一起就会得到完美的图形。每个图层可以有自己的颜色、线型、线宽等特征，并且可以对图层进行打开、关闭、冻结、解冻等操作。图形的绘制在当前层上进行，在"随层"（Bylayer）的情况下，在某一图层中生成的图形对象都具有这个图层定义的颜色、线型和线宽等特征。通过对图层进行有序的管理，可以提高绘图效率。

图9-8　"图层"选项卡

从"图层"选项卡上可以设置将要绘制的图线的图层、颜色、线型和线宽等特性，如图9-8所示。

（一）设置图层

启动 AutoCAD 后，系统自动建立一个名为"0"的图层，单击"图层"选项卡左上角的"图层特性"按钮，打开如图 9-9 所示的"图层特性管理器"，在其中可以设置新的图层。

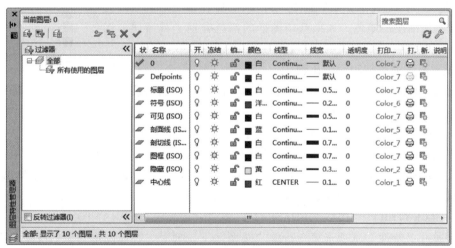

图9-9　图层特性管理器

在该对话框中可进行如下设置：

1. 设置新图层

单击"新建"按钮，在图层列表中出现一个名为"图层 1"的新图层，单击该图层的名字之后，可以修改为所需的图层名。

2. 设置当前层

图形的绘制只能在当前层上进行。选中某一图层后，单击"当前"按钮 ✔ 即可将该图层设置为当前层。或者单击"图层"选项卡中的第 1 行第 2 个按钮，或者在"图层"选项卡中第 3 行的"图层"下拉列表中,单击该图层的名字。

3. 删除图层

选中某一图层后,单击"删除"按钮 ✖ 即可将其删除。

4. 关闭、冻结和锁定图层

层名右边的小灯泡图标 💡 表示该图层是否关闭,太阳图标表示该图层是否冻结,锁图标 ☀ 表示该图层是否锁定。单击左键即可切换层的状态。

关闭和冻结的图层上的对象都是不可见的。区别在于:冻结图层上的对象不进行显示运算,这样,使用"重生成"命令时,节省了系统的计算时间。图层被锁定后,可以在该层上绘图,但无法编辑该层上的对象。

(二)设置图层的颜色、线型和线宽

1. 设置图层的颜色

在"图层特性管理器"中,先选中一个图层,然后单击该图层的"颜色"栏,弹出"选择颜色"对话框,通过该对话框可以设置图层的颜色。

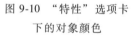

在"图层"选项卡中第 3 行的"图层"下拉列表中,单击某图层的颜色标志,也可以弹出"选择颜色"对话框。

可以通过"特性"选项卡第 1 行的"对象颜色"下拉列表,控制图形对象的颜色是否随层,如图 9-10 所示。在"特性"选项卡的"对象颜色"下拉列表中,如果选中"随层",则在该图层上绘制的图形都具有该图层的颜色。如果希望图形的颜色有别于其所属的图层,可在"对象颜色"下拉列表中选择适当的颜色。

图 9-10 "特性"选项卡
下的对象颜色

2. 设置图层的线型和线型比例

在绘制图形的过程中,常常需要采用不同的线型,如实线、虚线、点画线等。在"图层特性管理器"中,先选中一个图层,然后单击该图层的"线型"栏,弹出"选择线型"对话框,如图 9-11 所示。在该对话框的线型列表中选择需要的线型,单击"确定"按钮。

如果在已加载的线型列表中没有需要的线型,可单击"加载…"按钮,在弹出的"加载或重载线型"对话框(图 9-12)中选择需要的线型。一般的图形只需加载图 9-11 所示的"点画线"(CENTER)、"虚线"(DASHED)和"双点画线"(PHANTOM)即可。

可以通过"特性"选项卡第 3 行的"线型"下拉列表,控制图形对象的线型是否随层。

图 9-11 "选择线型"对话框

图 9-12 "加载线型"对话框

当用户设置的图形界限与默认的差别较大时，在屏幕上的虚线和点画线会不符合工程制图的要求，此时需要调整线型比例。

单击"特性"选项卡的"线型"下拉列表的最后一行"其他"（见图9-13），出现"线型管理器"对话框，如图9-14所示。该对话框中的"详细信息"栏内有两个调整线型比例的编辑框："全局比例因子"和"当前对象缩放比例"。"全局比例因子"将调整新建和现有对象的线型比例，"当前对象缩放比例"调整新建对象的线型比例。

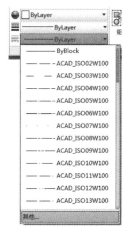

图9-13　"特性"选项卡下的线型

图9-14　"线型管理器"对话框

线型比例的值越大，线型中的要素也越大。图9-15a、b、c显示了线型比例为2、1和0.5的结果。

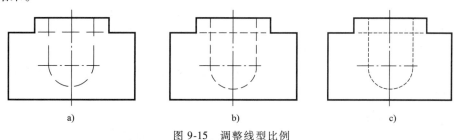

a)　　　　　　　　　　　b)　　　　　　　　　　　c)

图9-15　调整线型比例

a）线型比例为2　b）线型比例为1　c）线型比例为0.5

3. 设置图层的线宽

在"图层特性管理器"中，先选中一个图层，然后单击该图层的"线宽"栏，弹出"线宽"对话框，通过该对话框可以设置图层的线宽。

可以通过"特性"选项卡第2行的"线宽"下拉列表，控制图形对象的线宽是否随层。"状态栏"中间的"线宽"按钮可以控制是否在屏幕上以实际的线宽显示图形对象。

三、修改对象特性

单击"特性"选项卡右下角的对话框启动器，打开"特性"对话框，用该对话框来浏览和编辑对象特性。"特性"对话框功能较强，可以取代许多编辑命令。

利用"特性匹配"按钮，可将一个对象的特性复制到其他对象上。可以复制的特性包括颜色、图层、线型和线型比例，还包括标注、文字和图案填充特性。利用"特性匹配"修改图形的步骤是：

1）单击"特性匹配"按钮；

2）选择源对象，即要复制其特性的对象；

3）选择目标对象，即要进行特性匹配的对象。

第三节　AutoCAD 常用命令

一、基本绘图功能

1. 输入点的坐标的常用方法

1）在绘图窗口中移动光标到适当的位置，单击光标左键，在屏幕上拾取一点。

2）通过键盘输入点的绝对直角坐标，例如：20，30。坐标原点在图形屏幕的左下角。

3）输入相对于前面一点的相对直角坐标。例如输入一个相对于前面一点在 X 方向偏移30，在 Y 方向偏移 20 的点：@ 30，20，如图 9-16a所示。X 坐标向右为正，Y 坐标向上为正。

4）输入相对于前面一点的相对极坐标。例如输入相对极坐标@

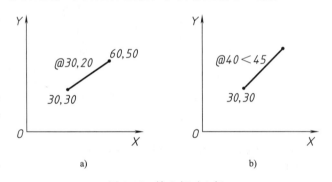

图 9-16　输入相对坐标

a）输入相对直角坐标　b）输入相对极坐标

40<45，则新点与前一点的连线距离为 40，连线与 X 轴正向夹角为 45°，如图 9-16b 所示。角度的方向逆时针为正。

2. 基本的绘图功能

常用的绘图命令一般从功能区的"绘图"面板上调用，见图 9-7。绘图命令的主要功能见表 9-1。"命令行提示及说明"栏中，黑体字为命令行提示。

表 9-1　常用的绘图命令

绘图功能	执行方式	命令行提示及说明
直线	选项卡:绘图→ 命令行:Line	**指定第一点**:输入点作为直线的第 1 个端点。若回车,则使用上一次绘制直线的最后 1 个端点作为起点 **指定下一点[闭合(C)/放弃(U)]**: 闭合(C):将最后输入的 1 个点与直线的起点连起来,形成封闭的多边形 放弃(U):删除最后绘制的那段线
圆	选项卡:绘图→ 命令行:Circle	**三点(3P)**:绘制通过 3 个点的圆 **两点(2P)**:输入 2 个点,以此 2 点的连线为直径绘制圆 **相切、相切、半径(T)**:绘制与 2 个已有对象相切,且半径为指定值的圆 注意:拾取切点的位置不同,绘制圆的形状也不同。一般在与拾取点最接近的位置寻找切点。同时,应注意半径的值,确保相切圆存在

（续）

绘图功能	执行方式	命令行提示及说明
圆弧	选项卡:绘图→ 命令行:Arc	圆弧的绘制有许多方式 通过指定弧心角来绘制圆弧时,角度输入正值,则按照逆时针方向绘制,角度输入负值,则按照顺时针方向绘制
射线	命令行:Ray→ 菜单:绘图→射线	射线是从一点出发的单方向无限长的直线,一般可作为绘图中的辅助线
构造线	选项卡:绘图→ 命令行:Xline	构造线是两端都无限延长的直线,主要作为绘图中的辅助线 水平(H):绘制通过输入点的水平线 垂直(V):绘制通过输入点的垂直线 角度(A):输入1个角度及1个点,绘制1条通过该点、与X轴夹角为指定角度的构造线 二等分(B):依次输入1个角的顶点和2个端点,绘制该角度的平分线 偏移(O):输入偏移距离,在屏幕上拾取一条线并指定偏移的方向,则绘制出与该线平行的构造线,可连续绘制,以"回车"结束命令
多段线	选项卡:绘图→ 命令行:Pline	多段线由各种不同宽度、不同线型的直线或者圆弧构成,用该命令一次绘制出来的多段线作为一个图形对象,以"回车"结束命令 圆弧(A):由绘制直线方式改为绘制圆弧方式。在圆弧方式下输入"直线"选项,即可返回到绘制直线方式 闭合(C):连接起点和终点,形成封闭曲线 半宽(H):确定多段线的半宽度 长度(L):输入长度值,则以最后一次绘制的直线或者圆弧段的终点为起点,沿直线或圆弧的切线方向画线 宽度(W):确定多段线起点和终点的宽度
样条曲线	选项卡:绘图→ 命令行:Spline	样条曲线是通过一组指定点的光滑曲线,样条曲线可用来绘制图中的波浪线 输入一组指定点后,按"回车"键结束点的输入,此时按照提示移动光标确定样条曲线起点和终点的切线方向
矩形	选项卡:绘图→ 命令行:Rectangle	以输入的2个点的连线为矩形的对角线绘制矩形 倒角(C):输入倒角的距离,绘制带倒角的矩形 圆角(F):输入半径,绘制带圆角的矩形 宽度(W):输入线宽,绘制指定线宽的矩形
正多边形	选项卡:绘图→ 命令行:Polygon	绘制与圆内接的或者外切的正多边形,也可以通过指定一条边的长度绘制多边形 边(E):依次输入2个点,以2点的连线为1条边绘制多边形 内接于圆(I):绘制与圆内接的正多边形 外切于圆(C):绘制与圆外切的正多边形

二、精确绘图的辅助工具

1. 对象捕捉

（1）对象捕捉功能　在执行绘图命令时,经常要输入指定位置的点。前面提到,点的输入可以通过在屏幕绘图区域内用光标拾取或者通过键盘输入坐标值的方法实现。在屏幕内拾取点的时候,常常希望精确地拾取到一些特殊位置的点,如直线的交点、圆的切点等。AutoCAD中提供了点的捕捉功能,可以帮助我们快速而准确地绘制图形。单击状态栏中的"捕捉"按钮，打开"对象捕捉"右键菜单，如图9-17所示，其中各个按钮的捕捉功能如表9-2所示。

图9-17 "对象捕捉"右键菜单

表 9-2 捕捉功能

菜单项	功 能 说 明
端点	捕捉直线或圆弧上离光标最近的端点
中点	捕捉直线或圆弧的中点
圆心	捕捉圆弧、圆或椭圆等图形对象的圆心
节点	捕捉用 Point、Divide 等命令生成的点的对象
象限点	捕捉圆弧、圆或椭圆上最近的象限点（即 0°、90°、180°、270°的点）
交点	捕捉图形对象的交点，但不能用于三维实体的边或角点。对于 2 个对象的虚拟交点，会自动使用延伸交点的捕捉
范围	如果 2 个图形对象实际上不相交，但其延长线相交，则捕捉延长后的交点
插入点	捕捉图块、文字、属性定义等的插入点
垂足	在图形对象上捕捉到相对于某一点的垂足
切点	在圆或圆弧上捕捉与上一连线相切的点
最近点	捕捉图形对象上距离指定点最近的点
外观交点	包括 2 种不同的捕捉方式：外观交点和延伸外观交点。外观交点捕捉可以捕捉在三维空间中不相交但是屏幕上看起来相交的图形交点。延伸外观交点捕捉可以捕捉 2 个图形对象沿着图形延伸方向的虚拟交点
平行线	捕捉与某直线平行且通过前一点的线上的一点
启用	该菜单项的前面有"√"时，表示启用捕捉模式
使用图标	该菜单项的前面有"√"时，表示使用图标按钮，否则会显示文字
设置	激活"草图设置"对话框，设置捕捉方式
显示	该菜单项的下面还有一级菜单，显示了状态栏上各按钮的快捷键

（2）设置连续捕捉方式 可以预先设置好某些对象的捕捉方式，这样，AutoCAD 可以自动捕捉这些特殊点。

单击状态栏中的"捕捉"按钮，打开"对象捕捉"右键菜单，选中需要自动捕捉的特殊点的类型，这些菜单项旁边的图标会突出显示，例如在图 9-18 中，选中了"端点""中点""圆心""交点"等类型，在绘图中这种方式总起作用。不需要自动捕捉某些特殊点时，只需在"对象捕捉"右键菜单中再次单击该特殊点的类型，使其旁边的图标不再突出显示即可。

（3）单点优先方式 在绘图过程中，当命令提示需要进行点的输入时，按住键盘上的 Shift 键，同时单击鼠标

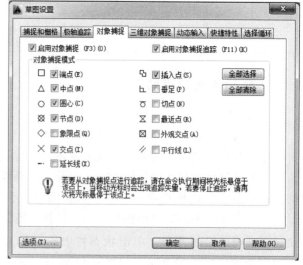

图 9-18 "草图设置"对话框

右键，打开一个右键菜单，如图 9-19 所示，在其中单击相应的按钮，捕捉所需要的特殊点。此时，将光标移向捕捉点的附近，捕捉框自动捕捉到该特殊点，并在该点上显示相应的符号，单击左键即可完成特殊点的拾取。这种方式操作一次后就退出该"对象捕捉"状态。

2. 极轴追踪

使用极轴追踪，光标将沿极轴角度按指定增量进行移动。创建或修改对象时，可以使用"极轴追踪"来显示由指定的极轴角度所定义的临时对齐路径。

光标移动时，如果接近指定的极轴角度，将显示对齐路径和工具提示，以用于绘制对象。默认的极轴追踪角度为 90°，此时可以精确地绘制水平线和垂直线。与"交点"或"外观交点"对象捕捉一起使用极轴追踪，可以找出极轴对齐路径与其他对象的交点。

例如在图 9-20 中，需要绘制一条与水平线成 45°，且与圆相交的直线，如果打开了极轴追踪功能，并把极轴角增量设置为 45°，同时启用"交点"对象捕捉功能，则当光标跨过 0°或 45°角时，将显示对齐路径和工具提示，该直线的另一个端点也会直接显示出来。当光标从该角度移开时，对齐路径和工具提示消失。

可以使用极轴追踪沿着 90°、60°、45°、30°、22.5°、18°、15°、10° 和 5° 的极轴角度增量进行追踪，也可以指定其他角度。单击状态栏中的"极轴"按钮 ，打开"对象捕捉"右键菜单，选中需要的极轴角增量，该项旁边的图标会突出显示，例如在图 9-20 中，选中了"45"，在绘图中这种方式总起作用。不需要极轴追踪功能时，只需单击状态栏中的"极轴"按钮，使之不突出显示即可。

图 9-19　单点优先的右键菜单

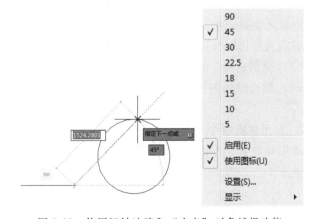

图 9-20　使用极轴追踪和"交点"对象捕捉功能

3. 栅格捕捉

栅格捕捉功能用于产生隐含分布于绘图区域的栅格。打开栅格捕捉功能时，光标只能落在栅格点上，所以只能捕捉栅格点。单击状态栏中的"捕捉"按钮，或者按 F9 键，可以使栅格捕捉功能在打开与关闭之间切换。

在图 9-18 所示的"草图设置"对话框中的"捕捉和栅格"选项卡中，设定显示的栅格间距。

4. 栅格的显示

栅格的显示命令用于控制栅格是否在屏幕上显示出来。单击状态栏中的"栅格"按钮，或者按 F7 键，可以使栅格显示功能在打开与关闭之间切换。

5. 正交功能

在绘图时，我们常常需要绘制水平线或者垂直线，因此，正交功能就显得十分重要。打开正交功能后，AutoCAD 将限制绘图方向，只能绘制水平线或者垂直线。单击状态栏中的"正交"按钮，或者按 F8 键，可以使正交功能在打开与关闭之间切换。

三、基本编辑功能

利用编辑功能，可以对图形对象进行编辑和修改，从而绘制出较为复杂的图形。

1. 选择图形对象的方式

在运用编辑命令对所绘制的图形进行编辑和修改时，首先要选择待编辑的图形对象。此时，命令出现提示"选择对象:"，同时，光标变成一个小方框——拾取框，等待拾取图形对象。

常用的选择图形对象的方式如下。

（1）单点拾取方式　移动光标，使拾取框与要拾取的对象相交，单击左键即可。单点拾取方式是一个一个地拾取对象，图形对象被选中后以虚线显示，在"选择对象:"提示下按回车键结束选择。

（2）窗口方式　将光标移入绘图区域，按住光标左键不放并拖动光标，此时，将拉出一个矩形窗口作为拾取框，该拾取框随光标的移动而变化，在适当的位置再拾取一点，从而确定拾取框的大小。

如果拾取框是由光标从左向右移动拉成的，拾取框是实线框，则只有全部位于拾取框之内的对象才能被选中；如果拾取框是由光标从右向左移动拉成的，拾取框是虚线框，则位于拾取框内及与拾取框边界相交的对象都能被选中。

（3）全部选择　在"选择对象:"提示下输入 All，则选中所有的图形对象。

（4）取消对象的选择　在"选择对象:"提示下输入 Undo，可以取消最后进行的选择操作。

2. 常用编辑命令

常用编辑命令可以从功能区的"修改"面板上调用（见图 9-7）。编辑命令的说明及图例见表 9-3。

表 9-3　常用的编辑命令

命令执行方式	命令说明及图例
选项卡:修改→　 命令行:Erase	选择待删除的图形对象,回车后,将选中的对象删除

（续）

命令执行方式	命令说明及图例
选项卡:修改→ 命令行:Copy	选择要复制的图形对象,输入基点和基点的新位置,在新位置上复制一个与选中的对象完全相同的对象 输入选项 M,可以多重复制
选项卡:修改→ 命令行:Mirror	将对象按给定的对称轴作反向复制,适用于对称图形 镜像线可以是已有的直线,也可以是指定的两点
选项卡:修改→ 命令行:Offset	将对象沿指定的方向和距离进行复制 　先输入偏移距离,或者用选项 T 来确定偏移之后的对象将通过的一点,选择要偏移的对象后,在屏幕上拾取一点,则对象将向该点一侧偏移。 　对直线类对象的偏移产生平行线,对圆和圆弧则是同心复制 将图线连成一条多段线　　将多段线向内偏移
选项卡:修改→ 命令行:Array	将对象按矩阵或环形阵列的方式进行复制 　矩形阵列要输入阵列的行数、列数、行间距和列间距 　环形阵列要输入阵列中心的位置、阵列个数、阵列的覆盖角度,以及阵列时,对象是否旋转 原图　　矩形阵列后 原图　　环形阵列后
选项卡:修改→ 命令行:Move	选择要移动的对象后,输入基点 1 和基点的新位置 2,将要移动的对象从当前位置1,移到新的指定点 2 将圆从1点移动到2点　　移动后

251

（续）

命令执行方式	命令说明及图例
选项卡:修改→◌ 命令行:Rotate	选择要旋转的图形对象后,输入旋转基点和旋转角度。如果角度值为正,则逆时针旋转;如果角度值为负,则顺时针旋转 原图　　　绕1点旋转90°后
选项卡:修改→▫ 命令行:Scale	以指定点为基准,按照给定的比例缩放实体对象 原图　　　缩放0.6倍后
选项卡:修改→√ 命令行:Trim	将某对象位于由其他对象所确定的裁剪边界之外的部分剪切掉 先拾取作为裁剪边界的图形对象,以回车结束拾取边界后,再拾取要剪切掉的对象
选项卡:修改→√ 命令行:Extend	将对象延长到由其他对象所确定的边界上 先拾取作为延伸边界的图形对象,以回车结束拾取边界后,再拾取要延伸的对象 原图　　　延长后
选项卡:修改→□ 命令行:Break	选择要截断对象上的第1断点和第2断点,则将2点之间的部分截断 对圆进行截断操作时,从圆上第1点到第2点之间按逆时针方向截断
选项卡:修改→⌐ 命令行:Chamfer	启动倒角命令后,先输入2个倒角距离,再拾取要倒角的2条直线,即按照设定的倒角距离进行倒角 当2个倒角距离为零时,该命令使选定的2条直线相交 原图　　　倒角后
选项卡:修改→⌐ 命令行:Fillet	启动倒圆角命令后,输入圆角半径,按照新设定的半径进行倒圆角。 当圆角半径为零时,该命令使选定的两条直线相交 原图　　　倒圆角后

四、图形的显示控制

当绘制很大或者很复杂的图形时，因屏幕上的绘图区域有限，所以运用显示控制功能，如视图的缩放、平移、重画、重新生成等，就能够方便、迅速地在屏幕上显示图形的不同部分。

1. 视图的缩放

利用"导航栏"上的"视图缩放"命令（Zoom），如图9-21所示，可以放大观察图形的一个细节部分，也可以缩小观察整个图形。但视图的缩放命令并没有改变图形本身的尺寸，就好像是透过一个放大镜来观察图纸，虽然视觉效果显得图形变大了，但实际图形本身并没有变。视图的缩放与编辑命令"比例缩放（Scale）"是完全不同的操作。

图9-21　"导航栏"和"视图缩放"下拉菜单

"导航栏"中的第3个图标"视图缩放"（图9-21）提供的几种主要的图形缩放方法如下。

（1）范围缩放　在屏幕上以最大比例显示整个图形。

（2）窗口缩放　在绘图区域内拾取两个点，以该两点作为角点确定矩形窗口，将窗口内的图形缩放，使之占满整个屏幕。

（3）缩放上一个　恢复上一次显示的图形。

（4）实时缩放　是交互式的缩放功能，光标变成放大镜形状，此时按下光标左键并拖动，即可对图形进行实时的缩放。单击右键，在弹出的菜单中单击"退出"，结束缩放。

（5）全部缩放　在屏幕上显示整个图形。

Zoom命令是一个"透明"命令，可以在执行其他命令的过程中进行视图的缩放，并不会中断原有命令。

2. 视图的平移

"导航栏"上的第2个按钮是视图平移图标（Pan），它仅仅移动视图，从而观察图形的不同部分，并不改变图形的显示比例，也不改变图形的位置，就好像是在移动图纸一样。Pan命令也是一个"透明"命令。

单击"导航栏"上的"实时平移"按钮，光标变为手的形状，此时按下光标左键并拖动，即可对视图进行移动。单击光标右键，在弹出的菜单中单击"退出"，结束视图的平移。

3. 视图的重生成

在对视图进行缩放之后，有些曲线（例如圆），可能在屏幕上显示为不光滑的小折线。在命令行上输入 re（regenerate），可使这些对象恢复光滑。

五、输入文字

在工程图样中，除了图形之外，还常常需要添加一些文字，在 AutoCAD 中可以用不同的方法满足这个要求。

1. 单行文本的输入

命令格式为：

功能区：文字→A→A

命令行：Text

输入文本的起始点、文字高度、文字偏转角度后，输入文本的内容，以回车结束本行的输入。当前文本的样式和对齐方式都可以在输入文本的起始点之前设置。

有些符号无法从键盘上直接输入。为此，AutoCAD 提供了一些控制码。在键盘上输入控制码时，即可在屏幕上输入相应的字符。常见的控制码有：%%d 代表角度符号°，%%c 代表直径 φ，%%p 代表±，%%%代表百分号%。

2. 多行文本的输入

单击"文字"功能区上的"多行文字"按钮 A，输入 2 个角点，则以这 2 点为对角线形成一个矩形，该矩形的宽度即为文本行的宽度，且第 1 个点为文本行起始点。同时，功能区会显示"文字编辑器"上下文菜单，如图 9-22 所示。

在该对话框的文本框中，可以输入多行文本。选择文本字体的样式和设置文本高度的操作与 Word 等文字处理软件类似。

图 9-22 输入多行文本

3. 文本的编辑

单击要编辑的文字，再右键单击，从右键菜单中选择"编辑多行文字"，则功能区会再次显示"文字编辑器"上下文菜单，可在其中修改文本的内容、字体样式等。如果选中的是用 Text 命令输入的单行文本，则从右键菜单中选择"编辑"对话框，接着就可以编辑文字了。

六、绘制剖面线

1. 剖面线的绘制

在 AutoCAD 中，可以用图案填充的方法绘制剖面线。

单击"绘图"选项卡上的"图案填充" 按钮，功能区会显示"图案填充创建"上下文菜单，如图 9-23 所示。

绘制剖面线时，应先在"图案"选项卡中单击"图案"列表中需要的图案，再在需要绘制剖面线的封闭区域内的任意位置单击光标左键，系统将自动寻找封闭区域的边界，并在该封闭区域内部显示剖面线，如果区域不封闭，系统将给出提示。根据需要在"角度"和"比例"栏中分别输入图案的旋转角度和适当的缩放比例。最后单击"关闭"选项卡中的"关闭图案填充创建"按钮。

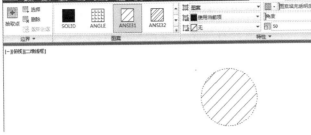

图 9-23 "图案填充创建"上下文菜单

2. 剖面线的编辑

如果需要编辑剖面线，可以选择该剖面线，则功能区会再次显示"图案填充创建"上下文菜单，可对剖面线的设置进行修改。

七、尺寸标注

AutoCAD 提供了丰富的尺寸标注功能，在"默认"菜单下的"注释"选项卡中，提供了常用尺寸的标注图标，如图 9-24 所示。但在标注尺寸之前，需要先设定尺寸的样式。

1. 尺寸标注样式的设置

针对不同的工程应用，尺寸标注的样式也各有不同。使用设置尺寸标注样式的功能，可以根据需要，对尺寸线、尺寸界线、尺寸数字、尺寸箭头等内容进行设置。

在"注释"菜单中，单击"标注"选项卡右下角的对话框启动器，如图 9-25 所示，弹出"标注样式管理器"对话框，如图 9-26 所示。其中左侧的"样式"框中显示出已有的尺寸样式的名称，右侧的"预览"框中是对选中样式的预览。对话框中显示当前样式"ISO-25"是公制图纸的默认样式，但该样式的尺寸数字和尺寸箭头为 2.5，不符合我国的国家标准，需要重新设置。

图 9-24 "标注"下拉列表

图 9-25 "标注"选项卡

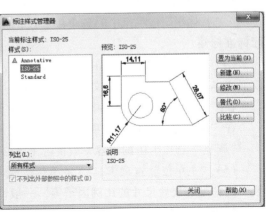

图 9-26 "标注样式管理器"对话框

在"标注样式管理器"对话框中单击的"新建"按钮，弹出"创建新标注样式"对话框（图 9-27）。在"新样式名"框中输入新的样式名称，在"用于"下拉列表中确定新的样式适用于哪类尺寸。单击"继续"按钮后，将弹出"修改标注样式 ISO-25"对话框，如图 9-28 所示，在其中对样式进行设置。

图 9-27 "创建新标注样式"对话框

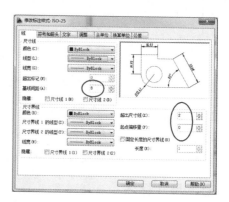

图 9-28 "修改标注样式 ISO-25"对话框

在"标注样式管理器"对话框中选中某一个标注样式之后，单击"修改"按钮，弹出的"修改标注样式"对话框，内容同"新建标注样式"对话框一样，在该对话框中可对尺寸样式进行修改。

对尺寸样式的设置和修改主要包括以下内容：

（1）"线"选项卡

将"基线间距"由默认的 3.75 改为 8。

将"超出尺寸线"由默认的 1.25 改为 2。

将"起点偏移量"由默认的 0.625 改为 0。

（2）"符号和箭头"选项卡

将"箭头大小"由默认的 2.5 改为 3.5。

（3）"文字"选项卡

将"文字高度"由默认的 2.5 改为 3.5。

将"从尺寸线偏移"由默认的 0.625 改为 1.5。

"文字对齐"选项组中的各个单选按钮用于确定文本的对齐方式，"ISO 标准"为按国际标准标注。

（4）"调整"选项卡 在"调整选项"选项组中，确定当尺寸界线之间的距离不足以放下文本和箭头的时候，将文本和箭头放在尺寸界线之内还是之外。

在"文字位置"选项组中，确定文本的放置位置。

在"标注特征比例"选项组中，设定尺寸标注的比例因子。

"调整"选项卡中的内容一般情况下不必更改。

（5）"主单位"选项卡 "主单位"选项卡中的选项用于确定尺寸的单位格式、尺寸数字的精度和线性尺寸的比例因子等，一般情况下不必更改。

2. 尺寸的标注方法

（1）水平尺寸和垂直尺寸 水平尺寸和垂直尺寸的尺寸线分别沿水平和垂直方向放置，

如图 9-29 所示。

拾取第 1 条和第 2 条尺寸界线的起点后，拖动光标确定尺寸线的位置，在适当的位置单击左键，即可完成水平尺寸的标注。

如果希望自行定义尺寸文本，则在拾取尺寸线的起点后，输入［多行文字（M）］或［文字（T）］选项，输入新的文本。

（2）对齐尺寸的标注　对齐尺寸的尺寸线始终与两条尺寸界线的起点的连线平行，如图 9-30 所示。若输入［角度（A）］选项，则可将尺寸文本旋转一定的角度。

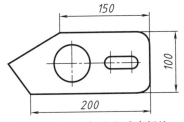

图 9-29　水平标注和垂直标注

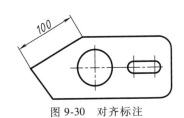

图 9-30　对齐标注

给轴测图标注尺寸时，可利用对齐方式标注，得到如图 9-31a 的结果，再使用"注释"菜单中"标注"选项中的"倾斜" 按钮对尺寸线进行角度倾斜，使图 9-31a 中的尺寸 15 倾斜 90°，尺寸 26 倾斜 - 30°，尺寸 18 倾斜 - 30°，得到图 9-31b 的结果。

（3）角度尺寸的标注　角度尺寸的标注包括 2 条直线的夹角、圆弧的圆心角，并可通过指定对象顶点来标注尺寸。

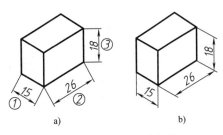

图 9-31　轴测图尺寸标注

依次拾取 2 条直线，则可以标注 2 条直线的夹角，如图 9-32a 所示。

可以新建一个专门标注角度的尺寸样式，如图 9-33 所示，在"文字"选项卡中，将"文字对齐"改为"水平"，将"文字垂直位置"改为"外部"，这样就标注成符合国家标准规定的形式，如图 9-32b 所示。

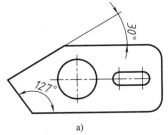

图 9-32　角度标注

a）角度标注　b）符合国标的角度标注

（4）半径尺寸和直径尺寸的标注　半径和直径尺寸的标注如图 9-34a。

可以新建一个专门标注半径的尺寸样式，如图 9-35 所示，在"文字"选项卡中，将"文字对齐"改为"ISO 标准"，这样当半径尺寸标注在图形外面时，文字水平书写，如图

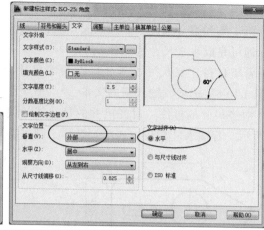

图 9-33 新建角度标注样式

9-34b 所示。

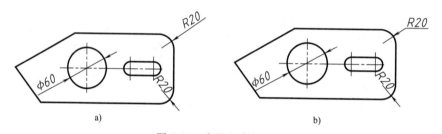

图 9-34 半径和直径标注

a）半径和直径标注（一） b）半径和直径标注（二）

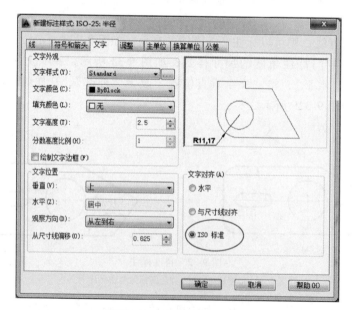

图 9-35 新建半径标注样式

（5）连续尺寸和基线尺寸的标注 "连续尺寸"命令以最近一次标注的线性尺寸（如图

9-36 中的尺寸 30）作为基准尺寸，以该尺寸的第 2 条尺寸界线作为新的尺寸的第 1 条尺寸界线，连续标注（如图 9-36 中的尺寸 35 和 65）。

"基线尺寸"命令以最近一次标注的线性尺寸（如图 9-37 中的尺寸 50）作为基准尺寸，以该尺寸的第 1 条尺寸界线作为新的尺寸的第 1 条尺寸界线，直接拾取新尺寸的第 2 条尺寸界线的起点，即可标注新的尺寸（如图 9-37 中的尺寸 100）。

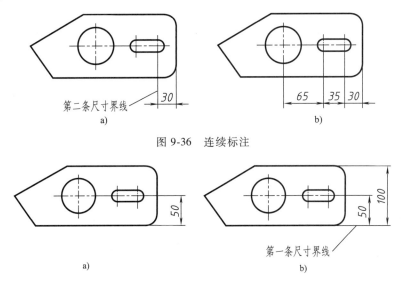

图 9-36　连续标注

图 9-37　基线标注

八、图块的操作

所谓"图块"，就是将一组对象定义为一个整体。在绘图过程中经常有一些图形会重复出现，如常用的螺钉、螺母、表面粗糙度符号等，将这些重复的图形定义成图块，在需要的地方将图块插入，提高绘图效率。由于块是作为一个整体出现的，所以，在对块进行了修改之后，所有引用该图块的图形文件均随之做出相应的修改。

1. 图块的定义

如果要把表面粗糙度符号建成图块，首先画好表面粗糙度的符号（图 9-38）。单击"块"选项卡上"创建块"　　图标，弹出"块定义"对话框，如图 9-39 所示。

图 9-38　表面粗糙度符号

图 9-39　"块定义"对话框

在"名称"框中输入块的名字。

"基点"选项用于确定块的基点,即插入块时的基准位置点,常常选图形中的某些特征点作为基点,如图9-38中的 A 点,单击"拾取点"按钮,在屏幕上拾取 A 点。

单击"选择对象"按钮,在屏幕上拾取用于确定组成块的对象,单击"确定"按钮完成块的定义。

2. 块的插入

可将块作为一个对象插入到图形中,并在插入时改变其比例和旋转角度。

单击"块"选项卡上的"插入块" 图标,弹出"插入"对话框,如图9-40所示。

在"名称"下拉列表中选择所需的块名,或者单击"浏览"按钮选择某个图形文件作为块进行插入。

一般情况下,选中插入基点位置和旋转角度的复选框,即插入时在屏幕上指定。图9-41所示的是插入两个不同旋转角度的表面粗糙度符号。

在"缩放比例"选项组中确定块在插入时沿 X、Y、Z 3 个方向的比例。

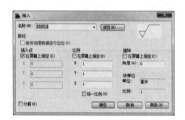

图9-40 "插入"对话框

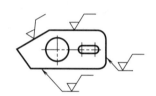

图9-41 插入表面粗糙度符号

九、绘图实例

例9-1 综合运用绘图和编辑命令,按照图9-42a所示的图形和尺寸绘制该图形,要求区分线型,标注尺寸。

解 绘制该图形的步骤是:

1)按表9-4的内容设置图层。

表9-4 设置图层

层名	颜色	线型	线宽
轮廓线	白色	Continuous	默认设置
中心线	红色	CENTER	默认设置
尺寸标注	黄色	Continuous	默认设置
虚线	蓝色	DASHED	默认设置
辅助线	紫色	Continuous	默认设置

2)置"中心线"层为当前层,按照图形中的尺寸绘制全部点画线,如图9-42b所示。

3)置"轮廓线"层为当前层,根据尺寸绘制圆和圆弧,将多余的图线剪掉,如图9-42c所示。

4)绘制直线和连接圆,将多余的图线剪掉,完成图形的绘制,如图9-42d所示。

5)设置标注样式,尺寸数字用isocp.shx字体,箭头大小和数字高度为5,其他按要求设置。

6）置"尺寸标注"层为当前层，标注全部尺寸。

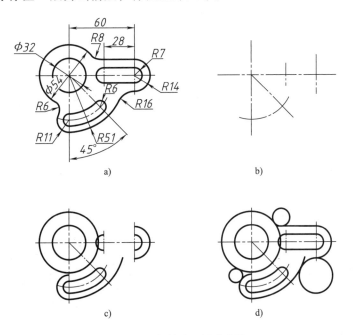

图 9-42　绘制平面图形步骤

例 9-2　绘制图 9-43b 所示的零件图（省略了图框和标题栏）。

解　绘制步骤如下：

1）按表 9-4 的内容设置图层。

2）置"辅助线"层为当前层，打开正交功能，根据零件图进行布局，绘制两视图中心线和上下底边线，如图 9-44a。

3）置"轮廓线"层为当前层，根据尺寸绘制俯视图和主视图的主要轮廓线，如图 9-44b所示。

4）置"中心线"层为当前层，按照图形中的尺寸绘制全部点画线，如图 9-44c 所示。

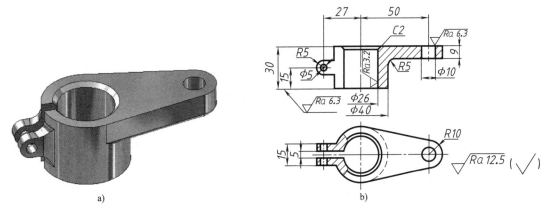

图 9-43　绘制零件图

5）关闭"辅助线"层。置"轮廓线"层为当前层，绘制倒角、倒圆，补全俯视图和主视图的轮廓线。置"虚线"层为当前层，绘制虚线，如图9-44c所示。

6）画剖面线和局部剖的波浪线，完成零件图的绘制，如图9-44d所示。

7）设置标注样式，尺寸数字用 isocp. shx 字体，箭头大小和数字高度为5，其他按要求设置。

8）置"尺寸标注"层为当前层，标注全部尺寸。

9）在图中空白处绘制表面粗糙度符号，并建成图块。按照零件图的要求插入表面粗糙度符号并填写表面粗糙度数值。

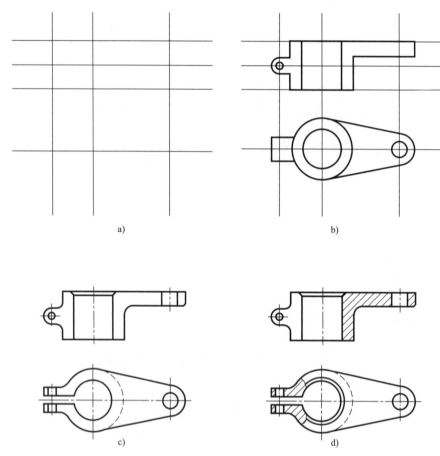

图 9-44 绘制零件图步骤

本 章 小 结

1. 介绍绘图软件 AutoCAD 的主要功能，包括绘图及编辑命令、尺寸标注、图层及图块功能等。

2. 通过实例介绍了计算机绘图的步骤。

第十章

其他工程图

电子、电气、化工等行业产品设计和生产中使用的工程图采用了具有本行业技术特征的规定画法，本章将简单介绍电气制图和化工制图。

第一节 电气制图

电气图种类较多，本节仅介绍常用的电路图、接线图和印制电路板图。

一、图形符号

元器件在电气制图中用图形符号表示，所用的图形符号必须符合国家标准《电气简图用图形符号》（GB/T 4728.1~13—2005~2008）的规定。如果采用标准中未规定的图形符号，应予以说明。表 10-1 为常用电子元器件的图形符号。

表 10-1 常用电子元器件的图形符号

图形符号	图形符号	图形符号	图形符号
电阻器（R）	可调电阻器（RP）	熔断器（F）	滤波器
检波器	振荡器	可调电容器	差动可调电容器
电容器（C）	半导体二极管	光电管	接地（E）
交流电	接机壳	信号灯（H）	调制器或解调器（U）
电池	插头和插座	天线	扬声器
避雷器	监听器	晶体管（V）（PNP）	集电极接管壳的晶体管（V）（NPN）

二、电路图

表示电子产品各种元器件之间的工作原理及其相互连接关系的简图称为电路图。

电路图是采用图形符号、文字符号并按功能顺序排列，表示系统、装置、部件、设备和软件等实际电路连接，只表示其功能，而不考虑其实际尺寸、形状或位置的一种简图。图10-1所示为压电晶体振荡电路图。

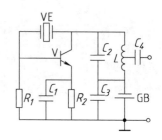

图 10-1　压电晶体振荡电路图

电路图用于表达对象的线路布置，为检测、寻找故障、排除故障提供信息，并为绘制接线图提供依据。

1. 绘制电路图的基本要求

1）图形符号应尽可能选择国家标准中推荐的优选符号，在满足需要的前提下尽量选用简单画法的符号。图形符号在图中应排列合理、电连接线路最短，便于读图。

2）电路的布置顺序应该使电信号的流动是从左到右、自上而下，即输入端画在图样的左上方，输出端画在右下方。

3）为便于读图，在每个元器件图形符号的旁边还要标注元器件的文字代号，如 R（电阻器）、C（电容器）等，并对元器件图形符号予以编号，如电容器：C_1、C_2、C_3、$\cdots$。

4）电路图中的导线均用单线（细实线）绘制，且为水平或垂直方向，当导线相交、转折时画成直角，导线与总线汇合处画成45°线或90°圆弧线，以表示导线的走向。

5）电路图中元件的位置应选择使元器件表示为非激励或不工作的状态或位置，如开关处于断路位置；继电器、接触器、电磁铁处于无电压作用的位置。

6）电路图中的元件应列出元件明细表，也可以用目录表格形式另行书写。对于较简单的电路图，可以不编写元件明细表，元件的数据在元件旁直接标注。

2. 电路图的画法

1）按电路各部分功能将整个电路分成若干级，然后以各级电路中的主要元件（或耦合元件）为中心，沿水平方向分成若干段。

2）排布各级电路主要元件的图形符号，使其尽量位于图形中心水平线上。

3）分别画出各级电路之间的连接及有关元器件。作图时，应使同类元件尽量在横向或纵向对齐，为使全图布置得均匀、清晰，可对局部部位作适当调整。

4）画全其他附加电路及元器件，标注数据及代号。

5）检查全图连接是否有误、布局是否合理，最后加深。注意区分各线型的粗细，如图10-2a 所示。

图 10-2a 所示为电子助听器电路图，其画图步骤如图 10-2b～d 所示。

三、接线图

接线图是表示产品接装面上各元件之间相对位置和导线的实际位置、连接方式的一种简图。接线图主要用于安装接线、线路检查、维修与故障处理等工作。

1. 绘制接线图的基本要求

1）按元器件在设备中的真实位置画出外形和接头。

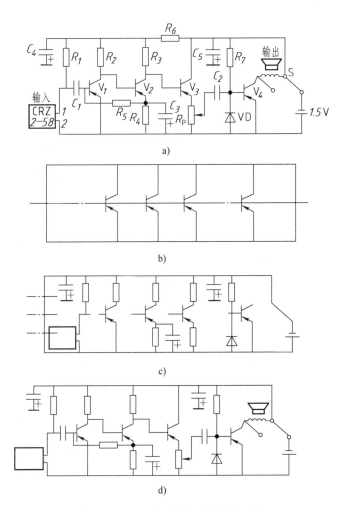

图 10-2 电子助听器电路图绘制步骤

a) 电子助听器电路图 b) 以主要元件为中心,按级沿水平方向分成若干段

c) 沿垂直方向分配尺寸,画出各级相应元件

d) 沿水平方向连接各级,完成全图。最后加深、注写位置符号及说明

2) 从设备背面看元器件的接头或管脚编号是顺时针方向。

3) 对图中每一根导线标号的方法有 2 种:

顺序法（直接式）——按接线的顺序进行标号。每根导线有一个编号,分别写在导线两端接头处。直接式接线如图 10-3 所示。

等电位法（基线式）——每根导线用 2 组号码进行编号,第 1 组表示等电位序号,第 2 组表示相同电位导线的序号。基线式接线如图 10-4 所示。

4) 接线图必须附有接线表,以列出每根导线的全部资料。

2. 接线图的表达形式

接线图有 4 种表达形式:直接式、基线式、走线式（干线式）和表格式。

（1）直接式接线图 在元器件的接头与接头之间,用各种不同规格和颜色的导线连接起来,表示这种接线方式的图称为直接式接线图,如图 10-3 所示。

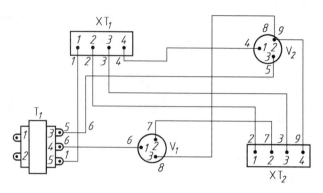

图 10-3　直接式接线图

　　直接式接线图适用于简单电子部件的接线，能使读者直接在图上看出每一条导线的通路，具有用线短和易于检查线路的优点，故应用较广。

　　（2）基线式接线图　从各端点引出的导线，全部都绑扎在一条称为"基线"的直线上，基线一般选画在元器件的中间，表示这种接线方式的图称基线式接线图，如图 10-4 所示。

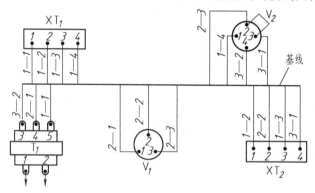

图 10-4　基线式接线图

　　基线式接线图对线扎的固定比较方便，适用于易受振动的产品和多层重叠接线面的布线。为更清楚地说明基线式接线图上各端点的连接关系，可附加接线表。

　　（3）走线式接线图　将元器件走线相同的导线绑扎成一束，表示这种接线方式的图称走线式（干线式）接线图（简称走线图或干线图），如图 10-5 所示。

　　走线图能近似反映内部线路接法。因此走线图与基线图的特点近似，但比基线图直观。画图时走向线用粗实线表示，导线用细实线表示，两线汇交处有 3 种画法，如图 10-6 所示。

　　（4）表格式接线图　在图上只画元器

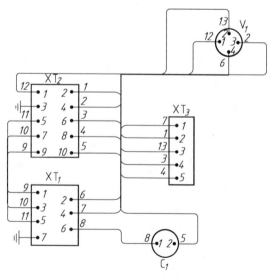

图 10-5　走线式接线图

件外形和端点，不画导线，以表格形式代替导线通路，表示这种接线方式的图称表格式接线图（简称表格图），如图10-7所示。

表格图的最大特点是没有接线，这对于用几张图样画复杂接线图特别适用。

在表格中元器件仍按在设备中的位置画出，表格放在图样右上角。

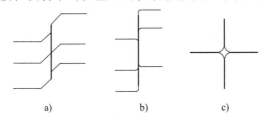

图 10-6　两线汇交处的画法

a）45°线　b）圆弧一　c）圆弧二

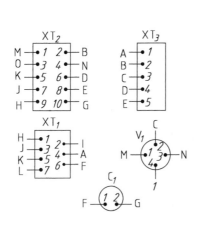

线号	导线规格	自何处来	接到何处
A	橙	XT_{3-1}	XT_{1-4}
B	白	XT_{3-2}	XT_{2-2}
C	紫	XT_{3-3}	V_{1-2}
D	蓝	XT_{3-4}	XT_{2-6}
E	绿	XT_{3-5}	XT_{2-8}
F	棕	C_{1-1}	XT_{1-6}
G	红	C_{1-2}	XT_{2-10}
H	灰-白	XT_{1-1}	XT_{2-9}
I	黄	XT_{1-2}	V_{1-4}
J	蓝-紫	XT_{1-3}	XT_{2-7}
K	黄-绿	XT_{1-5}	XT_{2-5}
L	黑	XT_{1-7}	接地
M	黑-红	V_{1-1}	XT_{2-1}
N	灰	V_{1-3}	XT_{2-4}
O	黑	XT_{2-3}	接地

图 10-7　表格式接线图

四、印制电路板图

印制电路板俗称印制板，它是以覆铜的绝缘板为基材，采用保护性腐蚀法，根据电路图将其上面覆盖的铜箔腐蚀掉一部分，保留的铜箔作为导线。印制电路板在电子设备上应用极其广泛。

在印制电路板设计中，首先分析产品的电路图，设计出最佳方案，绘制印制电路板设计草图；再根据设计草图绘制装配图，以表示各元器件或结构件在板上的安装位置、连接情况以及外形尺寸等；然后根据印制电路板装配图绘制印制电路板布线图，专供拍照制板用；最后根据印制电路板装配图绘制印制电路板机加工图，以表示印制电路板的形状、有公差要求的重要尺寸、板面上安装孔和槽等要素的尺寸以及有关技术要求等，供机械加工印制电路板时使用。

1. 绘制印制电路板图的基本要求

1）元器件尽可能水平或垂直放置。

2）导线的轮廓画在坐标纸格线上，孔的中心画在格线交点上。

3）导线要短，要圆滑过渡，避免出现尖角。

2. 印制电路板装配图

印制电路板装配图即是印制电路板组装件装配图，是用以表示各种元器件和结构等与印制电路板连接关系的图样。

印制电路板装配图的绘制原则：

1）在完整、清晰地表达元器件和结构件与印制电路板的连接关系的前提下，力求绘图简便，看图方便。

2）以装有元器件的一面为主视图。

3）元器件一般用图形符号表示，需进行其他装配的元器件则应画出其简化的外形轮廓。

4）对于重复出现的单元图形，可以只画其中一个单元，其余的相同单元可以简化绘制，如图 10-8 所示。

图 10-8　重复单元图形简化画法

5）印制电路板装配图只需标注外形尺寸和安装尺寸及与其产品连接的位置和尺寸。

6）绘制明细表、填写元器件的名称、规格及数量等。

图 10-9 所示为晶体管收音机的印制电路板装配图。

3. 印制电路板零件图

印制电路板零件图是表示导电图形、结构要素、标记符号、技术要求及有关说明的图样，其内容包括印制导线的布置情况，印制电路板的外形尺寸和装配尺寸，孔的尺寸和技术要求。图 10-10 所示为印制电路板的零件图。

印制电路板零件图的绘制方法：

1）印制导线的布置情况一般按其实际形状采用有坐标格的图纸绘制。坐标系的原点通常选择在以下位置：

① 以板面左下方最靠边的孔中心为原点。

② 以印制电路板最大外形轮廓线左下方的交点为原点。

③ 以圆形印制电路板的中心点为原点。

2）用空白的双线轮廓画出导线的实际形状，也可以在其中涂色或画剖面线。当导线宽度小于1mm 或所有导线的宽度基本相同时，导线图形用单线绘制，且注出导线的宽度和最小间距。导线的形状应力求简洁美观，转折处避免尖角。

3）印制电路板上各孔的中心必须在坐标网格线的交点处；圆形排列的孔组的公共中心点必须位于坐标网格线的交点处，孔组中至少有一个孔的中心在上述交点的同一坐标网格线上。这样，对于公差要求不高的尺寸在图中不必标注，而由坐标网格决定。

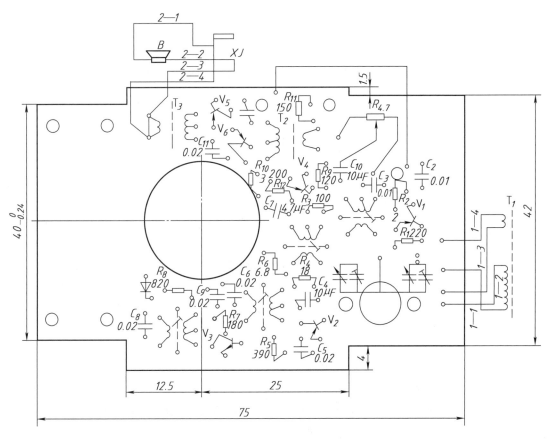

图 10-9　晶体管收音机的印制电路板装配图

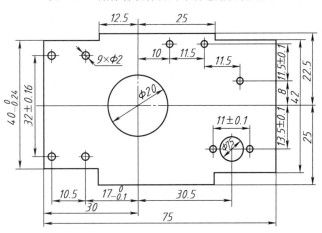

图 10-10　印制电路板的零件图

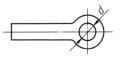

图 10-11　接点圆环

对于公差要求较高的尺寸，如板的外形尺寸，安装尺寸及孔的直径，则必须标注。若图形比较复杂，为了使图形表达清楚，可将一些结构移出绘制，并在移出绘制的图上标注有关的尺寸。

4）印制接点为印制在安装孔周围的金属部分。为便于焊接元件的引线，在接点处应作如图 10-11 所示的接点圆环。接点圆环的内径 d 应大于安装孔的直径

0.2~0.4mm；其外径与安装孔的直径有关，可参阅有关标准的规定。

5）单面印制电路板的零件图一般只画一个视图，必要时可将结构要素和标记符号分别绘制，但技术要求和有关说明应写在第一张图上。

双面印制电路板的零件图一般用主视图和后视图表示。当后视图中的导电图形能在主视图中表示清楚时，也可以只画一个主视图。

第二节 化 工 制 图

化工图包括化工设备图和化工工艺图两部分。化工设备图主要包括设备总装图、部件图、零件图以及设备安装图等；化工工艺图主要包括工艺流程图、设备布置图以及管道布置图。化工图是化工企业进行设计、制造、安装、维护与检修等的重要技术资料。

化工制图是在机械制图的基础上逐步形成和发展起来的。因此，它与机械制图既有共同之处，又有不同之处。本节着重介绍化工设备图、化工工艺管道及仪表流程图、管道布置图和设备布置图的主要内容和读、画这些图样的基本方法。

一、化工设备图

表示化工设备的装配图，称为化工设备图。

1. 化工设备的主要特点

常见的化工设备有容器、反应器、换热器和塔等，尽管它们的形状大小、安装方式、工艺要求均有差异，但在结构上有以下共同点：

1）化工设备的主体和零部件结构多为回转体、薄壁结构。

2）设备总体尺寸与设备的某些局部结构的尺寸相差悬殊，如壳体长度与直径、壁厚等尺寸相差很大。

3）设备上有较多的开孔和接管口，用于安装各种零部件和连接管路。

4）设备各部分结构的连接和零部件的安装连接，广泛采用焊接的方法。

5）化工设备一些常用的零部件，大多已标准化、系列化。

6）设备材料除应满足强度、刚度等要求之外，还要考虑耐腐蚀、耐温度和耐压力，应采用特殊材料和镀涂工艺等。

2. 化工设备的图示特点

由于化工设备结构特殊，其表达方法和尺寸标注等方面也具有一定的特点。下面简要介绍化工设备的图示特点。

（1）视图选择和配置 化工设备除采用机械图的表达方法外，还采用了一些特殊的表达方法。

化工设备的主视图一般根据其形状特征和工作位置来选择。由于设备的基本形体以回转体居多，一般用两个基本视图来表达设备的主体。立式设备通常采用主、俯两个基本视图，轴线竖直放置；卧式设备通常采用主、左两个基本视图，轴线水平放置。主视图一般采用剖视图表达设备的装配关系、工作原理及内部结构。俯视图或左视图用来表达接管口、支座等的结构，并采用局部放大图等补充表达装配结构、细部结构和工作原理。图10-12所示为贮

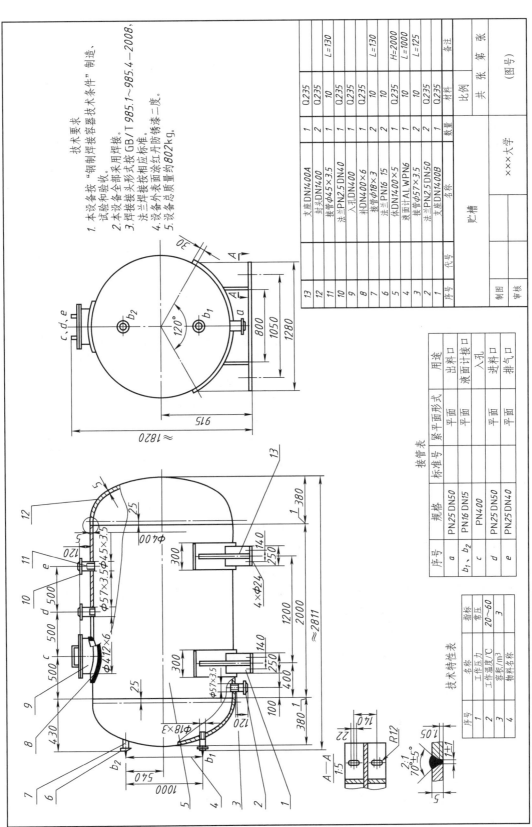

图 10-12 贮槽装配图

槽装配图。

由于主视图比较狭长，为合理配置视图和使用图幅，常将俯视图或左视图配置在图样的其他空白处，必要时也可以画在另一张图样上，但都要标注视图的名称。

（2）细部结构表达法　由于设备各部位结构的尺寸大小相差悬殊，化工设备图上较多地采用了局部放大图（也称节点图）和夸大画法。

局部放大图按机械制图国家标准规定的方法绘制，其表达方法不受基本视图采用的表达方法的限制。

对于化工设备的壳体壁厚、接管壁厚、垫片厚度、折流板厚度等结构或细小零件，在按总体比例绘制后难以表达其厚度或大小时，允许适当夸大地用双线画出一定的厚度或大小，当画出的壁厚过小时（≤2mm），可用涂色代替剖面符号。

（3）多次旋转表达和旋转视图　由于化工设备上开孔和接管较多，为了在视图上清楚地表达这些结构的轴向位置和形状，假想将这些结构绕设备的轴线旋转到与投影面平行的位置后投影画出。

（4）简化画法　化工设备图中不仅采用机械制图国家标准规定的简化画法，还常采用以下简化画法：

1）有标准图、复用图或外购的零部件只需根据零部件的主要尺寸，用粗实线并按比例绘制其外形特征轮廓。

2）各种管法兰在化工设备装配图中均可按简化画法绘制。

3）重复结构可按简化画法，例如螺栓孔可简化为中心线和轴线，螺栓联接可简化为粗实线的"×"和"+"符号，或简化为中心线。按规律排列的管束，只需画出其中一根管子，其余用中心线表示其安装位置。对于设备上某些结构在已有零部件图或局部放大图、断面图等方法表达清楚时，在装配图的剖视图中允许用单线表示。如简单壳体、带法兰接管、各种塔盘、折流板、挡板、拉杆、列管、定距管、膨胀节等。

（5）管口方位图　表示设备主体周围的接管口、零部件等位置，可在俯视图或左视图上表达真实的方位，也有专门表示管口方位的图形，称为管口方位图，它仅以单线和中心线表示管口的方位，用文字或代号注明各接口名称。

（6）技术特性表和技术要求　为了说明设备的重要特性和设计依据，通常以设备的工作压力、操作温度、容积和物料名称等编写技术特性表。技术特性表常配置在接管表上方。

化工设备图的技术要求一般包括：

1）指出设备在制造中应遵守的通用技术规范和必须达到的技术指标。

2）对设备焊接的要求，如采用的焊接方法、焊条的型号以及焊接接头形式等。

3）对设备的焊缝质量和设备整体检验的要求。

4）其他关于设备的防腐、运输和安装等方面的要求。

二、化工工艺管道及仪表流程图

工艺管道及仪表流程图是化工工艺设计的主要内容，是设备布置设计和管道布置设计的依据，也是进行施工、操作运行、检修的指南。

在不同设计阶段，工艺管道及仪表流程图的表达内容和深度也不同，图10-13所示为施工工艺阶段的工艺管道及仪表流程图。

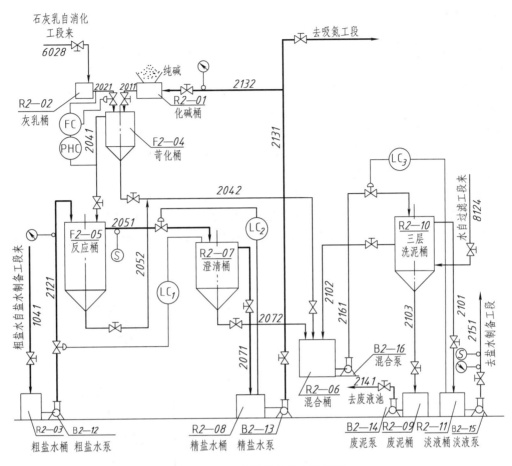

图 10-13　工艺管道及仪表流程图

图例 LC₁、LC₂、LC₃—液面调节器；PHC、FC—苛化液 pH 值与石灰乳液量串级调节器

工艺管道及仪表流程图的绘制不仅应遵循《技术制图》《机械制图》国家标准，其图样内容和画法还应遵循《化工工艺设计施工图内容和深度统一规定》以及自控专业的规定。

工艺管道及仪表流程图的作图步骤：

1）用细实线绘制地坪、楼板或操作台台面等的基准线。

2）根据流程顺序，从左至右用细实线按统一比例绘制设备（机器）的图例，并对设备标注编号和设备名称。

3）用粗实线绘制主要工艺物料管道线，并配以箭头表示主要物料的流向。同时以细实线画出主要工艺物料管道上的阀、管件、检测仪表、调节控制系统、分析取样点等的符号、代号和图例。

4）用中粗实线绘制辅助物料管道线，同样配以箭头表示物料的流向。同时以细实线画出辅助物料管道上的阀、管件、检测仪表、调节控制系统、分析取样点等的符号、代号和图例。

5）在流程图下方列出各设备的编号和名称。

三、管道布置图

管道布置图又称管道安装图或配管图，是在工艺设计最后阶段完成的，也是化工制图中应用较多的一种。

绘制管道布置图常是以工艺施工流程图、设备布置图和设备图作为依据进行设计。

管道及附件在图样上的表示方法可以用单线或双线绘制。当采用单线时，其线宽采用粗实线的线宽，若用双线绘制时，则采用中粗实线，以达到图面清晰的目的。

绘制管道布置图首先应了解和掌握国家标准规定的管道及附件的常用画法，在此前提下再根据管道布置图所包括的项目进行绘制。

在管道设计中通常应绘制管道布置图、管道轴测图、管架图和管件图。

管道布置轴测图较平面图和剖面图具有明显的优势，特别是计算机三维造型技术的应用，管道布置轴测图将成为管道布置图的主要表示方法，图 10-14 所示为管道布置轴测图。

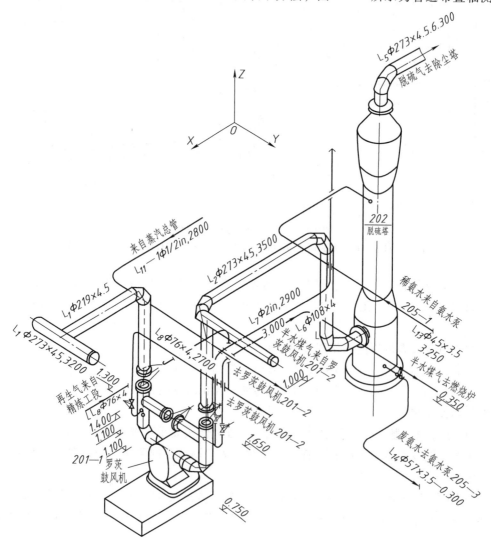

图 10-14　管道布置轴测图

四、设备布置图

设备布置图是表达一个主项（装置或车间）或一个分区（工段或工序）内的生产设备、辅助设备在厂房建筑内外的安装布置情况。

设备布置图的内容通常有：按正投影原理绘制的厂房建（构）筑物的基本结构和设备在厂房内外布置情况的一组视图；与设备布置有关的建筑定位轴线的编号、尺寸、设备位号及其名称；表示安装方位基准的方向标和标题栏。图 10-15 所示为设备布置图。

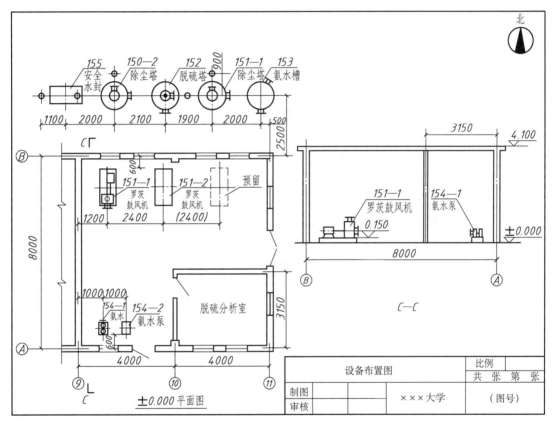

图 10-15 设备布置图

设备布置图的视图配置与建筑物、设备的表达方法有关，视图常用平面图（表达某层厂房建筑上的设备布置情况、建筑物的结构形状和相对位置）、立面图（表达厂房建筑物各个方向的外形，以及设备与建筑物的位置关系）、断面图或局部剖视图（表达设备沿高度方向的布置情况）来表示。

在绘制设备布置图前应先了解有关图样和资料，通过工艺流程图、厂房建筑图、化工设备工程图等资料，充分了解工艺过程的特点、设备种类和数量、建筑基本结构等。同时考虑设备布置的合理性，应满足生产工艺要求，符合经济原则，符合安全生产要求，便于设备安装和检修，保证良好的操作条件等。

绘制设备布置图的步骤：

1）确定视图配置。

2）确定作图比例和图纸幅面。

3）从底层平面向上逐个绘制平面图。

①用细点画线绘制建筑定位轴线。

②用细实线绘制与设备布置有关的厂房建筑基本结构（门、窗、柱、楼梯等）。

③用细点画线绘制各设备的中心线。

④用粗实线绘制设备、支架、基本操作平台等。

4）绘制断面图或其他视图。绘制步骤与平面图大致相同。

5）标注。安装方位标，建筑定位轴线的编号，建筑物和设备的定位尺寸及其标高，设备位号等。

6）编制设备一览表，注写有关说明，填写标题栏。

7）检查、校正后完成图样。

本 章 小 结

本章简要介绍电气制图和化工制图，通过本章的学习，应达到以下要求：

1. 认识常用电子元器件的图形符号。

2. 了解电路图、接线图和印制电路板图的绘制方法和基本要求。

3. 了解化工设备图的内容和表达方式。

4. 了解化工工艺管道及仪表流程图的绘制方法。

5. 了解管道布置图和设备布置图的绘制方法。

附　　录

附录 A　常用标准及设计资料

表 A-1　常用零件结构要素

一、倒角和倒圆（摘自 GB/T 6403.4—2008）　　　　　　　　　　　　　（单位：mm）

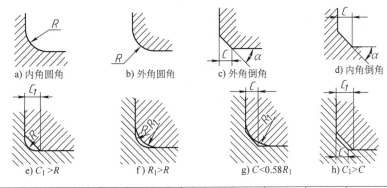

a) 内角圆角　　　b) 外角圆角　　　c) 外角倒角　　　d) 内角倒角

e) $C_1 > R$　　　f) $R_1 > R$　　　g) $C < 0.58R_1$　　　h) $C_1 > C$

直径 D		~3		>3~6		>6~10		>10 ~18	>18 ~30	>30~50		>50 ~80
R_1	$C、R$	0.1	0.2	0.3	0.4	0.5	0.6	0.8	1.0	1.2	1.6	2.0
$C_{max}(C<0.58R_1)$		—	0.1	0.1	0.2	0.2	0.3	0.4	0.5	0.6	0.8	1.0
直径 D		>80 ~120	>120 ~180	>180 ~250	>250 ~320	>320 ~400	>400 ~500	>500 ~630	>630 ~800	>800 ~1000	>1000 ~1250	>1250 ~1600
R_1	$C、R$	2.5	3.0	4.0	5.0	6.0	8.0	10	12	16	20	25
$C_{max}(C<0.58R_1)$		1.2	1.6	2.0	2.5	3.0	4.0	5.0	6.0	8.0	10	12

注：α 一般采用 45°，也可采用 30° 或 60°。

二、回转面及端面砂轮越程槽（摘自 GB/T 6403.5—2008）　　　　　　（单位：mm）

a) 磨外圆　　　　　　b) 磨内圆　　　　　　c) 磨外端面

（续）

d) 磨内端面

e) 磨外圆及端面

f) 磨内圆及端面

d	~10			>10~50		>50~100		>100	
b_1	0.6	1.0	1.6	2.0	3.0	4.0	5.0	8.0	10
b_2	2.0	3.0		4.0		5.0			
h	0.1	0.2		0.3	0.4	0.6		0.8	1.2
r	0.2	0.5		0.8	1.0	1.6		2.0	3.0

三、普通螺纹收尾、肩距、退刀槽、倒角（摘自 GB/T 3—1997） （单位：mm）

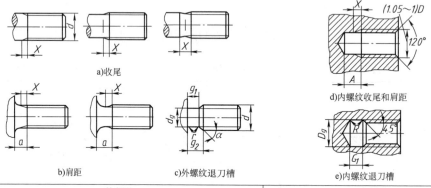

a)收尾

b)肩距

c)外螺纹退刀槽

d)内螺纹收尾和肩距

e)内螺纹退刀槽

螺距 P	外螺纹								内螺纹							
	收尾 X max		肩距 a max			退刀槽				收尾 X max		肩距 A max		退刀槽		
						g_2 max	g_1 min	r ≈	d_g					G_1	R ≈	D_g
	一般	短的	一般	长的	短的					一般	短的	一般	长的	一般	短的	
0.5	1.25	0.7	1.5	2	1	1.5	0.8	0.2	$d-0.8$	2	1	3	4	2	1	0.2	
0.6	1.5	0.75	1.8	2.4	1.2	1.8	0.9		$d-1$	2.4	1.2	3.2	4.8	2.4	1.2	0.3	
0.7	1.75	0.9	2.1	2.8	1.4	2.1	1.1	0.4	$d-1.1$	2.8	1.4	3.5	5.6	2.8	1.4	0.4	$D+0.3$
0.75	1.9	1	2.25	3	1.5	2.25	1.2		$d-1.2$	3	1.5	3.8	6	3	1.5	0.4	
0.8	2	1	2.4	3.2	1.6	2.4	1.3		$d-1.3$	3.2	1.6	4	6.4	3.2	1.6	0.4	
1	2.5	1.25	3	4	2	3	1.6	0.6	$d-1.6$	4	2	5	8	4	2	0.5	
1.25	3.2	1.6	4	5	2.5	3.75	2		$d-2$	5	2.5	6	10	5	2.5	0.6	
1.5	3.8	1.9	4.5	6	3	4.5	2.5	0.8	$d-2.3$	6	3	7	12	6	3	0.8	
1.75	4.3	2.2	5.3	7	3.5	5.25	3	1	$d-2.6$	7	3.5	9	14	7	3.5	0.9	
2	5	2.5	6	8	4	6	3.4		$d-3$	8	4	10	16	8	4	1	
2.5	6.3	3.2	7.5	10	5	7.5	4.4	1.2	$d-3.6$	10	5	12	18	10	5	1.2	
3	7.5	3.8	9	12	6	9	5.2	1.6	$d-4.4$	12	6	14	22	12	6	1.5	$D+0.5$
3.5	9	4.5	10.5	14	7	10.5	6.2		$d-5$	14	7	16	24	14	7	1.8	
4	10	5	12	16	8	12	7		$d-5.7$	16	8	18	26	16	8	2	
4.5	11	5.5	13.5	18	9	13.5	8	2.5	$d-6.4$	18	9	21	29	18	9	2.2	
5	12.5	6.3	15	20	10	15	9		$d-7$	20	10	23	32	20	10	2.5	
5.5	14	7	16.5	22	11	17.5	11		$d-7.7$	22	11	25	35	22	11	2.8	
6	15	7.5	18	24	12	18	11	3.2	$d-8.3$	24	12	28	38	24	12	3	

注：1. 外螺纹倒角一般为45°，也可采用60°或30°倒角；倒角深度应大于或等于牙型高度，过渡角 α 应不小于30°。内螺纹入口端面的倒角一般为120°，也可采用90°倒角。端面倒角直径为（1.05~1）D（D 为螺纹公称直径）。

2. 应优先选用"一般"长度的收尾和肩距。

表 A-2　普通螺纹直径与螺距系列
（摘自 GB/T 193—2003 和 GB/T 196—2003）

（单位：mm）

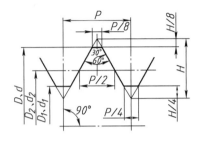

$H = 0.866P$

D、d—内、外螺纹大径

D_2、d_2—内、外螺纹中径

D_1、d_1—内、外螺纹小径

P—螺距

$d_2 = d - 0.6495P$

$d_1 = d - 1.0825P$

标记示例：

M20（公称直径 20 粗牙右旋内螺纹，中径和大径的公差带均为 6H）

M20（公称直径 20 粗牙右旋外螺纹，中径和大径的公差带均为 6g）

M20（上述规格的螺纹副）

M20×2-5g6g-S-LH（公称直径 20、螺距 2 的细牙左旋外螺纹，中径、大径的公差带代号分别为 5g、6g，短旋合长度）

公称直径 D、d			螺距 P		公称直径 D、d			螺距 P	
第1系列	第2系列	第3系列	粗牙	细牙	第1系列	第2系列	第3系列	粗牙	细牙
1			0.25	0.2	20			2.5	2,1.5,1
	1.1		0.25	0.2		22		2.5	2,1.5,1
1.2			0.25	0.2	24			3	2,1.5,1
	1.4		0.3	0.2			25		2,1.5,1
1.6			0.35	0.2			26		1.5
	1.8		0.35	0.2		27		3	2,1.5,1
2			0.4	0.25			28		2,1.5,1
	2.2		0.45	0.25	30			3.5	3,2,1.5,1
2.5			0.45	0.35			32		2,1.5
3			0.5	0.35		33		3.5	3,2,1.5
	3.5		0.6	0.35			35		1.5
4			0.7	0.5	36			4	3,2,1.5
	4.5		0.75	0.5		38			1.5
5			0.8	0.5		39		4	3,2,1.5
		5.5		0.5			40		3,2,1.5
6			1	0.75	42			4.5	4,3,2,1.5
	7		1	0.75		45		4.5	4,3,2,1.5
8			1.25	1,0.75	48			5	4,3,2,1.5
		9	1.25	1,0.75			50		3,2,1.5
10			1.5	1.25,1,0.75		52		5	4,3,2,1.5
		11	1.5	1.5,1,0.75			55		4,3,2,1.5
12			1.75	1.25,1	56			5.5	4,3,2,1.5
	14		2	1.5,1.25,1			58		4,3,2,1.5
		15		1.5,1		60		5.5	4,3,2,1.5
16			2	1.5,1			62		4,3,2,1.5
		17		1.5,1	64			6	4,3,2,1.5
	18		2.5	2,1.5,1			65		4,3,2,1.5

（续）

公称直径 D、d			螺距 P		公称直径 D、d			螺距 P	
第1系列	第2系列	第3系列	粗牙	细牙	第1系列	第2系列	第3系列	粗牙	细牙
	68		6	4,3,2,1.5	90				6,4,3,2
		70		6,4,3,2,1.5		95			6,4,3,2
72				6,4,3,2,1.5	100				6,4,3,2
		75		4,3,2,1.5		105			6,4,3,2
	76			6,4,3,2,1.5	110				6,4,3,2
		78		2		115			6,4,3,2
80				6,4,3,2,1.5		120			6,4,3,2
		82		2	125				8,6,4,3,2
	85			6,4,3,2		130			8,6,4,3,2

注：优先选用第一系列，其次第二系列，第三系列尽可能不用。

表 A-3　55°非密封管螺纹（摘自 GB/T 7307—2001）

（单位：mm）

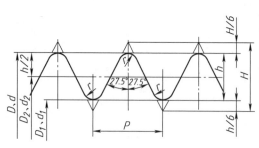

$$H = 0.960491P \qquad P = \frac{25.4}{n}$$

$$h = 0.640327P$$

$$r = 0.137329P \qquad \frac{H}{6} = 0.160\,082P$$

D、d——内、外螺纹大径

D_2、d_2——内、外螺纹中径

D_1、d_1——内、外螺纹小径

标记示例：G1½（1½内螺纹）

　　　　　G1½A（1½外螺纹，公差等级为A级）

（注：外螺纹分A、B两级公差等级，内螺纹则不标注）

尺寸代号	每25.4mm 内的牙数 n	螺距 P	牙高 h	圆弧半径 $r \approx$	基本直径		
					大径 $d=D$	中径 $d_2=D_2$	小径 $d_1=D_1$
1/4	19	1.337	0.856	0.184	13.157	12.301	11.445
3/8	19	1.337	0.856	0.184	16.662	15.806	14.950
1/2	14	1.814	1.162	0.249	20.955	19.793	18.631
5/8	14	1.814	1.162	0.249	22.911	21.749	20.587
3/4	14	1.814	1.162	0.249	26.441	25.279	24.117
7/8	14	1.814	1.162	0.249	30.201	29.039	27.877
1	11	2.309	1.479	0.317	33.249	31.770	30.291
1⅛	11	2.309	1.479	0.317	37.897	36.418	34.939
1¼	11	2.309	1.479	0.317	41.910	40.431	38.952
1½	11	2.309	1.479	0.317	47.803	46.324	44.845
1¾	11	2.309	1.479	0.317	53.746	52.267	50.788
2	11	2.309	1.479	0.317	59.614	58.135	56.656

表 A-4　梯形螺纹直径与螺距系列、基本尺寸

（摘自 GB/T 5796.2—2005、GB/T 5796.3—2005）

（单位：mm）

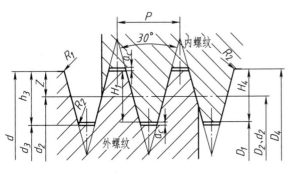

标记示例：
公称直径 40mm，导程 14mm，螺距为 7mm 的双线左旋梯形螺纹的标记：
Tr40×14(P7)LH

d—外螺纹大径（公称直径）
d_3—外螺纹小径
D_4、D_1—内螺纹大径、小径
D_2、d_2—内、外螺纹中径
H_1—基本牙型高度
H_4—内螺纹牙高
h_3—外螺纹牙高
P—螺距
a_c—牙顶间隙

公称直径 d 第一系列	公称直径 d 第二系列	螺距 P	中径 $d_2=D_2$	大径 D_4	小径 d_3	小径 D_1	公称直径 d 第一系列	公称直径 d 第二系列	螺距 P	中径 $d_2=D_2$	大径 D_4	小径 d_3	小径 D_1
8		1.5	7.25	8.30	6.20	6.50		26	3	24.50	26.50	22.50	23.00
	9	1.5	8.25	9.30	7.20	7.50		26	5	23.50	26.50	20.50	21.00
	9	2	8.00	9.50	6.50	7.00		26	8	22.00	27.00	17.00	18.00
10		1.5	9.25	10.30	8.20	8.50	28		3	26.50	28.50	24.50	25.00
10		2	9.00	10.50	7.50	8.00	28		5	25.50	28.50	22.50	23.00
	11	2	10.00	11.50	8.50	9.00	28		8	24.00	29.00	19.00	20.00
	11	3	9.50	11.50	7.50	8.00		30	3	28.50	30.50	26.50	27.00
12		2	11.00	12.50	9.50	10.00		30	6	27.00	31.00	23.00	24.00
12		3	10.50	12.50	8.50	9.00		30	10	25.00	31.00	19.00	20.00
	14	2	13.00	14.50	11.50	12.00	32		3	30.50	32.50	28.50	29.00
	14	3	12.50	14.50	10.50	11.00	32		6	29.00	33.00	25.00	26.00
16		2	15.00	16.50	13.50	14.00	32		10	27.00	33.00	21.00	22.00
16		4	14.00	16.50	11.50	12.00		34	3	32.50	34.50	30.50	31.00
	18	2	17.00	18.50	15.50	16.00		34	6	31.00	35.00	27.00	28.00
	18	4	16.00	18.50	13.50	14.00		34	10	29.00	35.00	23.00	24.00
20		2	19.00	20.50	17.50	18.00	36		3	34.50	36.50	32.50	33.00
20		4	18.00	20.50	15.50	16.00	36		6	33.00	37.00	29.00	30.00
	22	3	20.50	22.50	18.50	19.00	36		10	31.00	37.00	25.00	26.00
	22	5	19.50	22.50	16.50	17.00		38	3	36.50	38.50	34.50	35.00
	22	8	18.00	23.00	13.00	14.00		38	7	34.50	39.00	30.00	31.00
24		3	22.50	24.50	20.50	21.00		38	10	33.00	39.00	27.00	28.00
24		5	21.50	24.50	18.50	19.00	40		3	38.50	40.50	36.50	37.00
24		8	20.00	25.00	15.00	16.00	40		7	36.50	41.00	32.00	33.00
							40		10	35.00	41.00	29.00	30.00

表 A-5 六角头螺栓—A 和 B 级（摘自 GB/T 5782—2016）
六角头螺栓全螺纹—A 和 B 级（摘自 GB/T 5783—2016）

（单位：mm）

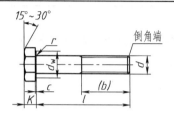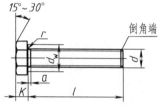

标记示例：

螺纹规格 d = M12、公称长度 l = 80、性能等级为 8.8 级、表面氧化、A 级的六角头螺栓的标记为：

螺栓 GB/T 5782 M12×80

标记示例：

螺纹规格 d = M12、公称长度 l = 80、性能等级 8.8 级、表面氧化、全螺纹、A 级的六角头螺栓的标记为：

螺栓 GB/T 5783 M12×80

螺纹规格 d			M3	M4	M5	M6	M8	M10	M12	(M14)	M16	(M18)	M20	(M22)	M24	(M27)	M30	M36
b 参考	l≤125		12	14	16	18	22	26	30	34	38	42	46	50	54	60	66	78
	125<l≤200		18	20	22	24	28	32	36	40	44	48	52	56	60	66	72	84
	l>200		31	33	35	37	41	45	49	53	57	61	65	69	73	79	85	97
a	max		1.5	2.1	2.4	3	3.75	4.5	5.25	6	6	7.5	7.5	7.5	9	9	10.5	12
c	max		0.4	0.4	0.5	0.5	0.6	0.6	0.6	0.6	0.8	0.8	0.8	0.8	0.8	0.8	0.8	0.8
	min		0.15	0.15	0.15	0.15	0.15	0.15	0.15	0.15	0.2	0.2	0.2	0.2	0.2	0.2	0.2	0.2
d_w	min	A	4.57	5.88	6.88	8.88	11.63	14.63	16.63	19.64	22.49	25.34	28.19	31.71	33.61	—	—	—
		B	4.45	5.74	6.74	8.74	11.47	14.47	16.47	19.51	22	24.85	27.7	31.35	33.25	38	42.75	51.11
e	min	A	6.07	7.66	8.79	11.05	14.38	17.77	20.03	23.35	26.75	30.14	33.53	37.72	39.98	—	—	—
		B	—	—	8.63	10.89	14.20	17.59	19.85	22.78	26.17	29.56	32.95	37.29	39.55	45.2	50.85	60.79
K	公称		2	2.8	3.5	4	5.3	6.4	7.5	8.8	10	11.5	12.5	14	15	17	18.7	22.5
r	min		0.1	0.2	0.2	0.25	0.4	0.4	0.6	0.6	0.6	0.6	0.8	1	0.8	1	1	1
s	公称		5.5	7	8	10	13	16	18	21	24	27	30	34	36	41	46	55
l 范围			20~30	25~40	25~50	30~60	35~80	40~100	45~120	60~140	55~160	60~180	65~200	70~220	80~240	90~260	90~300	110~360
l 范围（全螺线）			6~30	8~40	10~50	12~60	16~80	20~100	25~100	30~140	35~100	35~180	40~100	45~200	40~100	55~200	40~100	40~100
l 系列			6,8,10,12,16,20~70（5 进位）,80~160（10 进位）,180~360（20 进位）															

技术条件	材料	力学性能等级	螺纹公差	产品等级	表面处理
	钢	8.8	6g	A 级用于 d≤24 和 l≤10d 或 l≤150 B 级用于 d>24 或 l>10d 或 l>150	氧化或 镀锌钝化

注：1. A、B 为产品等级，A 级最精确、C 级最不精确。C 级产品详见 GB/T 5780—2016、GB/T 5781—2016。

2. l 系列中，M14 中的 55、65，M20 中的 65，全螺纹中的 55、65 等规格尽量不采用。

3. 括号内为第二系列螺纹直径规格，尽量不采用。

表 A-6 双头螺柱 $b_m = d$（摘自 GB/T 897—1988）$b_m = 1.25d$（摘自 GB/T 898—1988）、$b_m = 1.5d$（摘自 GB/T 899—1988）

（单位：mm）

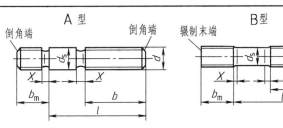

末端按 GB 2—2001 规定
$d_{smax} = d$（A 型）
$d_s \approx$ 螺纹中径（B 型）
$X_{max} = 1.5P$

标记示例：

两端均为粗牙普通螺纹，$d=10$、$l=50$、性能等级为 4.8 级、不经表面处理、B 型、$b_m=1.25d$ 的双头螺柱的标记为：

螺柱　GB/T 898　M10×50

旋入机体一端为粗牙普通螺纹，旋螺母一端为螺距 $P=1$mm 的细牙普通螺纹，$d=10$、$l=50$、性能等级为 4.8 级、不经表面处理、A 型、$b_m=1.25d$ 的双头螺柱的标记为：螺柱　GB/T 898　AM10-M10×1×50

旋入机体一端为过渡配合螺纹的第一种配合，旋螺母一端为粗牙普通螺纹，$d=10$、$l=50$、性能等级为 8.8 级、镀锌钝化，B 型、$b_m=1.25d$ 的双头螺柱的标记为：螺柱 GB/T 898 GM10-M10×50-8.8-$Z_n \cdot$ D

螺纹规格 d		M5	M6	M8	M10	M12	(M14)	M16
b_m（公称）	$b_m = d$	5	6	8	10	12	14	16
	$b_m = 1.25d$	6	8	10	12	15	18	20
	$b_m = 1.5d$	8	10	12	15	18	21	24
$\dfrac{l（公称）}{b}$		$\dfrac{16\sim22}{16}$	$\dfrac{20\sim22}{10}$	$\dfrac{20\sim22}{12}$	$\dfrac{25\sim28}{14}$	$\dfrac{25\sim30}{16}$	$\dfrac{30\sim35}{18}$	$\dfrac{30\sim38}{20}$
		$\dfrac{25\sim50}{16}$	$\dfrac{25\sim30}{14}$	$\dfrac{25\sim30}{16}$	$\dfrac{30\sim38}{16}$	$\dfrac{32\sim40}{20}$	$\dfrac{38\sim45}{25}$	$\dfrac{40\sim55}{30}$
			$\dfrac{32\sim75}{18}$	$\dfrac{32\sim90}{22}$	$\dfrac{40\sim120}{26}$	$\dfrac{45\sim120}{30}$	$\dfrac{50\sim120}{34}$	$\dfrac{60\sim120}{38}$
					$\dfrac{130}{32}$	$\dfrac{130\sim180}{36}$	$\dfrac{130\sim180}{40}$	$\dfrac{130\sim200}{44}$

螺纹规格 d		(M18)	M20	(M22)	M24	(M27)	M30	M36
b_m（公称）	$b_m = d$	18	20	22	24	27	30	30
	$b_m = 1.25d$	22	25	28	30	35	38	45
	$b_m = 1.5d$	27	30	33	36	40	45	54
$\dfrac{l（公称）}{b}$		$\dfrac{35\sim40}{22}$	$\dfrac{35\sim40}{25}$	$\dfrac{40\sim45}{30}$	$\dfrac{45\sim50}{30}$	$\dfrac{50\sim60}{35}$	$\dfrac{60\sim65}{40}$	$\dfrac{65\sim75}{45}$
		$\dfrac{45\sim60}{35}$	$\dfrac{45\sim65}{35}$	$\dfrac{50\sim70}{40}$	$\dfrac{55\sim75}{45}$	$\dfrac{65\sim85}{50}$	$\dfrac{70\sim90}{50}$	$\dfrac{80\sim110}{60}$
		$\dfrac{65\sim120}{42}$	$\dfrac{70\sim120}{46}$	$\dfrac{75\sim120}{50}$	$\dfrac{80\sim120}{54}$	$\dfrac{90\sim120}{66}$	$\dfrac{95\sim120}{66}$	$\dfrac{120}{78}$
		$\dfrac{130\sim200}{48}$	$\dfrac{130\sim200}{52}$	$\dfrac{130\sim200}{56}$	$\dfrac{130\sim200}{60}$	$\dfrac{130\sim200}{66}$	$\dfrac{130\sim200}{72}$	$\dfrac{130\sim200}{84}$
							$\dfrac{210\sim250}{85}$	$\dfrac{210\sim300}{97}$

公称长度 l 的系列	16、(18)、20(22)、25、(28)、30、(32)、35、(38)、40、45、50、(55)、60、(65)、70、(75)、80、(85)、90、(95)、100~260(10 进位)、280、300

注：1. 尽可能不采用括号内的规格。GB/T 897 中的 M24、M30 为括号内的规格。

　　2. GB/T 898 为商品紧固件品件，应优先选用。

　　3. 当 $b-b_m \leqslant 5$mm 时，旋螺母一端应制成倒圆端。

表 A-7 开槽沉头螺钉（摘自 GB/T 68—2000）

（单位：mm）

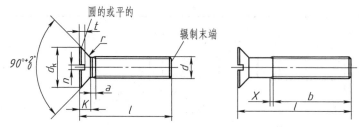

无螺纹部分杆径≈中径或=螺纹大径

标记示例：

螺纹规格为 d=M5、公称长度 l=20mm、性能等级为 4.8 级、不经表面处理的 A 级开槽沉头螺钉的标记为：

螺钉 GB/T 68 M5×20

螺纹规格 d		M1.6	M2	M2.5	M3	M4	M5	M6	M8	M10
螺距 P		0.35	0.4	0.45	0.5	0.7	0.8	1	1.25	1.5
a	max	0.7	0.8	0.9	1	1.4	1.6	2	2.5	3
b	min	25	25	25	25	38	38	38	38	38
n	公称	0.4	0.5	0.6	0.8	1.2	1.2	1.6	2	2.5
X	max	0.9	1	1.1	1.25	1.75	2	2.5	3.2	3.8
开槽沉头螺钉 d_k	max	3	3.8	4.7	5.5	8.4	9.3	11.3	15.8	18.3
K	max	1	1.2	1.5	1.65	2.7	2.7	3.3	4.65	5
r	min	0.4	0.5	0.6	0.8	1	1.3	1.5	2	2.5
t	min	0.32	0.4	0.5	0.6	1	1.1	1.2	1.8	2
l 商品规格范围		2.5~16	3~20	4~25	5~30	6~40	8~50	10~60	12~80	12~80
公称长度 l 的系列		2,2,5,3,4,5,6,8,10,12,(14),16,20~80(5进位)								

技术条件	材料	力学性能等级	螺纹公差	产品等级	表面处理
	钢	4.8、5.8	6g	A	1. 不经处理 2. 镀锌钝化

注：1. 公称长度 l 中的 (14)、(55)、(65)、(75) 等规格尽可能不采用。

　　2. 对开槽沉头螺钉，$d\leqslant$M3、$l\leqslant$30mm 或 $d\geqslant$M4、$l\leqslant$45mm 时，制出全螺纹 $[b = l - (K + a)]$。

表 A-8 1 型六角螺母（摘自 GB/T 6170—2015）
六角薄螺母（摘自 GB/T 6172.1—2016）

（单位：mm）

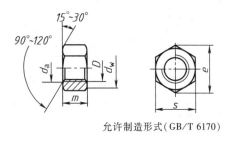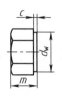

允许制造形式（GB/T 6170）

标记示例：

螺纹规格为 D=M12、（M16×1.5 细牙螺纹）性能等级为 8 级、不经表面处理、产品等级为 A 级的 1 型六角螺母的标记为：

螺母 GB/T 6170 M12

（或螺母 GB/T 6172.1 M16×1.5）

（续）

螺纹规格 D		M3	M4	M5	M6	M8	M10	M12	(M14)	M16	(M18)	M20	(M22)	M24	(M27)	M30	M36
d_a	max	3.45	4.6	5.75	6.75	8.75	10.8	13	15.1	17.30	19.5	21.6	23.7	25.9	29.1	32.4	38.9
d_w	min	4.6	5.9	6.9	8.9	11.6	14.6	16.6	19.6	22.5	24.8	27.7	31.4	33.2	38	42.7	51.1
e	min	6.01	7.66	8.79	11.05	14.38	17.77	20.03	23.35	26.75	29.56	32.95	37.29	39.55	45.2	50.85	60.79
s	max	5.5	7	8	10	13	16	18	21	24	27	30	34	36	41	46	55
c	max	0.4	0.4	0.5	0.5	0.6	0.6	0.6	0.6	0.8	0.8	0.8	0.8	0.8	0.8	0.8	0.8
m max	六角螺母	2.4	3.2	4.7	5.2	6.8	8.4	10.8	12.8	14.8	15.8	18	19.4	21.5	23.8	25.6	31
	薄螺母	1.8	2.2	2.7	3.2	4	5	6	7	8	9	10	11	12	13.5	15	18

技术条件	材料	力学性能等级	螺纹公差	表面处理	产品等级
	钢	6、8、10	6H	不经处理或镀锌钝化	A级用于 $D \leqslant$ M16 B级用于 $D >$ M16

表 A-9　小垫圈 A 级（摘自 GB/T 848—2002）、平垫圈 A 级（摘自 GB/T 97.1—2002）、平垫圈、倒角型 A 级（摘自 GB/T 97.2—2002）

（单位：mm）

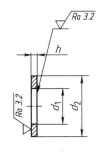 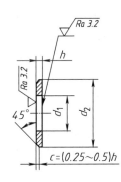

标记示例：

小系列、公称规格 8mm、由钢制造的硬度为 200HV、不经表面处理、产品等级为 A 级的平垫圈（平垫圈、倒角型平垫圈）的标记为：

垫圈　GB/T 848　8（或 GB/T 97.1　8，或 GB/T 97.2　8）

公称尺寸（螺纹规格 D）		1.6	2	2.5	3	4	5	6	8	10	12	14	16	20	24	30	36
d_1	GB/T 848—2002	1.7	2.2	2.7	3.2	4.3	5.3	6.4	8.4	10.5	13	15	17	21	25	31	37
	GB/T 97.1—2002																
	GB/T 97.2—2002	—	—	—	—	—											
d_2	GB/T 848—2002	3.5	4.5	5	6	8	9	11	15	18	20	24	28	34	39	50	60
	GB/T 97.1—2002	4	5	6	7	9	10	12	16	20	24	28	30	37	44	56	66
	GB/T 97.2—2002	—	—	—	—	—											
h	GB/T 848—2002	0.3	0.3	0.5	0.5	0.5	1	1.6	1.6	1.6	2	2.5	2.5	3	4	4	5
	GB/T 97.1—2002					0.8				2	2.5		3				
	GB/T 97.2—2002																

表 A-10　标准型弹簧垫圈（摘自 GB/T 93—1987）、轻型弹簧垫圈（摘自 GB/T 859—1987）

（单位：mm）

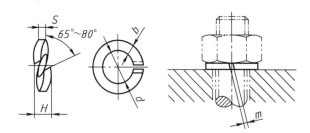

标记示例：

规格为 16、材料为 65Mn、表面氧化的标准型（或轻型）弹簧垫圈的标记为

垫圈　GB/T 93　16

（或 GB/T 859　16）

规格（螺纹大径）			3	4	5	6	8	10	12	(14)	16	(18)	20	(22)	24	(27)	30	(33)	36
d_{min}			3.1	4.1	5.1	6.1	8.1	10.2	12.2	14.2	16.2	18.2	20.2	22.5	24.5	27.5	30.5	33.5	36.5
GB/T 93—1987	S(b)	公称	0.8	1.1	1.3	1.6	2.1	2.6	3.1	3.6	4.1	4.5	5.0	5.5	6.0	6.8	7.5	8.5	9
	H	min	1.6	2.2	2.6	3.2	4.2	5.2	6.2	7.2	8.2	9	10	11	12	13.6	15	17	18
		max	2	2.75	3.25	4	5.25	6.5	7.75	9	10.25	11.25	12.5	13.75	15	17	18.75	21.25	22.5
	m	≤	0.4	0.55	0.65	0.8	1.05	1.3	1.55	1.8	2.05	2.25	2.5	2.75	3	3.4	3.75	4.25	4.5
GB/T 859—1987	S	公称	0.6	0.8	1.1	1.3	1.6	2		2.5	3	3.2	3.6	4	4.5		5.5	6	—	—
	b	公称	1	1.2	1.5	2	2.5	3		3.5	4	4.5	5	5.5	6		7	8	9	—	—
	H	min	1.2	1.6	2.2	2.6	3.2	4	5	6	6.4	7.2	8	9	10	11	12	—	—
		max	1.5	2	2.75	3.25	4		6.25	7.5	8	9	10	11.25	12.5	13.75	15	—	—
	m	≤	0.3	0.4	0.55	0.65	0.8	1.0	1.25	1.5	1.6	1.8	2.0	2.25	2.5	2.75	3.0	—	—

注：尽可能不采用括号内的规格。

表 A-11　平键　键槽的剖面尺寸（摘自 GB/T 1095—2003）

（单位：mm）

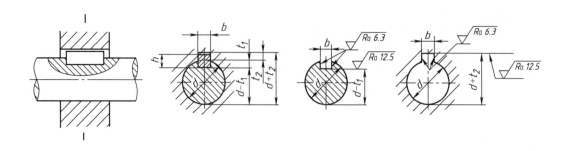

（续）

轴径 d		6 ~8	>8 ~10	>10 ~12	>12 ~17	>17 ~22	>22 ~30	>30 ~38	>38 ~44	>44 ~50	>50 ~58	>58 ~65	>65 ~75	>75 ~85	>85 ~95	>95 ~110	>110 ~130
键的公	b	2	3	4	5	6	8	10	12	14	16	18	20	22	25	28	32
称尺寸	h	2	3	4	5	6	7	8	8	9	10	11	12	14	14	16	18
键槽	轴 t_1	1.2	1.8	2.5	3.0	3.5	4.0	5.0	5.0	5.5	6.0	7.0	7.5	9.0	9.0	10	11
深	毂 t_2	1.0	1.4	1.8	2.3	2.8	3.3	3.3	3.3	3.8	4.3	4.4	4.9	5.4	5.4	6.4	7.4
半径	r	最小 0.08~ 最大 0.16			最小 0.16~ 最大 0.25			最小 0.25~ 最大 0.40				最小 0.40~ 最大 0.60					

注：在零件工作图中，轴槽深用（$d-t_1$）标注，轮毂槽深用（$d+t_2$）标注。

表 A-12　普通型平键（摘自 GB/T 1096—2003）

（单位：mm）

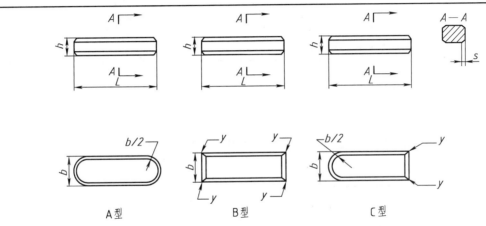

A 型　　　　　B 型　　　　　C 型

注：$y \leqslant s_{max}$

标记示例：

圆头普通平键（A 型）、$b=18\text{mm}$、$h=11\text{mm}$、$L=100\text{mm}$，其标记为：

GB/T 1096　键　18×11×100

平头普通平键（B 型）、$b=18\text{mm}$、$h=11\text{mm}$、$L=100\text{mm}$，其标记为：

GB/T 1096　键　B18×11×100

单圆头普通平键（C 型）、$b=18\text{mm}$、$h=11\text{mm}$、$L=100\text{mm}$，其标记为：

GB/T 1096　键　C18×11×100

b	2	3	4	5	6	8	10	12	14	16	18	20	22	25	28	32	36	40	45	50
h	2	3	4	5	6	7	8	8	9	10	11	12	14	14	16	18	20	22	25	28
s	0.16~0.25			0.25~0.40			0.40~0.60					0.60~0.80					1.00~1.20			
L 范围	6~ 20	6~ 36	8~ 45	10~ 56	14~ 70	18~ 90	22~ 110	28~ 140	36~ 160	45~ 180	50~ 200	56~ 220	63~ 250	70~ 280	80~ 320	90~ 360	100~ 400	100~ 400	110~ 450	125~ 500
L 系列	6,8,10,12,14,16,18,20,22,25,28,32,36,40,45,50,56,63,70,80,90,100,110,125,140,160,180,200,220,250, 280,320,360,400,450,500																			

说明：表中 s 为 45°倒角的高度。

表 A-13　圆柱销　不淬硬钢和奥氏体不锈钢（摘自 GB/T 119.1—2000）

（单位：mm）

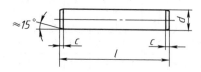

标记示例：

公称直径 $d=6$mm、公差为 m6、公称长度 $l=30$mm、材料为钢、不经淬火、不经表面处理的圆柱销的标记为：销 GB/T 119.1 6m6×30

d		3	4	5	6	8	10	12	16	20	25	30	40	50
$c\approx$		0.5	0.63	0.8	1.2	1.6	2	2.5	3	3.5	4	5	6.3	8
l 范围	GB/T 119.1	8~30	8~40	10~50	12~60	14~80	18~95	22~140	26~180	35~200	50~200	60~200	80~200	95~200
长度 l（系列）		2,3,4,5,6,8,10,12,14,16,18,20,22,24,26,28,30,32,35,40,45,50,55,60,65,70,75,80,85,90,95,100,120,140,160,180,200													

注：1. GB/T 119.1—2000 规定圆柱销的公称直径 $d=0.6\sim50$mm，公称长度 $l=2\sim200$mm，公差有 m6 和 h8。

2. 圆柱销的材料常用 35 钢。

3. GB/T 119.1—200 公差 m6：$Ra\leqslant0.8\mu$m，h8：$Ra\leqslant1.6\mu$m。

表 A-14　圆锥销（摘自 GB/T 117—2000）

（单位：mm）

A 型（磨削）：锥表面粗糙度 $Ra=0.8\mu$m，端面 $Ra=6.3\mu$m

B 型（切削或冷镦）：锥表面粗糙度 $Ra=3.2\mu$m，端面 $Ra=6.3\mu$m

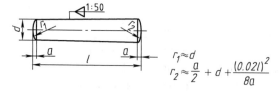

$$r_1\approx d$$
$$r_2\approx \frac{a}{2}+d+\frac{(0.021)^2}{8a}$$

标记示例：

公称直径 $d=10$mm、公称长度 $l=60$mm、材料为 35 钢、热处理硬度 28~38HRC、表面氧化处理的 A 型圆锥销的标记为：销 GB/T 117 10×60

d	3	4	5	6	8	10	12	16	20	25	30	40	50
$a\approx$	0.4	0.5	0.63	0.8	1	1.2	1.6	2	2.5	3	4	5	6.3
l 范围	12~45	14~55	18~60	22~90	22~120	26~160	32~180	40~200	45~200	50~200	55~200	60~200	65~200
l（系列）	2,3,4,5,6,8,10,12,14,16,18,20,22,24,26,28,30,32,35,40,45,50,55,60,65,70,75,80,85,90,95,100,120,140,160,180,200												

注：圆锥销的公称直径 $d=0.6\sim50$mm。

表 A-15　深沟球轴承（摘自 GB/T 276—2013）

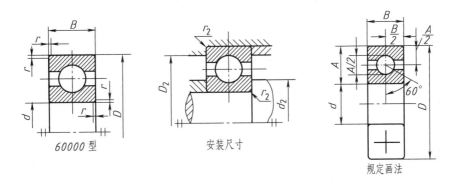

60000 型　　　安装尺寸　　　规定画法

标记示例:滚动轴承 6210 GB/T 276—2013

轴承代号	轴承尺寸 /mm				基本额定 载荷/kN		极限转速 /(r/min)		安装尺寸 /mm		
	d	D	B	r_{min}	C_r	C_{or}	脂润滑	油润滑	d_{2min}	D_{2min}	r_{2max}
6205	25	52	15	1	14.0	7.88	12000	15000	31	47	1
6305		62	17	1.1	22.2	11.5	10000	14000	32	55	1
6206	30	62	16	1	19.5	11.5	9500	13000	36	56	1
6306		72	19	1.1	27.0	15.2	9000	11000	37	65	1
6207	35	72	17	1.1	25.5	15.2	8500	11000	42	65	1
6307		80	21	1.5	33.4	19.2	8000	9500	44	71	1.5
6208	40	80	18	1.1	29.5	18.0	8000	10000	47	73	1
6308		90	23	1.5	40.8	24.0	7000	8500	49	81	1.5
6209	45	85	19	1.1	31.5	20.5	7000	9000	52	78	1
6309		100	25	1.5	52.8	31.8	6300	7500	54	91	1.5
6210	50	90	20	1.1	35.0	23.2	6700	8500	57	83	1
6310		110	27	2	61.8	38.0	6000	7500	60	100	2
6211	55	100	21	1.5	43.2	29.2	6000	7500	64	91	1.5
6311		120	29	2	71.5	44.8	56000	6700	65	110	2
6212	60	110	22	1.5	47.8	32.8	5600	7000	69	101	1.5
6312		130	31	2.1	81.8	51.8	5000	6000	72	118	2.1
6213	65	120	23	1.5	57.2	40.0	5000	6300	74	111	1.5
6313		140	33	2.1	93.8	60.5	4500	5300	77	128	2.1
6214	70	125	24	1.5	60.8	45.0	4800	6000	79	116	1.5
6314		150	35	2.1	105	68.0	4300	5000	82	138	2.1
6215	75	130	25	1.5	66.0	49.5	4500	5600	84	121	1.5
6315		160	37	2.1	113	76.8	4000	4800	87	148	2.1
6216	80	140	26	2	71.5	54.2	4300	5300	90	130	2
6316		170	39	2.1	123	86.5	3800	4500	92	158	2.1
6217	85	150	18	2	83.2	63.8	4000	5000	95	140	2
6317		180	41	3	132	96.5	3600	4300	99	166	2.5
6218	90	160	30	2	95.8	71.5	3800	4800	100	150	2
6318		190	43	3	145	108	3400	4000	104	176	2.5

表 A-16　优先、常用配合轴的极限偏差表摘录

（单位：μm）

公称尺寸/mm	c 11①	d 9①	e 8	f 7①	g 6①	h 5	h 6①	h 7①	h 8	h 9①	h 10	h 11①	js 6	k 6①	m 6	n 6①	p 6①	r 6	s 6①
≤3	-60 / -120	-20 / -45	-14 / -28	-6 / -16	-2 / -8	0 / -4	0 / -6	0 / -10	0 / -14	0 / -25	0 / -40	0 / -60	±3	+6 / 0	+8 / +2	+10 / +4	+12 / +6	+16 / +10	+20 / +14
>3 ~6	-70 / -145	-30 / -60	-20 / -38	-10 / -22	-4 / -12	0 / -5	0 / -8	0 / -12	0 / -18	0 / -30	0 / -48	0 / -75	±4	+9 / +1	+12 / +4	+16 / +8	+20 / +12	+23 / +15	+27 / +19
>6 ~10	-80 / -170	-40 / -76	-25 / -47	-13 / -28	-5 / -14	0 / -6	0 / -9	0 / -15	0 / -22	0 / -36	0 / -58	0 / -90	±4.5	+10 / +1	+15 / +6	+19 / +10	+24 / +15	+28 / +19	+32 / +23
>10 ~18	-95 / -205	-50 / -93	-32 / -59	-16 / -34	-6 / -17	0 / -8	0 / -11	0 / -18	0 / -27	0 / -43	0 / -70	0 / -110	±5.5	+12 / +1	+18 / +7	+23 / +12	+29 / +18	+34 / +23	+39 / +28
>18 ~30	-110 / -240	-65 / -117	-40 / -73	-20 / -41	-7 / -20	0 / -9	0 / -13	0 / -21	0 / -33	0 / -52	0 / -84	0 / -130	±6.5	+15 / +2	+21 / +8	+28 / +15	+35 / +22	+41 / +28	+48 / +35
>30 ~40	-120 / -280	-80 / -142	-50 / -89	-25 / -50	-9 / -25	0 / -11	0 / -16	0 / -25	0 / -39	0 / -62	0 / -100	0 / -160	±8	+18 / +2	+25 / +9	+33 / +17	+42 / +26	+50 / +34	+59 / +43
>40 ~50	-130 / -290																		
>50 ~65	-140 / -330	-100 / -174	-60 / -106	-30 / -60	-10 / -29	0 / -13	0 / -19	0 / -30	0 / -46	0 / -74	0 / -120	0 / -190	±9.5	+21 / +2	+30 / +11	+39 / +20	+51 / +32	+60 / +41	+72 / +53
>65 ~80	-150 / -340																	+62 / +43	+78 / +59
>80 ~100	-170 / -390	-120 / -207	-72 / -126	-36 / -71	-12 / -34	0 / -15	0 / -22	0 / -35	0 / -54	0 / -87	0 / -140	0 / -220	±11	+25 / +3	+35 / +13	+45 / +23	+59 / +37	+73 / +51	+93 / +71
>100 ~120	-180 / -400																	+76 / +54	+101 / +79

① 为优先配合。

表 A-17　优先、常用配合孔的极限偏差表摘录

（单位：μm）

公称尺寸/mm	C	D	E	F	G	H	H	H	H	H	H	JS	JS	K	K	M	M	N	N	P	P	R	S	T	U
代号（等级）	11①	10	9	8①	7①	6	7①	8①	9①	10	11①	6	7	6	7①	6	7	6	7①	6	7①	7	7①	7	7①
≤3	+120/+60	+60/+20	+39/+14	+20/+6	+12/+2	+6/0	+10/0	+14/0	+25/0	+40/0	+60/0	±3	±5	0/−6	0/−10	−2/−8	−2/−12	−4/−10	−4/−14	−6/−12	−6/−16	−10/−20	−14/−24	—	−18/−28
>3~6	+145/+70	+78/+30	+50/+20	+28/+10	+16/+4	+8/0	+12/0	+18/0	+30/0	+48/0	+75/0	±4	±6	+2/−6	+3/−9	−1/−9	0/−12	−5/−13	−4/−16	−9/−17	−8/−20	−11/−23	−15/−27	—	−19/−31
>6~10	+170/+80	+98/+40	+61/+25	+35/+13	+20/+5	+9/0	+15/0	+22/0	+36/0	+58/0	+90/0	±4.5	±7	+2/−7	+5/−10	−3/−12	0/−15	−7/−16	−4/−19	−12/−21	−9/−24	−13/−28	−17/−32	—	−22/−37
>10~18	+205/+95	+120/+50	+75/+32	+43/+16	+24/+6	+11/0	+18/0	+27/0	+43/0	+70/0	+110/0	±5.5	±9	+2/−9	+6/−12	−4/−15	0/−18	−9/−20	−5/−23	−15/−26	−11/−29	−16/−34	−21/−39	—	−26/−44
>18~24	+240/+110	+149/+65	+92/+40	+53/+20	+28/+7	+13/0	+21/0	+33/0	+52/0	+84/0	+130/0	±6.5	±10	+2/−11	+6/−15	−4/−17	0/−21	−11/−24	−7/−28	−18/−31	−14/−35	−20/−41	−27/−48	—	−33/−54
>24~30	+240/+110	+149/+65	+92/+40	+53/+20	+28/+7	+13/0	+21/0	+33/0	+52/0	+84/0	+130/0	±6.5	±10	+2/−11	+6/−15	−4/−17	0/−21	−11/−24	−7/−28	−18/−31	−14/−35	−20/−41	−27/−48	−33/−54	−40/−61
>30~40	+280/+120	+180/+80	+112/+50	+64/+25	+34/+9	+16/0	+25/0	+39/0	+62/0	+100/0	+160/0	±8	±12	+3/−13	+7/−18	−4/−20	0/−25	−12/−28	−8/−33	−21/−37	−17/−42	−25/−50	−34/−59	−39/−64	−51/−76
>40~50	+290/+130	+180/+80	+112/+50	+64/+25	+34/+9	+16/0	+25/0	+39/0	+62/0	+100/0	+160/0	±8	±12	+3/−13	+7/−18	−4/−20	0/−25	−12/−28	−8/−33	−21/−37	−17/−42	−25/−50	−34/−59	−45/−70	−61/−86
>50~65	+330/+140	+220/+100	+134/+60	+76/+30	+40/+10	+19/0	+30/0	+46/0	+74/0	+120/0	+190/0	±9.5	±15	+4/−15	+9/−21	−5/−24	0/−30	−14/−33	−9/−39	−26/−45	−21/−51	−30/−60	−42/−72	−55/−85	−76/−106
>65~80	+340/+150	+220/+100	+134/+60	+76/+30	+40/+10	+19/0	+30/0	+46/0	+74/0	+120/0	+190/0	±9.5	±15	+4/−15	+9/−21	−5/−24	0/−30	−14/−33	−9/−39	−26/−45	−21/−51	−32/−62	−48/−78	−64/−94	−91/−121
>80~100	+390/+170	+260/+120	+159/+72	+90/+36	+47/+12	+22/0	+35/0	+54/0	+87/0	+140/0	+220/0	±11	±17	+4/−18	+10/−25	−6/−28	0/−35	−16/−38	−10/−45	−30/−52	−24/−59	−38/−73	−58/−93	−78/−113	−111/−146
>100~120	+400/+180	+260/+120	+159/+72	+90/+36	+47/+12	+22/0	+35/0	+54/0	+87/0	+140/0	+220/0	±11	±17	+4/−18	+10/−25	−6/−28	0/−35	−16/−38	−10/−45	−30/−52	−24/−59	−41/−76	−66/−101	−91/−126	−131/−166

① 为优先配合。

表 A-18　常用的金属材料

名称	牌号	特性及用途举例
灰铸铁	HT150	属中等强度铸铁。用于一般铸件如机床座、端盖、带轮、工作台等
	HT200	属高强度铸铁。用于较重要的铸铁如齿轮、机座、床身、飞轮、带轮、齿轮箱、轴承座等
普通碳素钢	Q235	有较高的强度和硬度,伸长率也相当大,可以焊接,是一般机械上的主要材料,用于低速轻载齿轮、键、拉杆、栓、套圈等
优质碳素钢	15	塑性、韧性、焊接性能和冷冲性能均极好,但强度低。用于螺母、法兰盘、螺钉等
	35	不经热处理可用于中等载荷的零件,如拉杆、轴,经调质处理后适用于强度及韧性要求较高的零件如传动轴、连杆等
	45	用于强度要求较高的零件。通常在调质或正火后使用,用于制造齿轮、机床主轴、花键轴、联轴器等
	65Mn	强度高,淬透性较大,适用于较大尺寸的各种扁、圆弹簧及其他经受摩擦的农机具零件
铸钢	ZG310—570	用于各种形状的零件,如联轴器、气缸、齿轮、机架等
合金结构钢	40Cr	重要调质零件,如齿轮、轴、曲轴、连杆、螺栓等

附录 B　基于工作过程的测绘任务指导

测绘题目一:组合体测绘（图 B-1）

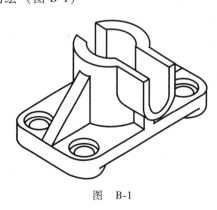

图　B-1

任务一:组合体的三视图绘制与尺寸标注（图 B-2）

一、任务书

（1）**任务名称**　绘制组合体模型的三视图并标注尺寸,选作组合体模型的轴测图。

（2）**任务要求**

1）用 A3 幅面的图纸,比例 1:1,标注尺寸。

2）尺寸标注正确、完整、清晰,布图合理。

3）图框、线型、字体等应符合规定,图面布局要恰当。

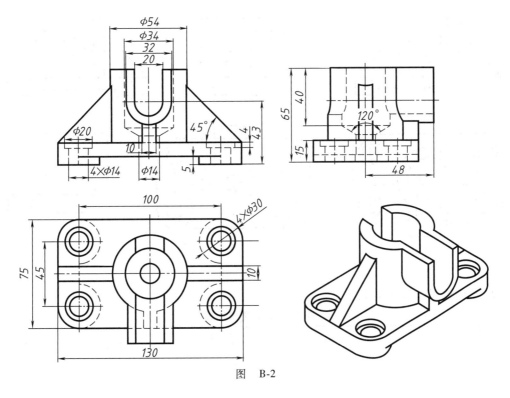

图　B-2

（3）评价标准（见表 B-1）

表 B-1　项目评价表

序号	评 价 项 目	得分比例
1	组合体三视图绘制正确	35%
2	尺寸标注正确、完整 注意全图箭头大小一致,尺寸数字大小相同	35%
3	线型、字体等应符合国家标准规定,图面布局合理 注意:同类图线粗细应一致	30%

二、任务指导

1. 选择主视图

1）选择主视图的投射方向时，应选择最能反映组合体的形体特征及其各部分的相互位置，并能减少俯、左视图上虚线的那个方向。在图 B-3 的 6 个视图中，图 B-3c 虚线太多；图 B-3d、e 不是自然安放位置，取图 B-3b 为主视图时，左视图的虚线太多；取图 B-3f 为主视图时，不利于图纸幅面的合理利用。取图 B-3a 为主视图时，组合体处于自然安放位置，形体特征表达清楚，其他视图的虚线较少，且图纸幅面的利用较好。因此，选图 B-3a 为主视图的投射方向。

2）将图纸横放固定在图板上，画出 A3 图幅（420mm×297mm）、图框线及标题栏占用区域，根据组合体的三视图，按各个视图每个方向的最大尺寸布置视图，并在各个视图之间留有距离用于标注尺寸，布图要均匀美观，不要过疏或过密。

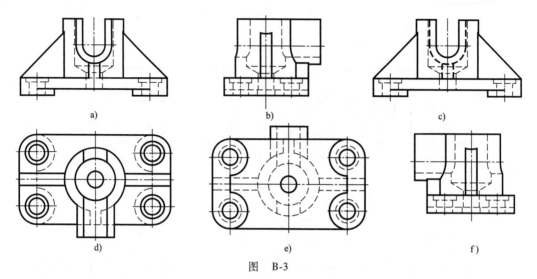

a)　　　　　　　　　b)　　　　　　　　　c)

d)　　　　　　　　　e)　　　　　　　　　f)

图　B-3

2. 绘图过程（见表 B-2）

表 B-2　组合体绘图过程

步骤	绘图内容
1. 布局。确定各个视图的位置,画轴线	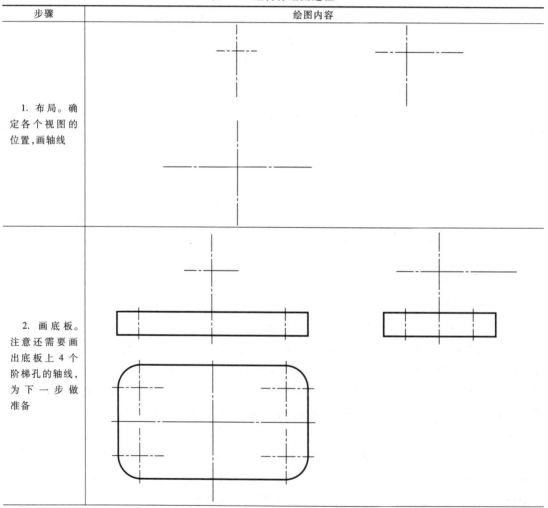
2. 画底板。注意还需要画出底板上 4 个阶梯孔的轴线,为下一步做准备	

（续）

步骤	绘图内容
3. 画出底板上的 4 个阶梯孔	
4. 挖去底板下部的槽。注意俯视图上的虚线,主视图上阶梯孔的轴线下面部分变成虚线	

（续）

步骤	绘图内容
5. 画立柱	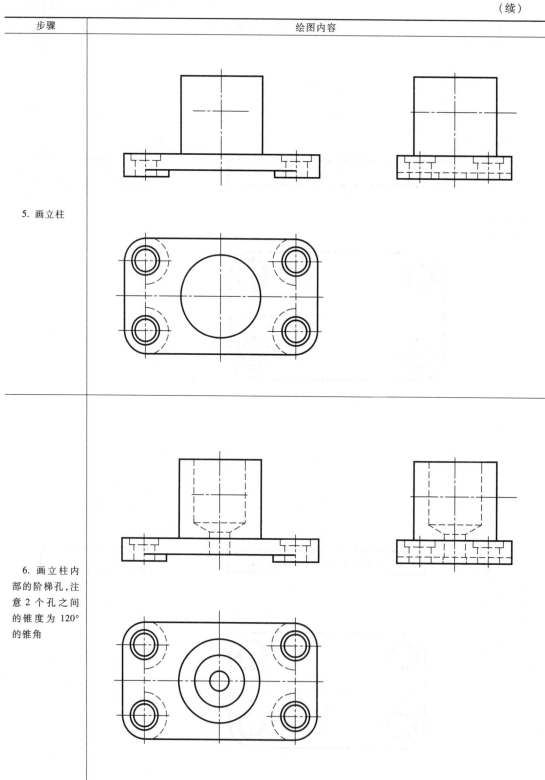
6. 画立柱内部的阶梯孔，注意 2 个孔之间的锥度为 120° 的锥角	

步骤	绘图内容
7. 画出前面伸出的凸台。特别注意左视图中相贯线的画法,另外,俯视图中被凸台遮挡的底板部分应画成虚线,立柱的一部分也要画成虚线	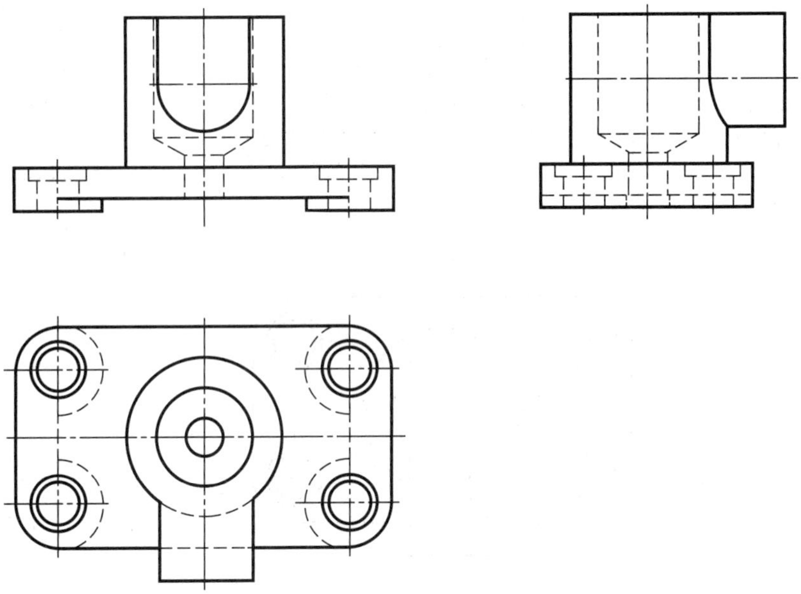
8. 挖出凸台中的通孔。特别注意左视图中相贯线的画法	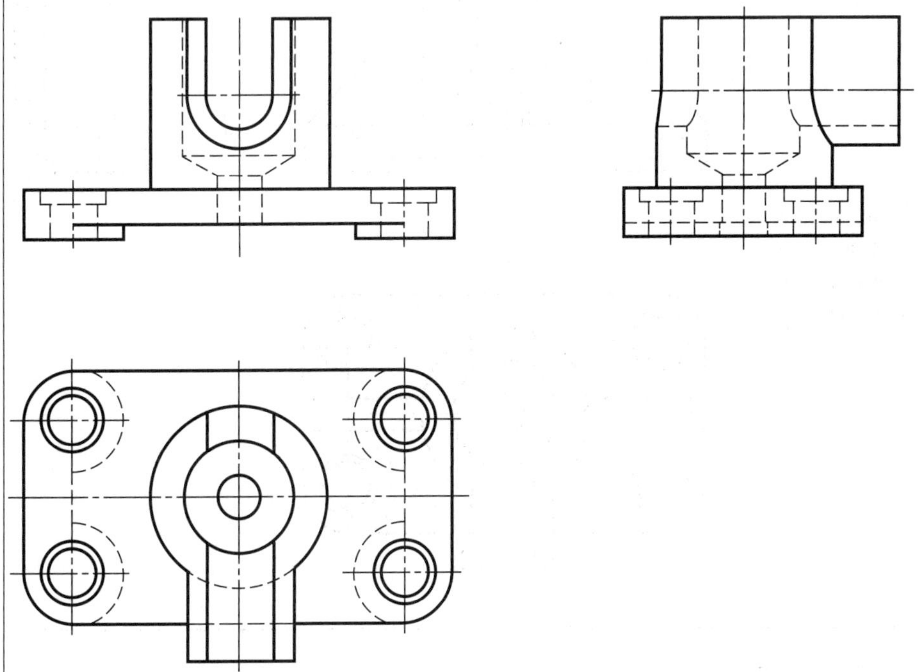

（续）

步骤	绘图内容
9. 画出凸台下方的肋板。注意主视图中底板与肋板相交处应画成虚线。俯视图中，立柱有一小部分线应擦去，左视图中肋板与凸台相交处应画出截交线	
10. 画出左右肋板。注意肋板在主、左视图中的画法	

3. 尺寸标注（见表 B-3）

尺寸标注注意问题：

1）与两视图关联的尺寸，最好注在两视图之间，例如高度尺寸尽量注在主、左视图之间。

2）尺寸应标注在表达形状特征最明显的视图上。

3）同一尺寸不要重复标注。

表 B-3　组合体尺寸标注过程

步骤	标注的尺寸
1. 确定尺寸基准。这个组合体为左右对称，所以选左右对称面为长度基准，底板的前后对称面为宽度基准，底面为高度基准	
2. 标注底板的尺寸。注意应标注出孔的长度和宽度定位尺寸，底板圆角可以标注为直径	

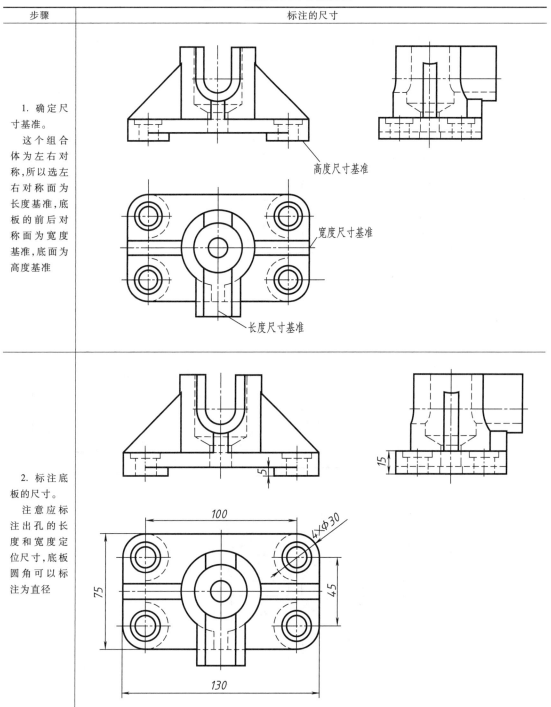

（续）

步骤	标注的尺寸
3. 标注底板上4个阶梯孔的尺寸	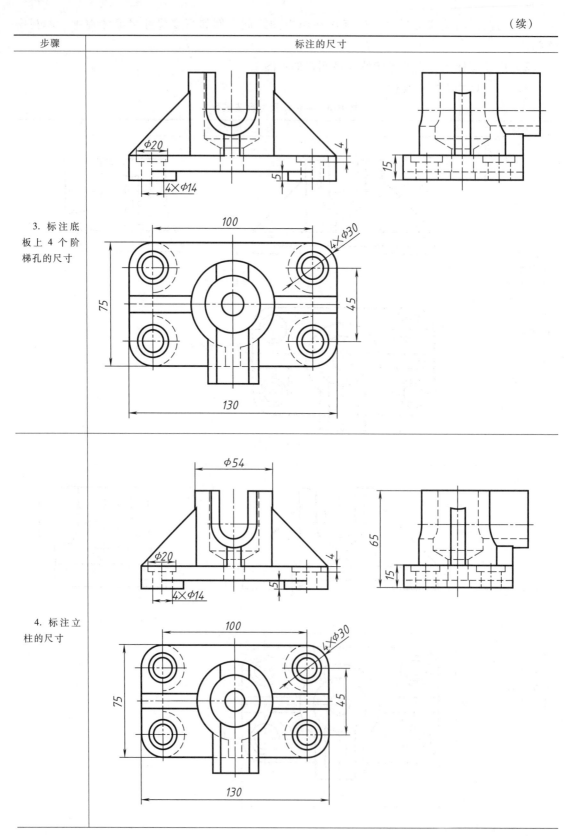
4. 标注立柱的尺寸	

（续）

步骤	标注的尺寸
5. 标注立柱中阶梯孔的尺寸	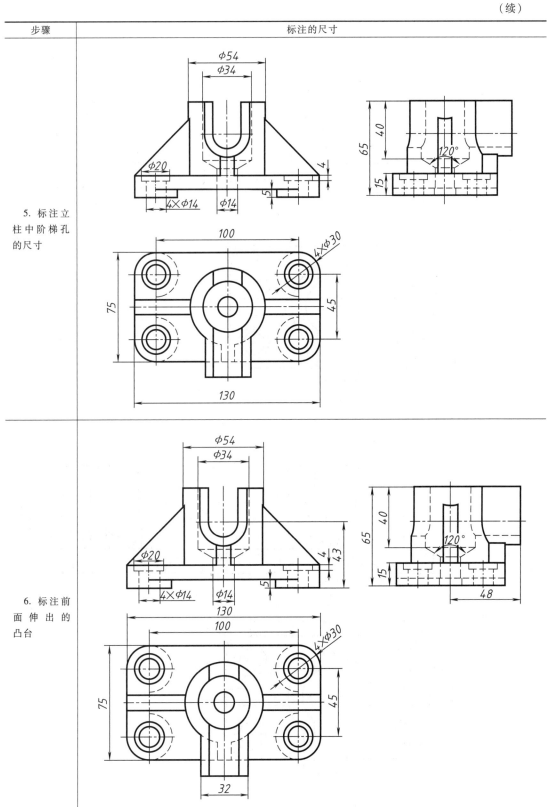
6. 标注前面伸出的凸台	

（续）

步骤	标注的尺寸
7. 标注凸台中通孔的尺寸	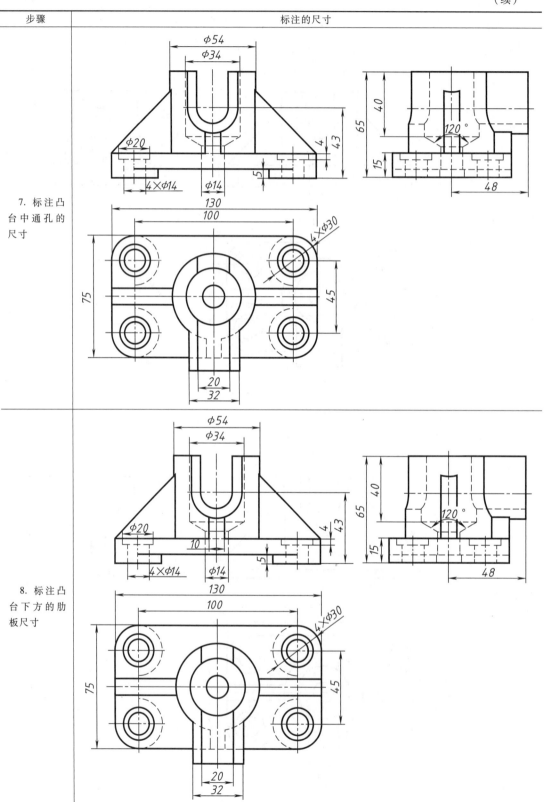
8. 标注凸台下方的肋板尺寸	

步骤	标注的尺寸
9. 标注左右肋板的尺寸	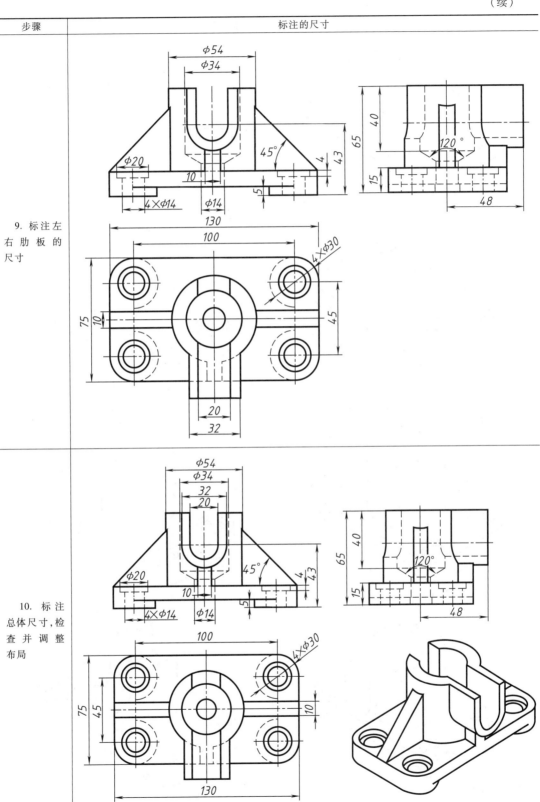
10. 标注总体尺寸,检查并调整布局	

4. 轴测图绘制过程 （见表 B-4）

表 B-4 组合体轴测图的绘图过程

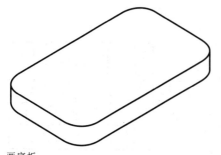

1. 画底板

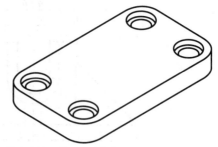

2. 画出底板上的 4 个阶梯孔

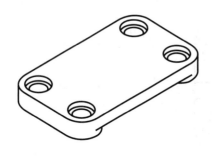

3. 挖去底板的槽

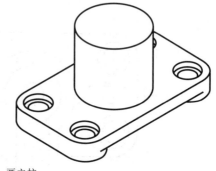

4. 画立柱

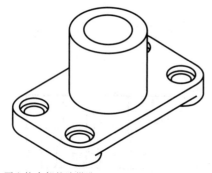

5. 画立柱内部的阶梯孔

6. 画出前面伸出的凸台

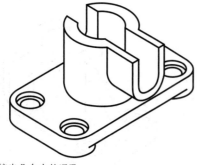

7. 挖出凸台中的通孔

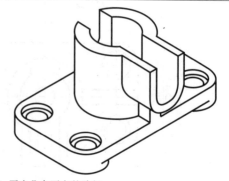

8. 画出凸台下方的肋板

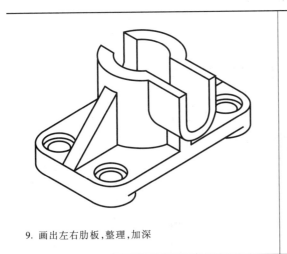

9. 画出左右肋板,整理,加深

任务二：组合体表达方案（见图 B-4）

依据组合体测绘的三视图，用适当的表达方法拟定表达方案（注重表达方案多样性的拟定与分析），选定一个较优的方案，标注尺寸，见表 B-5。

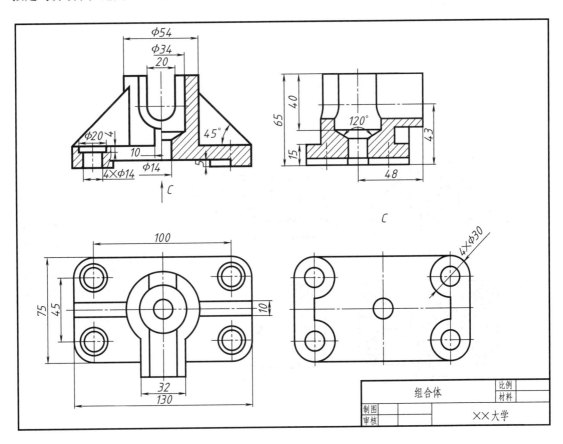

图　B-4

表 B-5　组合体表达方案分析

表达方案	说　明
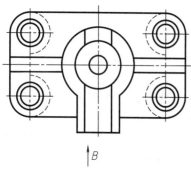方案一	该表达方案主视图全剖,前面伸出的 U 形凸台未表达,故而用 B 向视图单独表达它。俯视图中的虚线表达底板下部的形状,因不大影响读图,故而保留这些虚线。左视图用局部剖表达底板上的 4 个阶梯孔,并保留外形,以表达主视图中间的肋板
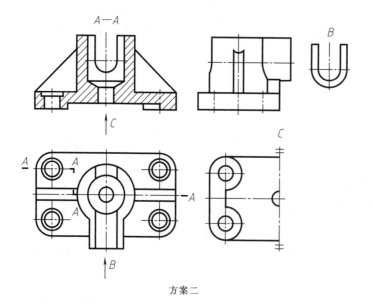方案二	这个表达方案使主视图阶梯剖,同时表达立柱内部的阶梯孔和底板上的 4 个阶梯孔,B 向视图的作用与第一个表达方案相同。C 向视图采用了对称图形的简化画法,表达组合体底部的形状

（续）

表达方案	说　明

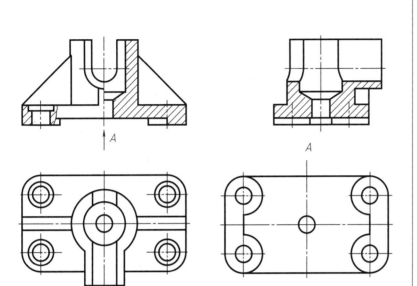

方案三

主视图半剖,可体现前面伸出的 U 形凸台的形状,因此方案一、二中的 B 向视图就不需要了。左视图全剖,前面的一小块未画剖面线,说明这部分是肋板

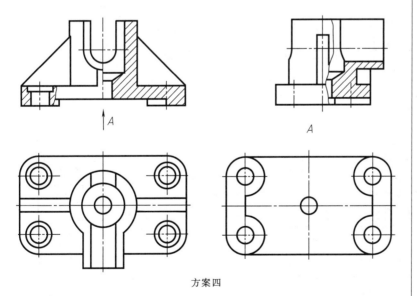

方案四

该表达方案与方案三的区别仅在于左视图采用局部剖,主要是为了表达前面的一小块未画剖面线的部分是肋板

（续）

表达方案	说 明
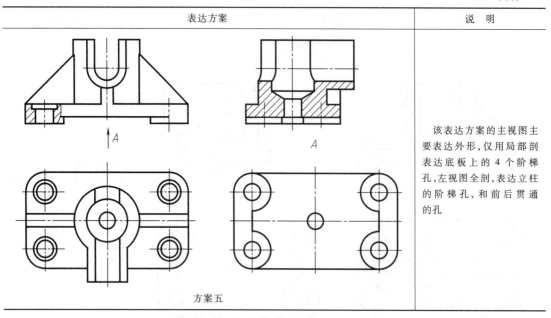 方案五	该表达方案的主视图主要表达外形，仅用局部剖表达底板上的 4 个阶梯孔，左视图全剖，表达立柱的阶梯孔，和前后贯通的孔

　　这些表达方案均可采用。下面选择第 3 种表达方案（图 B-5），标注尺寸。

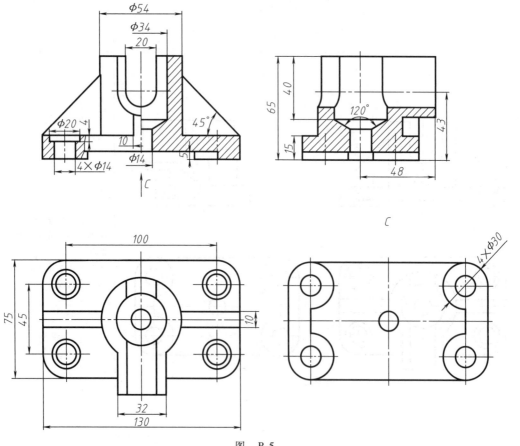

图　B-5

测绘题目二：阀体零件测绘（图 B-6）。

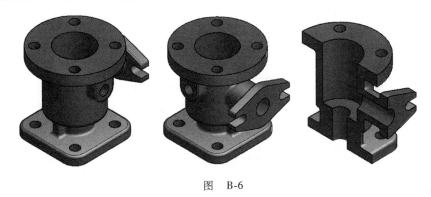

图　B-6

任务：阀体的视图表达方案拟定、尺寸标注及技术要求，轴测图绘制（选作）

一、任务书

（1）任务名称　绘制阀体零件的零件图（见图 B-7）。

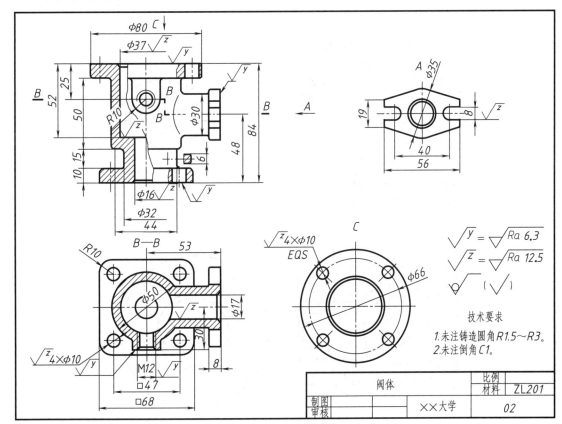

图 B-7　阀体零件的零件图

（2）任务要求

1）用 A3 幅面的图纸，比例 1∶1，标注尺寸及技术要求。

2）尺寸标注正确、完整、清晰，布图合理。

3）图框、线型、字体等应符合规定，图面布局要恰当。

（3）评价标准（见表 B-6）

表 B-6　项目评价表

序号	评 价 项 目	得分比例
1	零件表达方案正确	30%
2	尺寸标注正确、完整、清晰,基本合理,注意全图箭头大小一致,尺寸数字大小相同	30%
3	技术要求标注正确	15%
4	线型、字体等应符合国家标准规定,图面布局合理。 注意:同类图线粗细应一致	25%

二、任务指导

1. 拟定表达方案

拟定了两个表达方案（见图 B-8、图 B-9），供学生参考，学生们可根据自己的观察思考提出更多可行的表达方案。

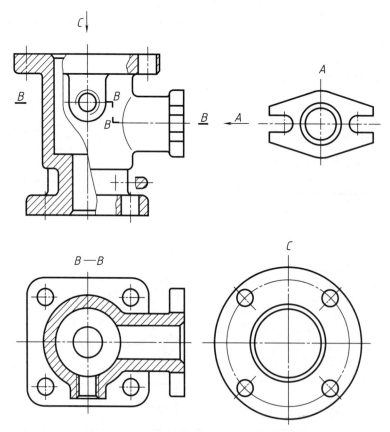

图 B-8　阀体表达方案一

注意：图纸横放固定在图板上，画出 A3 图幅（420mm×297mm）、图框线及标题栏占用区域，根据选定的零件表达方案，按各个视图每个方向的最大尺寸布置视图，并在各个视图之间预留标注尺寸的空间，布图要均匀美观，不要过疏或过密。

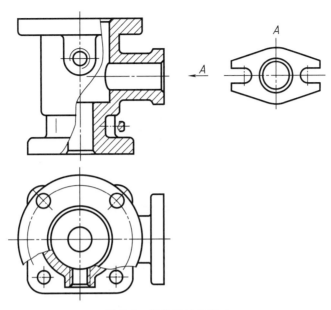

图 B-9　阀体表达方案二

2. 标注尺寸及技术要求

阀体方案一的零件图见图 B-7、方案二的零件图见图 B-10。

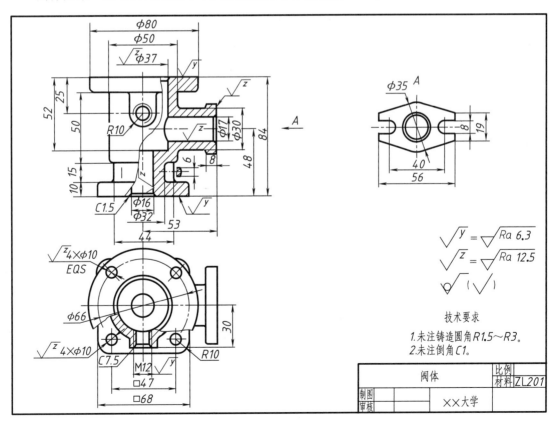

图 B-10　阀体方案二的零件图

3. 轴测图（见图 B-11，选作）

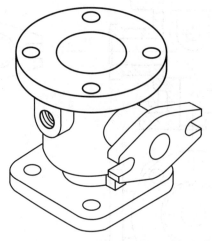

图 B-11　阀体零件轴测图（忽略所有小圆角）

参 考 文 献

[1]　尹常治. 机械设计制图 [M]. 3 版. 北京：高等教育出版社，2004.

[2]　唐克中，朱同钧. 画法几何及工程制图 [M]. 4 版. 北京：高等教育出版社，2009.

[3]　刘申立. 机械工程设计图学 [M]. 2 版. 北京：机械工业出版社，2004.

[4]　杨惠英，冯涓，王玉坤. 机械制图 [M]. 3 版. 北京：清华大学出版社，2015.

[5]　中国机械工业教育协会. 工程制图 [M]. 北京：机械工业出版社，2005.

[6]　王成刚，赵奇平，崔汉国. 工程图学简明教程 [M]. 4 版. 武汉：武汉理工大学出版社，2014.

[7]　贺志平，任耀亭. 画法几何及机械制图 [M]. 2 版. 北京：高等教育出版社，1991.

[8]　金大鹰. 机械制图 [M]. 6 版. 北京：机械工业出版社，2006.

[9]　窦忠强. 工业产品设计与表达 [M]. 北京：高等教育出版社，2006.

[10]　成大先. 机械设计手册 [M]. 6 版. 北京：化学工业出版社，2016.

[11]　杨东拜. 机械工程标准手册　技术制图卷 [M]. 3 版. 北京：机械工业出版社，2003.

[12]　续丹. 3D 机械制图 [M]. 北京：机械工业出版社，2003.

[13]　金玲、张红. 现代工程制图 [M]. 上海：华东理工大学出版社，2005.

[14]　高俊亭，毕万全. 工程制图 [M]. 北京：高等教育出版社，2003.

[15]　顾玉坚，李世兰. 工程制图基础 [M]. 北京：高等教育出版社，2005.

[16]　刘潭玉，李新华. 工程制图 [M]. 长沙：湖南大学出版社，2005.

[17]　许纪倩. 机械工人速成识图 [M]. 3 版. 北京：机械工业出版社，2013 年.

[18]　夸克工作室. Autodesk Inventor R2 中文实作范例 [M]. 北京：科学出版社，2001.

[19]　胡仁喜. AutoCAD 2005 练习宝典 [M]. 北京：北京理工大学出版社，2004.

[20]　隋丽. Inventor 基础教程 [M]. 北京：北京理工大学出版社，2004.

[21]　陈伯雄. Autodesk Inventor R8 机械设计 [M]. 北京：清华大学出版社，2004.

[22]　高强. AutoCAD 2002 实用大全 [M]. 北京：清华大学出版社，2002.

[23]　万静，许纪倩. 机械制图 [M]. 2 版. 北京：清华大学出版社，2016.

[24]　万静，许纪倩. 机械制图与设计简明手册 [M]. 北京：中国电力出版社，2014.

[25]　王建华，毕万全. 机械制图与计算机绘图 [M]. 2 版. 北京：国防工业出版社，2015.

[26]　徐连考. 机械制图—基于工作过程 [M]. 2 版. 北京：北京大学出版社，2015.